Alfred Gierer

Im Spiegel der Natur erkennen wir uns selbst

Wissenschaft und Menschenbild

Rowohlt

1. Auflage März 1998
Copyright © 1998 by Rowohlt
Verlag GmbH, Reinbek bei Hamburg
Alle Rechte vorbehalten
Lektorat Jens Petersen
Umschlaggestaltung Ingrid Albrecht
(Abbildung: Cesare Cesariano,
Vitruv-Ausgabe, Como 1521;
Bildarchiv Preußischer Kulturbesitz, Berlin)
Satz aus der Sabon: Libro, Kriftel
Druck und Bindung:
Franz Spiegel Buch GmbH, Ulm
Printed in Germany
ISBN 3 498 02482 5

Inhalt

Vorwort

Von Naturphilosophie redete noch vor wenigen Jahren kaum jemand; es schien, als habe die exakte Wissenschaft der weniger exakten Philosophie den Rang abgelaufen. Das aber ändert sich nun aus guten Gründen: Naturphilosophie ist in der Gegenwart nicht nur nötig, von ihr geht auch eine große Faszination aus. Sie stand am Anfang der Naturwissenschaften vor zweieinhalbtausend Jahren und hat den Mut zur Ergründung der Natur eigentlich erzeugt; heute steht sie vor der ganz anderen Aufgabe, aus der Flut der wissenschaftlichen Tatsachen, von denen viele ziemlich langweilig sind, interessante Schlüsse zu ziehen, die unser Leben und unser Weltverständnis betreffen.

Zwar erscheint manchen Zeitgenossen die Naturwissenschaft als undurchschaubare Angelegenheit von Spezialisten, manchen als heimlich-unheimliche Macht über die Gesellschaft, manchen wiederum als Ersatz für überkommene Religionen. Und doch ist es gerade die Wissenschaft des zwanzigsten Jahrhunderts, die mit der Einsicht in ihre eigenen Grenzen eine neue Offenheit für ein philosophisches Verständnis des Menschen und der Welt begründet hat. Dies kreativ zu nutzen ist eine Frage der Weisheit und der Lebenskunst – zum Beispiel bei der Aktivierung der knappen Ressource Gemeinsinn in der menschlichen Gesellschaft.

Vorwort

In diesem Buch möchte ich verschiedene Wege begehen, die zu Einsichten über uns selbst, die Spezies Mensch, führen. Mit «uns selbst verstehen» ist auch biologisches Wissen über den Menschen, seine Herkunft und sein Gehirn gemeint; darüber hinaus aber geht es um das Verständnis seiner geistigen Fähigkeiten im allgemeinen, die in der Denkweise und den Ergebnissen der Naturwissenschaft in besonderer Weise zum Ausdruck kommen.

Der Versuch, dabei die Kulturleistung «Naturwissenschaft» als Ganzes im Blick zu behalten, kann allerdings nur auf Kosten von Details gehen, und dafür bitte ich die Leser um Nachsicht; es gibt gute ausführliche Sachbücher zu verschiedenen Teilthemen, besonders für die Bereiche Evolution und menschliches Gehirn. Ich werde in keinem Zusammenhang behaupten, bisherige Auffassungen seien durchweg falsch und nun komme die einzig richtige und vollständige Erklärung, sondern eher davor warnen, Leuten zu folgen, die einen solchen Anspruch erheben; und Behauptungen dieser Art sind gar nicht so selten, besonders, wenn es um die Erklärung menschlichen Bewußtseins geht.

Ich bedanke mich sehr für die Arbeitsmöglichkeiten während eines halbjährigen Aufenthalts 1995 am Wissenschaftskolleg in Berlin, bei dem ich Teile des Buches überarbeitet habe. Sehr anregend war auch ein gemeinsam veranstalteter Kurs zusammen mit dem Wissenschaftsphilosophen Günter Vollmer auf dem Europäischen Forum in Alpbach 1994. Viele hochinteressante Gespräche zu den Themen konnte ich zudem in einer Reihe von Symposien und Anhörungen von Experten führen, die die Max-Planck-Gesellschaft in Zusammenhang mit Institutsgründungen in den neuen Bundesländern zu den

10

Themen Wissenschaftsgeschichte und Anthropologie veranstaltet hat. Ganz besonders möchte ich mich bei meiner Frau, Dr. Lucia Gierer, bedanken, die das Manuskript wiederholt kritisch überarbeitet hat, und bei meiner Sekretärin, Christa Hug, für ihre engagierte und effiziente Arbeit beim Schreiben des Textes.

Wege über die Natur – Wege zum Menschenbild?

Was kann die Naturwissenschaft zu unserem «Bild vom Menschen» beitragen? Zunächst biologische Erkenntnisse über seine Herkunft in der Evolution, über das Gehirn als Organ des Geistes, über die biologisch angelegten menschlichen Fähigkeiten, die in die Eigendynamik der Kulturentwicklung geführt haben. Das Abenteuer Naturwissenschaft zeigt uns aber auch – wie kaum eine andere Kulturleistung – Reichweite und Grenzen menschlichen Denkens. Die naturgesetzliche Ordnung ist dem menschlichen Geist in erstaunlichem Maße zugänglich. Das wissenschaftliche Denken selbst ergibt aber auch Einsichten in Grenzen der Erkenntnis. Die Stellung des Menschen in der Natur bleibt deutungsfähig und deutungsbedürftig, und es ist Sinn einer modernen Naturphilosophie, nach einem lebensfreundlichen und zugleich vernünftigen Verständnis zu suchen.

Naturwissenschaften sind nicht jedermanns Sache, aber Fragen an die Natur sind doch fast jedermanns Fragen. Warum scheint die Sonne, wechseln Tag und Nacht, gibt es Voll- und Neumond? Wie entsteht der Regenbogen? Alle Kulturen bemühen sich um Deutungen der wahrgenommenen Wirklichkeit, um ein Verständnis der Herkunft, der Ordnung und der Eigenschaften der Welt. Nicht zufällig steht die Schöpfungsgeschichte am Anfang der Bibel. Hatten Erklärungen zunächst die Form von Mythen und Erzählungen, so erfolgten sie seit der griechischen Antike vor zweieinhalbtausend Jahren mehr und mehr in Begriffen der menschlichen Vernunft. Naturwissenschaftliches Denken bestimmt ganz besonders das Weltbild unserer Zeit, und zwar viel mehr, als uns im Alltag bewußt ist. Von Jugend an werden wir mit Vorstellungen von Ursache und Wirkung, von Materie und Bewegung, Mechanik und Elektrizität vertraut, durch Antworten auf Kinderfragen, durch Umgang mit technischem Spielzeug, in der Schule und schließlich im Beruf; so entsteht eine letztlich in der modernen Naturwissenschaft wurzelnde Auffassung von Wirklichkeit, die weitreichende Folgen für das Weltverständnis hat.

Nun liefert Naturwissenschaft nicht nur Erkenntnisse über die uns umgebende Natur, sondern in vielfacher Weise auch über uns selbst. Zum einen ist sie Modellfall für Einsichten in die Erkenntnisfähigkeit des Menschen; zum anderen zeigt sie uns den Menschen als Teil der Natur, als Ergebnis der Entwicklung des Lebens auf der Erde.

Hinter dieser kühlen Kurzversion der Beziehung von Naturwissenschaft und Menschenbild verbergen sich nun allerdings dramatische geistige Auseinandersetzungen in Vergangenheit und Gegenwart, die die Rolle naturwissenschaftlichen Denkens je nach Einstellung hoffnungsvoll oder verängstigt sehen, sie überschätzen («Naturwissenschaftlich-technische Rationalität beherrscht unser Zeitalter») oder unterschätzen («Was geht es mich an, ob es ‹Quarks› und ‹Schwarze Löcher› gibt oder nicht?»). Vielen gilt die Wissenschaft als schwer verstehbare Angelegenheit von Spezialisten, eher abgehoben von den eigentlich interessierenden Fragen des menschlichen Lebens. Zugleich ist sie mit dem Vorwurf konfrontiert, sie entfalte in ihren technischen Anwendungen eine naturzerstörende Wirkung und propagiere ein einseitig mechanistisches Menschenbild; solche Kritik begünstigt eine Vielzahl esoterischer Vorstellungen, die tiefere Wahrheit sei kleinen Gruppen von Erleuchteten vorbehalten, die nur den Blick nach innen zu richten brauchen, ohne sich dabei noch um objektives Wissen kümmern zu müssen.

So irrational esoterische Antworten auch sind, die kritische Einstellung zu mechanistischen Weltbildern ist berechtigt, desillusionierend und lehrreich. Dies betrifft besonders Weltbilder des neunzehnten Jahrhunderts, die sich auf eine materialistisch-deterministische Mechanik stützten, nach der im Prinzip alle Ereignisse in Raum und Zeit durch mechanische Gesetzmäßigkeiten festgelegt und im Prinzip berechenbar sind. Im Rahmen solcher Weltbilder erscheint Biologie als Teil der Me-

16

chanik und der Mensch als Gegenstand einer letztlich mechanisch begründeten Biologie. Der Marxismus als einer der geschichtsmächtigsten Ideologien stand mit seiner materialistischen Grundeinstellung in dieser Linie mechanistischer Denktradition; der Sozialdarwinismus mit seiner gnadenlosen Anwendung evolutionsbiologischer Vorstellungen auf menschliche Gesellschaften ebenfalls. Allerdings sind solche mechanistischen Ideologien vorwiegend von Sozialwissenschaftlern und nicht von Naturwissenschaftlern entworfen und propagiert worden, und zumindest nachträglich ist einzusehen, daß die Naturwissenschaft eine beweiskräftige Begründung für solche Auffassungen nie hergegeben hat, schon allein deshalb nicht, weil das Denkgebäude der Mechanik des neunzehnten Jahrhunderts offensichtlich unvollständig war. Es reichte nicht einmal hin, die Verbindung von Sauerstoff und Wasserstoff zu Wasser zu erklären; wie sollte es da eine zulängliche Basis zum Verständnis des gesamten Weltgeschehens bilden können?

Erst die moderne Physik wird erweiterten Erfahrungsbereichen, insbesondere der Chemie und der Biologie, gerecht. Mit dieser Erweiterung der Physik ging aber zugleich eine Art intellektueller Selbstbescheidung einher: Nicht alles Geschehen ist physikalisch determiniert – es ist sogar ein Naturgesetz der modernen Physik, daß es prinzipiell unüberwindliche Grenzen der Vorausberechnung gibt. Dadurch wiederum wird auf der philosophischen, metatheoretischen Ebene die Beziehung zwischen Erkenntnisprozeß und Erkenntnis, Einsicht und Realität deutungsfähig und deutungsbedürftig. Die doppelte Aufgabe, die Gesamtheit des modernen Wissens zu berücksichtigen, dabei aber auch die prinzipiellen Grenzen der Erkenntnis zu thematisieren und zu deuten, ist eine große Herausforderung an eine Naturphilosophie in modernem Sinne. Die Selbstbescheidung naturwissenschaftlichen Denkens – wir können vieles, aber nicht alles wissen, und wir wissen ganz gut, warum wir nicht alles wissen können – ist Grundlage für ein neues Verständnis des Beitrags, den die Naturwissenschaft zum Selbstverständnis des Menschen leistet.

Doch stehen der Entwicklung einer modernen Naturphilosophie in der Gegenwart auch Hindernisse entgegen. Problematisch sind besonders die Modeströmungen von Schlag- und Reizworten, die sich alle zehn bis fünfzehn Jahre in der intellektuellen Diskussion ablösen und doch relativ wenig zu bestandsfähigen Einsichten beitragen. Derzeit gibt es eine, wenn auch bereits abebbende Welle unter dem Stichwort «Chaos», welche Grenzen der Berechenbarkeit und Regelmäßigkeit zu einem überragenden Kriterium der Weltdeutung aufwertet. Die neueste Mode, die sich andeutet, wird wohl von «bewußtseinsnaher» Hirn- und Computerforschung ausgelöst – mit wachsenden Ansprüchen, die Fragen nach Bewußtsein und Seele endgültig zu lösen oder durch die eine oder andere Art von «Neuem Denken» zu überwinden. Allen diesen modischen Strömungen ist gemeinsam, daß ihnen tatsächlich solide, wichtige und aufregende Erkenntnisse der Wissenschaft zugrunde liegen, die zu Recht um unsere Aufmerksamkeit werben. Gemeinsam ist ihnen aber auch, daß sie leicht mit überzogenen Verheißungen verbunden werden, in der Konzentration auf einen Teilaspekt nun die wahren Antworten auf die tiefsten Fragen zu finden – obwohl wir erwarten können, daß sie mit der nächsten oder übernächsten Welle wiederum selbst abgewertet werden; und Fehler dieser Art sollten wir nach Möglichkeit vermeiden.

Allerdings gibt es keinen direkten, absolut sicheren Weg, der von der Flut der wissenschaftlichen Daten zu einem Menschenbild führen könnte, das dann auch für Lebensorientierung und Lebensgestaltung bedeutsam ist. Dazu bedarf es vielmehr einer wie auch immer gearteten Überführung von Wissen in Weisheit: Der Versuch solcher Konversion ist letztlich eine Hauptaufgabe der Naturphilosophie. Da die Welt jedoch auf der metatheoretischen Ebene mehrdeutig ist, kann es «die» verbindliche Naturphilosophie nicht geben; sie darf in der Regel nicht die gleiche Sicherheit für sich in Anspruch nehmen wie die objektiven Erkenntnisse der Wissenschaft. Es wäre aber falsch zu schließen, daß naturphilosophische Deutung wenn schon nicht unnötig, so doch beliebig sei. Nur ein Teil der Interpretationen, die wir uns ausdenken, stehen mit empirisch bestätigten wissenschaftlichen Erkenntnissen in Einklang; wenn wir aber schließlich mehr als eine wissenschaftskonforme Deutung finden, so unterscheiden sie sich in der Regel in ihren kulturellen Prämissen und in ihren intuitiven Bezügen zu Sinn- und Wertfragen. Wir können und sollen wählen. Dafür gibt es durchaus Kriterien, die vor allem im pragmatischen Bereich liegen. Ich meine, nur eine Erkenntnistheorie, die alltagstauglich und praktizierbar ist, kann auch philosophisch glaubwürdig sein; und nur ein lebensfreundlicher Begriff vom Menschen, der Sinnfragen nicht als sinnlos abtut, erfüllt die Aufgabe der Philosophie, schließlich einen Beitrag zur Lebenskunst zu leisten.

Hierzu bedarf es einer modernen Naturphilosophie ohne Anpruch auf absolute Verbindlichkeit, aber auch ohne Konzessionen an die These postmoderner Beliebigkeit; der gangbare und lohnende Weg zwischen solchen Extremen ist der

Versuch einer Verknüpfung verschiedenster Perspektiven, und zwar ohne Rücksicht darauf, wieweit sie gerade der Zeitgeist vereinnahmt hat und wieweit nicht. Dabei erweisen sich Wege über die Natur als Königswege zum menschlichen Selbstverständnis, zum «Wir».

Sehr aufschlußreich ist dafür schon allein die Geschichte des theoretischen Denkens über die Natur, das altgriechische Philosophen vor zweitausendfünfhundert Jahren sozusagen erfunden haben. Sie postulierten, die innere Ordnung der Natur sei dem menschlichen Denken zugänglich; es gebe eine Gesetzmäßigkeit der Natur, die in allgemeinen Begriffen erfaßbar sei. Die Entwicklung dieses Grundgedankens führte über verschiedenste Epochen und Kulturen hinweg – über die der Römer, Araber und Perser, Europäer und Amerikaner – in die Naturwissenschaft der Moderne. Die Einsichten und Ergebnisse gewannen schließlich fast weltweite Geltung und wurden gemeinsames geistiges Eigentum der Menschheit. Das wissenschaftliche Verständnis der Natur reicht weit über die Lösung anschaulicher Alltagsprobleme hinaus und zeigt uns wie kaum eine andere Kulturleistung die Möglichkeiten des menschlichen Geistes.

Der Mensch sieht sich als Teil der Natur; die Wissenschaft von der Evolution stellt ihn in einen Zusammenhang mit der Entstehung und Entwicklung des Lebens auf der Erde. Er ist aber auch durch die Besonderheiten seiner Art charakterisiert, die zwar Naturgesetzen nicht widersprechen, ihn aber doch von allen anderen Lebewesen unterscheiden. Dazu gehört nicht zuletzt das Erkenntnisvermögen – einschließlich der Fähigkeit, Naturwissenschaft zu betreiben. Teil der Natur ist vor allem auch das Gehirn des Menschen, Sitz des Fühlens und der

20

höheren geistigen Fähigkeiten wie Sprache, Denken, Erinnerung, Planung, Bewußtsein. Die biologische Spezies «Mensch» verstehen heißt vor allem: das Organ «Gehirn» verstehen. Ein vollständiges Verständnis menschlichen Bewußtseins ist von der Hirnforschung dennoch nicht zu erwarten; denn Bewußtsein ist nicht nur ein Gegenstand der Naturwissenschaft, sondern zugleich schon Voraussetzung jedes Denkens – auch des wissenschaftlichen Denkens über das Gehirn. Die Beziehung von Gehirn und Geist erscheint als eine der interessantesten und zugleich schwierigsten Fragestellungen im Grenzbereich von Naturwissenschaft und Philosophie, und sie führt uns an Grenzen der Selbsterkenntnis.

Zentral für das menschliche Selbstverständnis ist nicht zuletzt die Frage nach dem Geltungsanspruch von Werten und Regeln sozialen Verhaltens. So, wie sie uns in der Erziehung vermittelt werden, sind sie eine Kulturleistung; der Kulturvergleich zeigt uns eine erstaunliche Vielfalt, weist aber auch auf allgemeine Dispositionen sozialen Verhaltens hin, die in allen Menschen angelegt sind und einer evolutionsbiologischen Erklärung zugänglich sein sollten. Viele verschiedene, aber bei weitem nicht alle denkbaren Verhaltensmuster sind in menschlichen Gesellschaften möglich. In der Regel gibt es nicht nur Egoismus, sondern auch Gemeinsinn; der aber erweist sich als eine durchaus begrenzte und zudem auch mißbrauchsanfällige Ressource.

Insgesamt ist es beeindruckend, auf welch vielfältige Weise Erkenntnisse der Naturwissenschaft, deren Geschichte und ihre philosophische Reflexion zum Menschenbild der Gegenwart beizutragen vermögen. Im folgenden werden wir die Beziehung von Naturwissenschaft und Menschenbild unter

diesen Aspekten verfolgen, in einer Art Überflug mit bewußtem Verzicht auf Details. Die Verbindung sehr verschiedener
Perspektiven verspricht tiefere Einsichten, als sie eine noch so
genaue Information zu *einem* Teilaspekt – sagen wir zur Struktur des Gehirns oder zum Verlauf der Evolution des Menschen
– für sich allein ergeben könnte. Es geht um das, was uns
Geschichte und Struktur der Naturwissenschaft über die Beziehung von menschlichem Denken und Wirklichkeit, von
Geist und Natur zeigen; es geht um das Verständnis des Menschen als Teil der Natur – als Ergebnis der Evolution, als
Lebewesen mit Geist und Seele und als soziales Wesen. Eine
zusammenfassende naturphilosophische Betrachtung sollte
dabei einiges Licht auf die Spannungsfelder von Materialismus
und Idealismus, Immanenz und Transzendenz, Kultur und Vererbung, Egoismus und Gemeinsinn werfen – Spannungsfelder
der Diskussion um Sinn- und Wertfragen menschlichen Lebens. Im Spiegel der Natur erkennen wir letztlich auch wieder
uns selbst.

Naturwissenschaft – eine Erfolgsgeschichte?

Wie wahr ist Wissenschaft? Ist sie nichts als eine Konstruktion des menschlichen Denkens, ein Produkt des jeweiligen Zeitgeistes ohne Anspruch auf allgemeine Gültigkeit? Oder ergibt sie objektive Erkenntnis für jedermann zu jeder Zeit? Die beste Erkenntnisquelle sowohl für fehlgerichtete als auch für bestandsfähige Entwicklungen der Naturwissenschaften ist der Rückblick in ihre zweieinhalbtausendjährige Geschichte: von den altgriechischen Naturphilosophen über Niedergang und Aufstieg naturwissenschaftlichen Denkens im Mittelalter und die selbstbewußte Entdeckung menschlicher Kreativität in der Renaissance bis hin zur Begründung des modernen physikalischen Denkens.

Die Erfindung der Naturphilosophie

Die Erfolgsgeschichte «Naturwissenschaft» ist ein Abenteuer der Forschung mit Entdeckungen und Ergebnissen, die teilweise schon im Denken der frühesten Anfänge als Ahnungen aufscheinen, zumeist aber jenseits aller Erwartungen jeweils früherer Generationen lagen. Diese faszinierende Geschichte ergibt tiefe Einsichten in die Beziehung von Denken und Wirklichkeit: Wie steht es in der Wissenschaft um das Verhältnis von Irrtum und Wahrheit, Zeitgebundenheit und Bestandsfähigkeit, kulturspezifischer Entwicklung und Geltungsanspruch über Kulturgrenzen hinweg? Der historische Rückblick lehrt in solchen Fragen mehr als jede rein theoretische Überlegung. Wo aber damit anfangen? Jede Geschichte hat eine Vorgeschichte. Je weiter aber die Fragen auf Vorgeschichten von Vorgeschichten zurückverweisen, desto unsicherer wird unser Wissen. Die frühesten erhaltenen, wirklich eindrucksvollen Zeugnisse eigendynamischer Kulturentwicklung der Menschheit bilden die Kunstwerke der Eiszeit. Vor mehr als dreißigtausend Jahren entstanden Tierplastiken und – seltener – menschliche Figuren, die in Höhlen Süddeutschlands gefunden wurden. Die Wandmalereien in vielen Höhlen Frankreichs und Nordspaniens waren bislang auf etwa fünfzehntausend Jahre vor der Zeitrechnung datiert. Im Dezember 1994 erkundeten drei junge französische Höhlenforscher die Grotte Chauvet und stießen dort auf wunderschöne Höhlenmalereien, zum Teil mit Holzkohle ausgeführt. Proben solcher Kohle haben es ermöglicht, durch Messung ihrer Radioaktivität das Alter dieser Malereien festzustellen: etwa dreißigtausend Jahre. Was die Höhlenbilder der Eiszeit für die Frühgeschichte des menschlichen Denkens so interessant macht, ist nicht nur die naturgetreue Darstellung der Tiere; es sind auch und vor allem die vielen Zeichen und Symbole aus Strichen und Punkten, die einen erheblichen Teil aller Malereien ausmachen und vermutlich derselben frühen Zeit entstammen. Wir wissen nicht, was sie bedeuten; Vermutungen gehen in unterschiedliche Richtungen – Symbole für Jagdzauber und andere rituelle Handlungen, Zeichen für Tierarten, Zeichen für einen Menschen oder für Clans und Stämme... Es ist wahrscheinlich, daß sie zumindest teilweise nicht nur Tiere und Personen repräsentieren, sondern symbolische Bedeutung auch für eine geistige Beziehung zwischen Mensch und Natur hatten. In jedem Fall ist die bloße Tatsache interessant, daß wir die Zeichen selbst nicht mehr verstehen. Daraus allein nämlich folgt bereits, daß Menschen schon vor sehr langer Zeit abstrakte Symbole entwickelten, die ihre spezifische Bedeutung in einem bestimmten kulturellen Kontext hatten.

Mit der Erfindung der Landwirtschaft vor etwa zehntausend Jahren änderten sich auch die Themen der Kunst, und Symbole der Fruchtbarkeit spielten nun eine wachsende Rolle. Seit etwa fünftausend Jahren hinterließen uns die Hochkulturen umfangreiche archäologische Zeugnisse und schriftliche Überlieferungen. Sie bezeugen nicht nur eindrucksvolle technische Fortschritte; das entwickelte Bauwesen, die Medizin und die Astronomie lassen auch auf systematische Traditionen und Schulen schließen, die derartigen Künsten zugrunde liegen und zum Beispiel mechanische, biologische und mathematische Kenntnisse zum rechten Gebrauch vermittelten: Traditionen nicht nur der Technik, sondern auch von Ansätzen einer Technologie. Die größeren Fragen nach Ursprung, Sinn und innerer Ordnung der Welt aber waren nach wie vor religiösen und mythischen Erklärungen vorbehalten.

Ein Grundverständnis der Welt mit den Mitteln der Vernunft und des menschlichen Denkens anzustreben war die große Leistung der altgriechischen, «vorsokratischen» Philosophie, beginnend etwa um 600 vor Christus. Ausgangspunkt war die Idee einer gedanklichen Erfassung der Natur in theoretischen Begriffen; in Begriffen, die sich der menschliche Geist ausdenkt. Niemand wird im Ernst behaupten, dieser revolutionäre Vorgang in der Kulturgeschichte der Menschheit ließe sich aus den Umständen heraus zwingend herleiten, aber einige günstige Voraussetzungen sind doch erkennbar: große Reichweite der Information, ausreichende Distanz zur Macht. Die ionischen Griechen hatten zahlreiche Handelskontakte und Kolonien; die Gedankenwelt der sie umgebenden Hochkulturen der Ägypter, Babylonier und Perser war ihnen zugänglich, religiöse Vorstellungen, aber auch medizinische, astronomische und technische Kenntnisse. Damit waren günstige Bedingungen für vergleichende, zusammenfassende und übergeordnete Konzepte gegeben. Zugleich konnten sie sich wenigstens eine gewisse – wenn auch allzu kurze – Zeit der politischen Macht dieser Hochkulturen entziehen und so eine neue geistige Entwicklung einleiten. Die eigene, altgriechische Religion basierte zwar auf den Mythen, in denen unberechenbare Götter ihren – den Menschen nachempfundenen – Leidenschaften nachgingen und unerklärliche Handlungen begingen, aber es gab doch auch schon recht abstrakte Vorstellungen von Gottheiten, die allgemeine Begriffe, wie etwa die Gerechtigkeit, repräsentierten. Zugleich dokumentiert die Dichtung ein neues unmittelbares Natur- und Selbstgefühl, wie es besonders in den Versen der großen Sappho von Lesbos zum Ausdruck kommt; in Versen über Mond und Sterne, Haine und Wiesen, rauschende Winde und duftende Blumen, in Versen auch, die die seelische und körperliche Erregung der Eifersucht darstellen, detailgenau in der Selbstbeobachtung und zugleich poetisch in ihrer Sprache.

In dieser geistigen Situation begann die Blüte der altgriechischen Naturphilosophie in einem eng umgrenzten Gebiet an der kleinasiatischen Küste, in Milet, Samos, Ephesos und Kolophon. Anaximander postulierte, es gebe Gesetze der Natur, in Analogie zu Gesetzen menschlicher Gesellschaft. Thales führte als Erklärungsprinzip das Urelement Wasser ein, Pythagoras die mathematische Ordnung, vor allem die Harmonie der Zahlen, Heraklit den «Logos» als geistiges Prinzip der Weltordnung. Der Kosmos wird als geordnete Welt erkannt, erfaßbar für den menschlichen Geist ohne Bezug auf die alten Göttermythen, wobei aber doch auch religiöse Grundeinstellungen im Kern erhalten bleiben; besonders deutlich kommt dies im abstrakten Monotheismus des Xenophanes von Kolophon zum Ausdruck. All diese Ideen klingen sehr allgemein, aber die altgriechischen Naturphilosophen haben über viele Erscheinungen im einzelnen nachgedacht und richtige oder auch falsche Erklärungen dafür vorgeschlagen – für die Bildung des Kosmos, die Gestalt der Erde, die Entwicklung der Lebewesen, das Mondlicht, die Nilschwelle und andere, zumal meteorologische Phänomene; und immer wieder sind naturphilosophische Ideen mit Betrachtungen über den Menschen, die Rätsel der Seele und die Grenzen des Wissens verbunden: «Nur Wähnen ist uns beschieden.»

Im Gefolge der Perserkriege verlagerte sich im fünften vorchristlichen Jahrhundert das Zentrum griechischen Geisteslebens nach Athen – und hier begann eine Neuorientierung der Philosophie, die mit Sokrates, Platon und Aristoteles ihren Höhepunkt erreichte: Sie wandte sich ganz unmittelbar dem Menschen zu, vielfach ohne den geistigen Umweg über die Natur zu nehmen. Vielfach, aber doch nicht durchgängig: Aristoteles wurde zum eigentlichen Begründer einer wissenschaftlichen Biologie, zum einen durch eine Fülle von teils genauen, teils auch sehr ungenauen Beobachtungen, vor allem aber durch einen neu konzipierten Begriff des Lebens, das er selbst «Seele» nannte. Er suchte die Kennzeichnung des Lebens nicht in Eigenschaften höherer Tiere, etwa im Hauch des Atems und in der freien Selbstbewegung, er fragte vielmehr nach denjenigen Merkmalen, die auch die einfachsten Formen des Lebens – in seinen Augen die Pflanzen – von der unbelebten Natur unterscheiden. Dies, so fand er, seien Fortpflanzung und Ernährung, moderner gesprochen, Reproduktion und Stoffwechsel. Er entdeckte Stufen des Lebens, charakterisiert durch zusätzliche Eigenschaften, die sich in den einfachsten Organismen nicht finden: Wahrnehmung bei Tieren, Denken bei Menschen. Er erkannte Grundzüge des Leib-Seele-Problems, vor allem, daß mit jedem Vorgang in unserer Seele auch etwas in unserem Körper vorgeht.

Christentum, Islam und das «Buch der Natur»: Niedergang und Wiederaufstieg wissenschaftlichen Denkens

Aus der hellenistischen Folgezeit kennen wir eindrucksvolle Theorien und Entdeckungen im Bereich von Naturwissenschaft und Technik: Aristarch von Samos lehrte, «die Erde und die Planeten kreisen um die Sonne». Eratosthenes von Alexandria ermittelte mit Hilfe einer genialen Beobachtung und Überlegung den Umfang der kugelförmigen Erde. Heron von Alexandria baute Apparate, die den Druck erhitzter Luft sowie den Impuls von ausströmendem Dampf nach dem Jet-Prinzip nutzten. All dies führte aber doch nicht zu einer dramatischen Erweiterung der Erkenntnisse über die Natur. Die Vision der altgriechischen Naturphilosophen von einer umfassenden und zugleich wirklichkeitsgerechten Theorie blieb unerfüllt. Einen besonders starken Einbruch im Streben nach Naturerkenntnis ergab sich – eher als Nebenwirkung – in der Folge der großen religiösen Bewegungen der Spätantike mit ihrem Streben nach Erlösung in einer jenseitigen Welt. Unter diesem Aspekt erschien Erkenntnis der diesseitigen, unvollkommenen, letztlich dem Untergang geweihten Natur als eher eitle Bemühung.

Die Wiederentdeckung des wissenschaftlichen Denkens – im Rahmen einer im ganzen sehr zögernden Rückbesinnung auf antike Traditionen, der man die Bezeichnung «Karolingische Renaissance» gegeben hat – findet sich im frühmittelalterlichen Europa nur in wenigen Ansätzen; dabei ragt allerdings eine Einzelpersönlichkeit heraus: der geniale, mutige, aber doch lange Zeit verkannte Johannes Eriugena (um 810 bis 877). Dieser Theologe und Gelehrte wirkte am Hofe Karls des

30

Kahlen, des Herrschers über das Karolingische Westreich, das aus dem Reich Karls des Großen hervorgegangen war. Eriugena bekannte sich im Gegensatz zum Kirchenvater Augustinus dazu, daß uns «die göttliche Autorität nicht bloß nicht daran hindert, sondern uns geradezu auffordert, nach den Gründen der sichtbaren und unsichtbaren Dinge zu forschen».

In seinem Hauptwerk «Über die Einteilung der Natur» übernahm er weitgehend aristotelisch-neuplatonische Vorstellungen und berief sich ausführlich auf die überlieferten Meinungen von Kirchenvätern und Theologen; aber im Grundsatz wie in seiner Praxis geht ihm, so bekennt er selbst, «Vernunft vor Autorität, denn wahre Autorität ist die durch die Vernunft entdeckte Wahrheit». Entsprechend frei geht er mit den biblischen Texten um. So vertritt er ein unbiblisches Weltbild nach antiken Vorbildern mit der kugelförmigen Erde im Zentrum, der sie umkreisenden Sonne und mit Planeten, die sich ihrerseits auf Umlaufbahnen um die Sonne bewegen. Die biblische Schöpfungsgeschichte, so lehrte er, beschreibt keine zeitliche, sondern eine logische Abfolge. Die Eigenschaften der Natur sind nicht auf willkürliche Handlungen Gottes, sondern auf abstrakte Gegebenheiten zurückzuführen, die ihrerseits Werke des Schöpfers sind. Zwischen dem Schöpfer, der schafft und nicht geschaffen ist, und der Natur, die geschaffen ist, aber nicht schafft, gibt es die Ideenwelt der «causae primordiales», der «primären Ursachen», die vom Schöpfer geschaffen sind, aber ihrerseits auch selber schaffen. Primäre Ursachen zeigen sich indirekt in den Konsequenzen. Wissen, das Physik genannt wird, «besteht in der natürlichen Kenntnis der unter die Sinne und das Denken fallenden Natur». Die Erkenntnis ihrer Voraussetzungen in den ursprünglichen Ursachen erfordert aber auch Weisheit und verweist eben dadurch auf den Ursprung dieser primären Ursachen, nämlich auf Gott. Mit anderen Worten, hinter der beschreibbaren Realität stehen erzeugende Prinzipien, die ihrerseits göttlichen Ursprungs, aber in ihrer Wirkung dem menschlichen Denken zugänglich sind, und zwar vermittels theoretischer Begriffe. Dazu gehören zum Beispiel «das Gute», «das Leben» und «die Weisheit», aber die Spezifizierung von primären Ursachen geht ziemlich weit und umfaßt auch solche Ideen, die der Naturerklärung besonders nahestehen, wie das Feuer als Ursprung des Lichts, die Keimkraft der Pflanzen, auf der Fortpflanzung, Wachstum und Gestaltbildung beruhen, sowie die Gründe für die Unterschiede der Arten und Strukturen der natürlichen Welt.

Sicher wäre es übertrieben, wollte man solche «primäre Ursachen» mit der modernen Auffassung von einer naturgesetzlichen Ordnung der Ereignisse in Raum und Zeit gleichsetzen, aber eine gewisse Verwandtschaft haben diese Vorstellungsweisen doch miteinander – Feuer etwa mit Energie, Keimkraft mit genetischer Information. Eriugena hat zwar nicht die moderne, neuzeitliche Naturwissenschaft vorhergesehen, aber er hat doch die «Möglichkeit Wissenschaft» erahnt und in seinem Denken gefördert, indem er hinter der Erscheinungswelt abstrakte allgemeine Prinzipien postulierte, die von Gott bewirkt, aber ihrerseits ohne zwangsläufigen und direkten Bezug auf theologische Konzepte und Texte gesucht und bezeichnet werden können. Diese Suche ist in den Augen Eriugenas göttlicher Auftrag. Nicht die Schöpfungsgeschichte der Bibel erklärt uns zureichend, wie wir die Natur zu denken haben; die Erkenntnis der Natur und ihre Voraussetzungen lehren uns vielmehr, wie die Schöpfungsgeschichte zu verstehen ist.

Christentum, Islam und das «Buch der Natur»

Ein im Ansatz ähnlicher Mut zur Vernunft zeigt sich im Denken des ersten großen arabischen Philosophen im Bereich des – noch jungen – Islam: Al Kindi (etwa 805 bis 873) lehrte im Bagdad des neunten Jahrhunderts – des legendären Bagdad der Geschichten aus TausendundeinerNacht – den Muslimen die Achtung vor dem Wissen aus heidnischen Quellen der Antike und forderte die geduldige Weiterentwicklung der Wissenschaft von Generation zu Generation. Gottes «universelle Disposition der Dinge durch die Verordnung seiner Weisheit» wirke nicht – oder nicht nur – unmittelbar, sondern vermittels sekundärer Agenzien, die sich durch Anstrengungen des menschlichen Geistes erkennen ließen. Zwar sei prophetische Einsicht dem gewöhnlichen Menschenverstand überlegen, doch gebe es viele und wichtige Fragen, über die sich die Propheten nicht oder nicht eindeutig geäußert hätten. Diese zu beantworten sei Aufgabe der Philosophie.

Die genialen Zeitgenossen des neunten Jahrhunderts, Eriugena und Al Kindi, die weit voneinander entfernt in verschiedenen Kulturen lebten und nichts voneinander wußten, haben auf ähnliche Herausforderungen mit verwandten Gedanken reagiert: Wie verträgt sich eine von ihnen gewollte vernünftige Erklärung der natürlichen Wirklichkeit mit einer monotheistischen Offenbarungsreligion – im einen Fall mit dem Christentum, im anderen mit dem Islam? Beide erklärten, das Verständnis der Wirklichkeit mit den Mitteln menschlichen Denkens sei gottgewollt. Dabei war für sie der Rückgriff auf heidnische, antike Denktraditionen nicht nur akzeptabel, sondern notwendig, und sie hielten abstrakte Ideen und Begriffe für geeignete Mittel, um zu Erklärungen der natürlichen Wirklichkeit zu gelangen. Ideen in diesem Sinne seien zwar

33

ihrerseits auf Gott zurückzuführen, aber die Beziehung der natürlichen Wirklichkeit zu vermittelnden Ursachen und abstrakten Gegebenheiten lasse sich im Grunde ohne explizite Theologie mit den Mitteln der Vernunft erkennen. Im Prinzip, so lehrten beide, gebe es keinen Widerspruch zwischen göttlicher Offenbarung und vernünftiger Erklärung der Natur, weil es zulässig sei, einen erheblichen Deutungsspielraum der religiösen Tradition wahrzunehmen.

Die verborgene Verwandtschaft der Gedankenwelten Al Kindis und Eriugenas ist nicht zufällig. Beide lebten in Kulturen, die sich zu ihrer Zeit antiker Traditionen besannen. Beide konnten auf aristotelische und platonische Gedanken aus byzantinischen Quellen zurückgreifen. Beiden wurde das Spannungsfeld zwischen dem Wahrheitsanspruch einer monotheistischen Offenbarungsreligion und den Ansprüchen der menschlichen Vernunft auf ein Verständnis der natürlichen Wirklichkeit zum Problem.

Die geistesgeschichtlichen Folgen des Denkens von Eriugena und Al Kindi waren zunächst recht verschieden. Eriugena geriet bei theologischen Autoritäten in Mißkredit – nicht nur, aber auch wegen des freizügigen Umgangs mit der Tradition in seinem Werk «Über die Einteilung der Natur». Seine Gedanken wirkten in beschränktem Umfang weiter   eine Eigendynamik konnten sie zunächst nicht entfalten. Anders die islamische Wissenschaft, die bald eine hohe Blüte erreichte. Schließlich aber gelangte über islamische und byzantinische Quellen im Hoch- und Spätmittelalter immer mehr vom Wissen der Antike und der arabischen Welt – und damit auch Mut zu eigenem zeitgenössischem Denken – wieder nach Europa. Albert der Große (etwa 1200 bis 1280) und andere Theologen in Europa entdeckten das «Buch der Natur» als gleichwertigen Zugang zur göttlichen Wahrheit neben dem Buch der Offenbarung. Der große Aufbruch europäischen Denkens am Beginn der Neuzeit verdankt dieser spätmittelalterlichen Phase viel. In der frühen Renaissance kam Entscheidendes hinzu: die Besinnung auf die *schöpferischen* Fähigkeiten des Menschen in Kunst, Dichtung, Politik und schließlich auch in den Wissenschaften. Wenn auch die Entfaltung der modernen Wissenschaft durch Kopernikus, Kepler, Galilei und Newton noch längere Zeit auf sich warten ließ, ist doch der Übergang in die Eigendynamik neuzeitlicher Naturwissenschaft in hohem Maße der Entdeckung der Kreativität des menschlichen Geistes in der frühen Renaissance zu verdanken.

Keine andere Persönlichkeit zeigt diesen Zug so ursprünglich wie Nikolaus von Kues (1401 bis 1464), und in seiner Gedankenwelt – mit vielen Anleihen bei mittelalterlichen Denkern und besonders bei Platon, aber doch auch mit vorausschauender Originalität – läßt sich das neue Denken exemplarisch demonstrieren: Der Mensch kann die Welt nicht machen, aber er kann sie denken und gestalten. Die biblische Aussage «Der Mensch ist Abbild Gottes» bedeutet, daß die Fähigkeiten des menschlichen Geistes Abbild der *schöpferischen* Kraft Gottes sind.

Seine bedeutendste Erkenntnis aber drückt sich im Titel seines ersten philosophischen Werkes aus, der «Docta ignorantia», der «Belehrten Unwissenheit», auch übersetzbar mit «Wissen vom Nichtwissen»: Das Denken selbst ist geeignet, die Grenzen der Wissenschaft auszuloten. Prinzipiell unüberwindliche Beschränkungen der Erkenntnis gibt es aus zwei Gründen: Zum einen stößt jede messende Bestimmung auf un-

35

vermeidliche Grenzen der Genauigkeit – «Wir finden Gleichheit in gradweiser Näherung... Deshalb wird Maß und Gemessenes trotz aller Angleichung immer verschieden bleiben.» Zum anderen ist es grundsätzlich unmöglich, voraussetzungslos zu denken. Vielmehr ist Erkenntnis jeweils auf etwas bezogen, das stillschweigend oder ausdrücklich schon als bekannt vorausgesetzt wird. Für Cusanus war das auf philosophischer Analyse beruhende «Wissen vom Nichtwissen» eine ausgesprochen positive Einsicht: Die Grenzen der Erkenntnis, ergründet durch Reflexion des Denkens über sich selbst, geben die «Schau» auf intuitive Zusammenhänge frei. Diese Wandlung ins Positive, in der der Geist der Renaissance besonders deutlich zum Ausdruck kommt, ist vielleicht sein originellster Beitrag zur Geschichte philosophischen Denkens. Statt eines kokett-resignierten «Ich weiß, daß ich nichts weiß» so vieler Philosophen vor ihm nun «Endlich verstehe ich, warum ich vieles nicht wissen kann».

Die Selbstbegrenzung des wissenschaftlichen Denkens, die Nikolaus von Kues begründet und skizziert hat, spielte lange Zeit für die Naturwissenschaft und ihre philosophische Deutung keine große Rolle, ist aber im zwanzigsten Jahrhundert zu einem ganz wesentlichen Merkmal der modernen Naturwissenschaft und Mathematik geworden. Die von Heisenberg entdeckte «Unbestimmtheit» der modernen Physik hängt eng mit der unvermeidlichen Ungenauigkeit jeder quantitativen Messung zusammen; und Gödels Sätze über Grenzen mathematischer Entscheidbarkeit zeigen, daß sich die Voraussetzungen formalen Denkens im menschlichen Geist nicht vollständig durch formales Denken erfassen lassen.

Wesentlich für die Entwicklung neuzeitlicher Naturwissenschaft war aber nicht nur das Vertrauen in die Kreativität des menschlichen Geistes, das mit der Renaissance eingesetzt hatte; hinzu kam das Wechselspiel von Theorie und Praxis, technischer Entwicklung und wissenschaftlicher Erkenntnis, wie es sich zum Beispiel in der Erfindung des Fernrohrs und seiner Rolle für die neue Astronomie zeigte. Wenn auch Technik häufig dem bloßen Luxus diente, etwa in Form raffinierter Uhren und Automaten für die Fürstenhäuser, so zielte sie doch auch in stark zunehmendem Maße auf wirtschaftliche Anwendungen.

So fordert Johann Rudolph Glauber (1604 bis 1670), der mit Erkenntnissen über Säuren und Salze zu einem Begründer der modernen, von alchimistischem Zauber befreiten Chemie wurde, seine Landsleute auf, die Potentiale der Wissenschaft für «Des Teutschlands Wolfahrt» zu nutzen, statt in Trägheit und Unwissenheit zu verharren – nicht faulenzen und trinken, sondern forschen: «Darauß kan ein jedweder sehen, was wir Teutschen für mächtige Schätze unwissent besitzen, und uns nicht zu nutz machen wissen, welches wann andere Nationen nicht auch uns Teutschen gleich in dieser Sach bis dato unerfahren gewesen, wir leichtlich von ihnen hören musten», nämlich «daß wir mehr auff fressen, sauffen, müssig gehen als auf gute Kunst und Wissenschaften uns legten». «Dieweilen aber bey allen Nationen jetziger Zeit die gut Tugenden und Sitten ab, die bösen dagegen zunehmen, darff kein Esel den andern Lang Ohr heissen ... Nun weiss ich, daß manch unerfahrener Bachant ... sagen werde zu seinesgleichen: Siehe mein Bruder doch, was Glauber schreibt, er will ein Safft aus Holtz und Steinen pressen und Salpeter daraus machen, was hältstu davon, wollen wir nicht lieber eins trincken?»

So treffen wir schon im siebzehnten Jahrhundert auf den

Anspruch, wissenschaftlich geleitete Technik könne sich zu einer, wenn nicht *der* Hauptquelle gesellschaftlichen Wohlstands entwickeln.

Die Physik wird Grundlage der Naturwissenschaften

Eine kreative, aber an sinnlicher Erfahrung und mathematischer Einsicht orientierte Erfassung der Wirklichkeit erscheint möglich – diese alte naturphilosophische Vision ist in der modernen Naturwissenschaft in erheblichem Maße verwirklicht. Galileo Galilei (1564 bis 1642) leitete eine Entwicklung ein, die quantitative Messungen und Beobachtungen zur Grundlage und die mathematische Mechanik zur Leitwissenschaft machte – eine Mechanik der Ursachen und Wirkungen im Gegensatz zur aristotelischen Physik der Ziele und Zwecke. Isaac Newton (1643 bis 1727) begründete eine allgemeine Mechanik der Kräfte und Bewegungen, deren Grundgedanke lautet: Es gibt nur wenige Typen von Kräften. Wenn man sie kennt, so läßt sich das Verhalten physikalischer Objekte verstehen und berechnen. In der Folgezeit wurden immer weitere, scheinbar unmechanische Bereiche der natürlichen Wirklichkeit wie Elektrizität und Magnetismus in eine allgemeine Physik einbezogen.

Zu einer Zäsur kam es in den ersten Jahrzehnten des zwanzigsten Jahrhunderts. Man lernte, daß Newtons anschauliche Mechanik nicht für die Welt des unsichtbar Kleinen, der Atome und Moleküle, gilt. Im atomaren Bereich läßt sich wegen der unvermeidlichen Beeinflussung des Meßergebnisses durch den Meßvorgang nur eine begrenzte Genauigkeit bei der Bestimmung von Ort und Geschwindigkeit der Partikel erreichen. Die Quantenphysik baut diese zwangsläufige Unschärfe von vornherein in die Theorie ein. Für atomare Vorgänge gibt es quantitativ erfaßbare Grenzen der Bestimmbarkeit und Berechenbarkeit, die in Heisenbergs Unschärferelation zum Ausdruck kommen. Die uns vertraute anschauliche Mechanik bleibt für Gegenstände stimmig, die aus vielen Atomen bestehen; die allgemeinere, nicht mehr so anschauliche Quantenphysik aber gilt auch für den Bereich des unsichtbar Kleinen. Sie erklärt die chemischen Verbindungen von Atomen zu Molekülen, und ohne Quantenphysik wären die Moleküle der Erbsubstanz DNS und der Proteine samt ihrer Schlüsselrolle in der belebten Welt nicht wirklich zu verstehen. Die moderne Physik ergibt zwar nicht in sich die Erklärung der Naturvorgänge – dies leisten nur die Einzelwissenschaften –, aber sie ist die Erklärungsgrundlage für unser Verständnis der Natur und zeigt, daß in den Grundgesetzen sozusagen alles mit allem verbunden ist. Damit erfüllt sie in bemerkenswerter Weise die Vision der altgriechischen Naturphilosophen, die eine gedankliche Erfassung der Natur in theoretischen Begriffen anstrebten.

Die moderne Wissenschaft entdeckt ihre eigenen Grenzen

Kein Wunder, daß die Erfolge der Wissenschaft zunächst auch zu Überinterpretationen, Verabsolutierungen und unzulässigen Verallgemeinerungen verleiteten, die häufig in eine Verengung des Denkens führten. Dies gilt besonders für mechanistisch-materialistische Welt- und Menschenbilder im achtzehnten und neunzehnten Jahrhundert: die Welt ein Uhrwerk, in jedem Detail berechenbar; alle Ereignisse, einschließlich der menschlichen Schicksale, schon im physikalischen Zustand zu Beginn der Welt unveränderlich vorgegeben; der Mensch selbst eine Maschine; die Geschichte ein Kräftespiel materieller Komponenten; Konzepte von «Seele» und «dem Guten» letztlich als Illusion entlarvt... Derartige mechanistische Auffassungen wurden dann aber nicht zuletzt durch die Entwicklung der Wissenschaft selbst revisionsbedürftig: Die neue Physik des zwanzigsten Jahrhunderts enthält ihre eigenen Grenzen und erweist sich als Theorie des – begrenzten – Wissens; die Mathematik stieß auf Grenzen der Entscheidbarkeit, besonders im Hinblick auf Fragen, die sich auf ihre eigenen Voraussetzungen beziehen. Es gibt Grenzen der Berechenbarkeit – manche Vorgänge sind sehr genau vorhersagbar, andere verlaufen chaotisch.

Läßt sich dann wenigstens eine exakte «Wissenschaft von der Wissenschaft» entwickeln, die uns zeigen könnte, welche Begriffsbildungen und Verfahrensweisen zu gesichertem Wissen führen und welche nicht? Auch der Versuch einer solchen Wissenschaftstheorie ist, bei aller Achtung vor Teilergebnissen, im ganzen gescheitert; eine verbindliche Unterscheidung zwischen wissenschaftlichen und unwissenschaftlichen Begriffen ist nicht möglich, eine vollständige Absicherung der Wissenschaft mit ihren eigenen Mitteln unerreichbar.

Selbstbegrenzung der Wissenschaft – das klingt zunächst nach einer Herabstufung des Wertes und der Reichweite naturwissenschaftlichen Denkens. Historisch gesehen hatte aber die moderne Relativitäts- und Quantenphysik gerade die umgekehrte Wirkung. Die anschauliche Mechanik des neunzehnten Jahrhunderts war in ihren Leistungen eindrucksvoll, aber sie versagte doch vollkommen im Bereich des unsichtbar Kleinen und konnte deswegen schließlich auch keine Basis für ein wirkliches Verständnis chemischer und biologischer Prozesse bieten. Dennoch wurde sie in ebenso kühnen wie unberechtigten Extrapolationen gern für ein materialistisch-mechanistisch-deterministisches Welt- und Menschenbild in Anspruch genommen, und man glaubte, diese Art der Mechanik würde durch bloße Weiterentwicklung ohne Revolution der Denkweise und ohne Selbstbescheidung fast alles leisten können. Die moderne Physik weiß dagegen besser, was sie nicht kann, aber was sie dann tatsächlich leistet, ist eben doch sehr viel. Ihre Gesetze bilden eine einheitliche Grundlage für die Erklärung der Ereignisse in Raum und Zeit einschließlich chemischer und biologischer Prozesse.

Neue Ufer – die Integration der Chemie

Galileis mathematische Mechanik der Bewegungen verfolgte das Ziel, mit wenigen Gesetzen viel zu erklären. Die Vereinigung der Himmels- mit der irdischen Physik durch Newton, später die Einbeziehung von scheinbar unmechanischen Vorgängen wie Elektrizität und Wärme in eine verallgemeinerte Mechanik, schließlich im zwanzigsten Jahrhundert die Ausweitung der Physik auf den atomaren und subatomaren Bereich – diese ganze wissenschaftshistorische Entwicklung zeigt auf das Eindrucksvollste, welch weiten Erklärungsrahmen dynamische Grundgesetze der Physik tatsächlich bieten. Die bedeutendsten Integrationsleistungen aber waren die physikalische Begründung der Chemie und die physikalisch-chemische Grundlegung der Biologie. Die Geschichte dieser Integration zeigt, vielleicht mehr noch als die der Physik im engeren Sinne, wie die Naturwissenschaft ein in sich zusammenhängendes Gedankengebäude geworden ist.

Die physikalische Erklärung der chemischen Bindung stellt eines der erstaunlichsten Ergebnisse der modernen Naturwissenschaft dar, denn ursprünglich steht ja die bunte Welt der chemischen Reaktionen, die Metalle aus Erden zaubert und Gifte aus harmlosen Substanzen, der Mechanik intuitiv ziemlich fern; deswegen hat sie sich auch über Jahrhunderte, von den Zeiten der mittelalterlichen Alchimie bis hinein in das achtzehnte Jahrhundert, als ein besonderes Wissensgebiet entwickelt. Fortschritte in der Chemie beruhten auf technischen Erfahrungen und zufälligen Entdeckungen; die theoretischen Erklärungen waren oft willkürlich und nicht immer hilfreich.

Ein Teil der Wissenschaftshistoriker und Philosophen der Gegenwart betont gern zeitgebundene und fehlgerichtete Züge von Wissenschaftsentwicklungen in der Vergangenheit, um mit erhobenem Zeigefinger auch eine möglichst weitgehende Relativierung gegenwärtiger Wissenschaft einzuklagen. In der Frühphase neuzeitlicher Chemie finden sie reichlich Material für ihre Auffassung. Allerdings – vom neunzehnten Jahrhundert an haben relativistische Historiker einen schwereren Stand. Da ist nicht mehr zu leugnen, daß es von Jahrzehnt zu Jahrzehnt neben einigen Irrwegen doch einen erheblichen Erkenntnisfortschritt gab, der Bestand hat. Nun setzte besonders die quantitative Forschung voll ein. Man entdeckte merkwürdige Mengenverhältnisse von Stoffen in chemischen Verbindungen, und die Zahlen enthüllten schließlich eine verborgene Ordnung, die nahelegte, daß chemische Verbindungen aus kleinsten materiellen Grundbestandteilen, den Atomen, zusammengesetzt sind, von denen es etwas weniger als hundert Typen – «Elemente» – gibt. Atome verbinden sich zu Molekülen in ganzzahligen Verhältnissen. Dabei hat jedes Element bestimmte Wertigkeiten, wobei zwischen zwei Atomen auch Doppel- und Dreifachbindungen möglich sind. Mit solchen Grundkonzepten erschließt sich besonders um den vierwertigen Kohlenstoff herum ein formelhaftes Verständnis der ungeheuren Vielfalt organisch-chemischer Stoffe, die die belebte Welt charakterisieren.

Bezüglich der chemischen Eigenschaften der Elemente zeigte sich eine merkwürdige Ordnung: Wenn man die Elemente in der Reihenfolge der Atomgewichte aufschreibt, so kann man die Zeilenlänge derart wählen, daß Elemente mit ähnlichen Eigenschaften untereinanderstehen: die gleiche Folge von Eigenschaften wiederholt sich Zeile für Zeile. Dieses «periodische System der Elemente» spielte für die Chemie eine ähnliche Rolle wie Keplers Gesetze für die Astronomie: Man verstand zunächst zwar nicht, was die eindrucksvollen, aber rein formalen Beziehungen bedeuten, erkannte aber sofort, daß hierin irgendwie der Schlüssel für ein späteres physikalisches Verständnis liegen müßte – Kepler hatte sein Werk über die mathematischen Gesetze der Planetenbewegungen sogar im voraus schon «Physik des Himmels» genannt. In beiden Fällen – Planetenbewegung und chemische Bindung – dauerte es etwas über sechzig Jahre bis zur Begründung durch allgemeine physikalische Gesetze.

Bis in die zwanziger Jahre unseres Jahrhunderts hinein gab es keine auch nur annähernd befriedigende Erklärung für die chemische Bindung – niemand verstand, warum sich zum Beispiel Sauerstoff und Wasserstoff zu Wasser verbinden. Die physikalische Erklärung derartiger Vorgänge, die dann zur Integration der Grundlagen der Chemie in die Physik führte, ergab sich aus der Erweiterung der anschaulichen Newtonschen Mechanik zur Quantenphysik. Entwickelt wurde sie als Physik der einzelnen Atome ohne jeden Bezug zur Chemie, und zwar besonders anhand der Eigenschaften des einfachsten, des Wasserstoffatoms; dann aber waren keine wesentlichen Ergänzungen der physikalischen Grundlagen mehr nötig, um schließlich die chemische Bindung – die Verbindung von Atomen zu Molekülen – zu begreifen: Das periodische System der Elemente läßt sich aus der Anordnung möglicher Elektronenzustände im Atom herleiten. Die Erklärung der Bindungskräfte selbst hat mit den eigenartigen Denkstrukturen der Quantenphysik zu tun, wie sie auch der Quantenunbestimmtheit zugrunde liegen: Viel Spielraum für Elektronen ermöglicht niedrige Energiezustände. Im Kraftfeld zweier Atome hat ein Elektron mehr Platz als im Kraftfeld eines einzelnen, und die entsprechende Erniedrigung der Energiezustände trägt zur Bindung zwischen den Atomen wesentlich bei. In anderen Worten: Man muß sich schon auf die abstrakten Merkmale der modernen Physik einlassen, sowenig sie sich auch mit unserer anschaulichen Vorstellung von Materie vertragen, wenn man die Grundlagen der Chemie wirklich verstehen will.

Zwar gab es schon lange vor der Quantenphysik eine sehr

weit entwickelte Chemie – man konnte sie betreiben, ohne die Physik der chemischen Bindung verstanden zu haben –, aber etwa von 1930 an sah die Zukunft dieser Wissenschaft dann doch wesentlich anders aus als ihre Vergangenheit: Auf der Basis der Quantenphysik ist im Grunde *jedes* vernünftige chemische Problem einer systematischen Analyse zugänglich, und für jedes Phänomen ist eine Erklärungskette zu suchen, die schließlich auf die Grundgesetze der Physik zurückführt – auch wenn das nicht in jedem Einzelfall im Detail ausgeführt, sondern oft schon als selbstverständlich angesehen wird. Allerdings bedeutet dies nicht, daß man nun umgekehrt aus den Gesetzen der Physik alle Eigenschaften chemischer Verbindungen deduktiv herleiten könnte – dazu sind Anschauung und kreativ entworfene Experimente erforderlich. Dennoch: Die Integration der Chemie demonstriert die Reichweite physikalischen Denkens, verweist auf die geistige Einheit der Natur, und sie war entscheidende Voraussetzung für ein tieferes Verständnis biologischer Grundprozesse.

Physikalisches Denken und die «Ganzheit des Lebens»: Widerspruch oder Synthese?

Erst die neuzeitliche Physik, die ganz und gar von der unbelebten Natur inspiriert war, warf die Frage nach dem Verhältnis von Mechanismus und Organismus, von körperlichen und seelischen Vorgängen in der belebten Welt in ihrer ganzen Tragweite auf. Die Auseinandersetzung darüber bildet ein faszinierendes Kapitel in der Geschichte der Biologie, in der oft gerade die Gegner mechanistischer Erklärungen den kreativeren Part spielten; sie kritisierten die mechanistischen Verkürzungen und Verdrängungen von Grundprozessen des Lebens und thematisierten die Neubildung der Gestalten in jeder Generation wie auch das zweckmäßige Verhalten und die Rolle, die psychische Vorgänge dabei spielen. Im zwanzigsten Jahrhundert wurden die Lebenswissenschaften auf eine physikalisch-chemische Grundlage gestellt. Eine mechanistische Reduktion ist damit aber nicht verbunden: Biologische Erklärungen erfordern nach wie vor biologische Anschauung und biologische Begrifflichkeit.

Biologie, Physik und die Einheit der Natur

Die größte Herausforderung für die Naturwissenschaft liegt im Bereich des Lebendigen. Wir bewundern den Gestalten- und Verhaltensreichtum der belebten Natur, die Vielfalt, aber auch die Verwandtschaft der Arten; wir möchten ihre Entstehung im Laufe der Evolution des Lebens auf der Erde ebenso wie ihre Fortpflanzung von Generation zu Generation verstehen; wir wollen begreifen, wie sich die Struktur eines Organismus aus der befruchteten Eizelle in jeder Generation neu entwickelt und auf welche Weise das komplizierte Verhalten der Lebewesen zustande kommt. Die Integration der Biologie in den Gesamtrahmen einer letztlich physikalisch begründeten Naturwissenschaft ist vielleicht die größte, jedenfalls eine der bemerkenswertesten Leistungen der Wissenschaft überhaupt. Wie schon für die Chemie, so gilt erst recht für die Biologie, daß Integration keineswegs gleichbedeutend ist mit Reduktion: Der Unterschied «belebt – unbelebt» wird nicht aufgehoben, sondern überhaupt erst einem grundsätzlichen Verständnis zugänglich. Wenn man von Wissenschaftsgeschichte erwartet, daß sie uns zu Einsichten über das Verhältnis von theoretischem Denken und natürlicher Wirklichkeit führt, so erweist sich die Entwicklung der Biologie in dieser Hinsicht als besonders ergiebig.

Grundfragen der Biologie standen schon am Anfang der alt-
griechischen Naturphilosophie. Anaximander lehrte bereits
vor zweieinhalb Jahrtausenden, daß Leben sich entwickelt hat:
Die ersten Lebewesen seien im Feuchten entstanden, und der
Mensch stamme von tierischen Vorläufern ab, die nicht so hilf-
los auf die Welt kämen wie wir. Anaximander, der erste große
Naturphilosoph neben Thales, war zugleich auch der erste
Evolutionstheoretiker. Für Aristoteles war die Integration der
Biologie in den Gesamtrahmen der Naturwissenschaft einfach
– er nahm sie als Leitwissenschaft: Die allgemeinen Gesetze der
Natur, so lehrte er, schließen von vornherein Grundeigenschaften des Lebendigen ein. Die Gesetze beinhalten das Streben nach Zielen und erklären damit sowohl zweckmäßige
Gestalten als auch zielgerichtetes Verhalten. Die belebte Natur
zeigt dies in eindrucksvoller Weise, aber die gleichen Prinzipien
gelten in der anorganischen Natur – etwa für den freien Fall,
bei dem Gegenstände zielgerichtet zu ihrem natürlichen Platz,
nämlich nach unten, streben.

Es spricht für den Gedankenreichtum antiker Philosophie,
daß sehr früh auch alternative Theorien vorgeschlagen wurden, die eher einer mechanistisch gedachten Physik die Priorität zuweisen; so lehrte Straton, ein Nachfolger des Aristoteles
in der Leitung der peripatetischen Schule, die Bildung der Formen sei keine von den Stoffen unabhängige Eigenschaft der
Natur, sondern ergebe sich aus den Gesetzmäßigkeiten, denen
die Stoffe und ihre Veränderungen unterliegen. In letzter Konsequenz würden demnach biologische Formbildungen auf
physikalischen Prozessen der beteiligten Stoffe beruhen, ohne
daß dabei Ziele und Zwecke eine Rolle spielten, wie dies Aristoteles behauptet hatte.

Es war dann aber doch die aristotelische Naturphilosophie, die zunächst das europäische Denken im späten Mittelalter und in der frühen Neuzeit bestimmte. Dies lag nicht zuletzt an ihrem «schönen» Weltbild: die kugelförmige Erde in der Mitte, darüber in Schalen die höheren Sphären. Dem altbiblischen Weltbild, das im frühen Mittelalter vorherrschte – die Erde als Scheibe auf dem Wasser, darüber die Himmelshalbkugel –, war das aristotelische Universum weit überlegen. Trotz des Widerspruchs zu jeder wörtlichen Auslegung der Heiligen Schrift ließ sich dieses Universum durchaus theologisch deuten, nämlich als Anordnung von Sphären mit der Hölle im Innern der Erde, also dem tiefsten Ort des Alls, und den Himmeln in der äußersten Sphäre.

Dieses zwar unbiblische, aber dann doch von der christlichen Theologie mit Mühe integrierte Weltbild – im Grundsatz das des Aristoteles, in den Feinheiten ausgebaut durch Ptolemäus – stellte nun seinerseits Nikolaus Kopernikus (1473 bis 1543) in Frage, indem er statt der Erde die Sonne zum Zentrum des Planetensystems erklärte: Abschied vom «Mainstream» antiker Tradition – aber keineswegs Abschied vom griechisch begründeten Denken an sich. Im sechzehnten und siebzehnten Jahrhundert deutet sich auch eine neue Sicht biologischer Vorgänge an, die über aristotelische Erklärungsmuster hinausweist. Paracelsus (1493 bis 1541) betonte die große Bedeutung der Chemie für die Lebensvorgänge. William Harvey (1578 bis 1657) entdeckte den Blutkreislauf, indem er die Funktion des Herzens als Pumpe erkannte.

So war in mehr als einer Hinsicht das ganze Denkgebäude des Aristoteles erschüttert, und dies betraf nicht zuletzt auch die Physik, die bei Aristoteles im Schatten biologischer Begrifflichkeiten gestanden hatte und gerade dadurch in eine Sackgasse ohne wirkliche Entwicklungsmöglichkeiten geraten war.

An die Stelle dieser aristotelischen Physik trat nun die neuzeitliche Mechanik, deren Grundlagen ohne jeden Seitenblick auf die belebte Natur geschaffen wurden: Galilei hatte eine mathematische Physik entworfen, die von den Fallgesetzen ausging, Kepler fand die Gesetze der Planetenbewegung, und darauf aufbauend begründete Newton ein geschlossenes physikalisches Gedankengebäude, das zum Ausgangspunkt weiterer Entwicklungen der Naturwissenschaft wurde: eine Mechanik, die Vorgänge in Raum und Zeit durch wenige allgemeine Gesetze der Bewegung und auf der Grundlage weniger allgemein wirksamer Naturkräfte erklärt.

Dieses Verständnis einer Physik von umfassendem Geltungsanspruch für die Ereignisse in Raum und Zeit, die sich aus dem beobachteten Verhalten der anorganischen Natur erschließt, wirft die «moderne» Frage nach der Rolle der Biologie im Gesamtzusammenhang der Naturwissenschaften eigentlich erst auf: Wenn die Gesetze der Physik immer und überall gelten, sollten sie letzlich auch dem raumzeitlichen Geschehen der Lebensvorgänge zugrunde liegen. Ist aber Leben überhaupt naturwissenschaftlich zu verstehen? Reichen die Gesetze der Physik dazu aus, oder gibt es darüber hinaus Kräfte oder Gesetze, die nur in der belebten Natur wirken? Braucht man spezifisch biologische Begriffe? Verschwimmt bei einem naturwissenschaftlichen Verständnis der Biologie die Grenze zwischen «belebt» und «unbelebt»? Gibt es Grenzen der Erkenntnis, die auf keine Weise zu überwinden sind, auch nicht mit Hilfe spezifisch biologischer Konzepte? Fragen wie diese erzeugen ein Spannungsfeld zwischen mechanistischen Vorstellungen – die Physik reicht aus, um das Leben zu verstehen – und entgegengesetzten Auffassungen eines organismischen Denkens.

Der erste «Biophysiker» – der erste Wissenschaftler, der Lebensvorgänge auf der Basis allgemeiner physikalischer Gesetze zu erklären versuchte – war Giovanni Borelli (1608 bis 1679). In der Mitte des siebzehnten Jahrhunderts suchte er in den Fußstapfen Galileis und unter dem Einfluß von dessen Schülern eine exakte Grundlegung der Biomechanik, insbesondere eine Erklärung der Muskelbewegung. Dabei kam es Borelli mehr auf die formale Klarheit nach Galileis Muster an und nicht so sehr auf eine vollständige Reduktion biologischer Prozesse auf physikalische.

Nun wird man, äußert man Zweifel an der Reichweite mechanistischer Erklärungen in der Biologie, nicht in erster Linie an die Muskelbewegung denken, sondern eher an die so zweckmäßigen Strukturen und Verhaltensweisen der Organismen im ganzen, an die geordnete Vielfalt der Pflanzen- und Tierwelt, an das Wunder der Entwicklung der Gestalten in jeder Generation, besonders aber an die geistigen Fähigkeiten des Lebewesens «Mensch». Aristoteles hatte die enge Beziehung von Körper und Seele betont. Im siebzehnten Jahrhundert aber postulierte René Descartes (1596 bis 1650) die grundsätzliche Unterscheidung des Geistigen vom Materiellen: Der unausgedehnten Welt des Geistes stehe die ausgedehnte Welt des Körperlichen gegenüber; zur Erklärung der Gehirn-Geist-Beziehung nahm er an, der Geist wirke über die Zirbeldrüse auf das Gehirn (und auf diesem Weg auf den übrigen Körper) ein. In Wirklichkeit trug Descartes mit seiner einflußreichen Theorie dazu bei, die Welt des Geistes in gewissem

Sinne aus der Naturwissenschaft auszugrenzen. Ist dies erst
einmal geschehen, so wird es natürlich leichter, biologische
Vorgänge mechanistisch zu betrachten.

Es gab aber auch eine Gegenströmung, die die Verbunden-
heit von Körper und Seele postulierte; für sie soll hier exemplarisch der Hallenser Mediziner, Chemiker und Philosoph
Georg Ernst Stahl (1660 bis 1734) stehen. Er wandte sich gegen die Strömungen seiner Zeit, zentrale Lebensvorgänge auf
ineinandergreifende mechanische Prozesse nach Art der Uhr-
werke oder aber – im Anschluß an Harveys Entdeckung des
Blutkreislaufs – auf Pumpen, Poren und Ventile, jedenfalls auf
Mechanik zurückzuführen. Zwar bestritt Stahl nicht die Bedeutung derartiger Mechanismen in der belebten Natur, doch
vertrat er die Auffassung, daß es einen grundsätzlichen Unterschied zwischen Mechanismus und Organismus gebe: Im Organismus sei es die Seele, die einzelne Vorgänge zweckvoll
ordne, zweckvoll in bezug auf seine Erhaltung und Reproduktion. Eine subtile Organisation der physiologischen Prozesse
sei notwendig, um die homöostatische, das heißt sich selbst
regelnde Erhaltung des Organismus zu gewährleisten, obwohl
er aus Stoffen bestehe, die zur schnellen Zersetzung neigten.
Die Seele bewirke die subtile Koordination zahlreicher körper-
licher Funktionen. Dies gelte nicht nur für die Bildung und
Erhaltung von Strukturen, sondern auch für die Verhaltensweisen der Lebewesen. Ein Automat, der in der Lage sei zu
gehen, könne sich deswegen noch nicht wie ein Organismus
nach links oder nach rechts wenden, je nachdem, welche Rich-
tungswahl gut für das Lebewesen sei – diese Leitung werde in
der belebten Natur von der Seele bewirkt. Das Verhalten der
Organismen, zumal der Menschen, werde eben nicht durch

reine Mechanik bestimmt; aber auch der rationalen Überlegung und Entscheidung dürfe man nicht die führende Rolle zuschreiben. Der Anteil schlußfolgernden Denkens sei zwar eindrucksvoll, aber das Verhalten der Lebewesen in vieler Hinsicht auch ohne bewußtes, systematisches Denken vernünftig geordnet.

Wenn Stahl die umfassende Ordnung der Lebensvorgänge, die uns als vernünftig im Sinne der Lebenserhaltung erscheint, der Wirkung der Seele zuschreibt, so ist dies mehr als nur Widerstand gegen den kalten Wind cartesischer Aufklärung mit Hilfe eines Rückgriffs auf den Seelenbegriff des Aristoteles: Stahl widerspricht in erster Linie als erfahrener Arzt und Menschenkenner einer cartesischen Reduktion des Organismus «Mensch» auf einen vernunftgeleiteten mechanischen Apparat. Dem setzt er die Einsicht entgegen, wie wichtig doch die Wechselwirkung von psychischen Affekten und körperlichen Vorgängen, wie groß die Rolle des Vorrationalen und Unbewußten für das Verständnis lebender Organismen ist; er erkannte überhaupt die große Bedeutung *innerer* psychischer Vorgänge für das Verhalten und verweist damit auf die Notwendigkeit und Möglichkeiten einer wissenschaftlichen Psychologie des Menschen im modernen Sinne des Wortes.

Sein grundsätzlicher Antiphysikalismus, der sich in dem Gegensatz von «Organismus» und «Mechanismus» ausdrückt, könnte nachträglich als Irrweg erscheinen, aber Stahl hatte doch darin recht, daß die Mechanik *seiner* Zeit keine zureichende Basis bot, um die Lebensvorgänge auf physikalisch-mathematischer Grundlage verständlich zu machen. In Wirklichkeit waren Stahls Überlegungen in mehr als einer Hinsicht erstaunlich. Die Betonung gerade derjenigen psychischen Vorgänge, die die moderne Wissenschaft mit höheren Gehirnfunktionen verbindet, führt viel weiter als der langweilige, (fast) hirnlose Mechanismus der Anhänger Descartes', der übrigbleibt, wenn man das Geistige aus dem Körperlichen weitgehend hinausdefiniert.

Biologische Gestaltbildung: Herausforderung mechanistischen Denkens

Historisch gesehen war es gar nicht in erster Linie die Körper-Geist-Beziehung, die im Zentrum des Spannungsfeldes zwischen mechanistischen und vitalistischen Erklärungen der Biologie stand; eine eher noch größere Rolle spielte das Problem der biologischen Gestaltbildung bei der Entwicklung des Embryos. Sie ist die eindrucksvollste Strukturbildung in der Natur überhaupt. Wie kommt die Form einer Maus zustande? Auch hierzu gab es eine Theorie, die das Problem eher ausklammerte als löste: Jede Gestalt sei im verborgenen und kleinen schon von vornherein vorhanden; es gebe also keine wirkliche Neubildung. Im Ei der Tiere, so lehrten Charles Bonnet (1720 bis 1793) und Albrecht von Haller (1708 bis 1777), seien kommende Lebewesen vorgeformt; darin seien – wie beim Modell der «Puppen in der Puppe» – alle künftigen Generationen eingeschachtelt. Entwicklung sei im Grunde nur Entfaltung – ein rein mechanischer Vorgang. Andere erkannten, daß nach einer solchen Einschachtelungstheorie, für einige Generationen im voraus gedacht, die Strukturen von Lebewesen in unvorstellbar kleinen Volumina untergebracht sein müßten. Beobachtungen der Entwicklung des Huhns im Ei zeigten, daß tatsächliche Entwicklung ganz anders verläuft, als es das Konzept der Entfaltung präexistierender Strukturen vermuten ließ; es sehe – so schloß Caspar Friedrich Wolff (1734 bis 1794) in geistiger Nähe zu Aristoteles – vielmehr nach Neubildung der Formen in jeder Generation aus. Dies aber weise, so meinte man damals, eher auf Lebenskräfte und Prinzipien jenseits der Gesetze der Mechanik hin. Möchte man die Integration der Biologie in die moderne Naturwissenschaft verstehen, so ist dieses Spannungsfeld im achtzehnten Jahrhundert, personifiziert durch Wolff, Haller, Bonnet, Trembley, Blumenbach, besonders instruktiv.

Inzwischen wissen wir, daß Wolff mit seiner zentralen These der «Epigenese», der Neubildung der Strukturen in jeder Generation, recht hatte, während die Annahme besonderer Lebenskräfte, die es nur in der belebten, nicht in der unbelebten Natur geben soll, in die falsche Richtung wies. Wolff hatte eine solche «wesentliche Kraft» postuliert, die Körpersäfte in bestimmte Richtungen befördert und Nahrungsstoffe selektiv aufnimmt – eine Kraft, der er aber dann doch eine sehr umfassende Wirkung einräumte, nämlich daß sie schließlich «alles dasjenige ausrichten wird, weswegen wir den vegetabilischen Körpern ein Leben zuschreiben».

Die Vertreter der Einschachtelungstheorie brauchten eine solche Kraft nicht, denn die bloße Ausfaltung präexistierender Strukturen kann als rein mechanischer Prozeß aufgefaßt werden. Im übrigen lag aber auch Haller daran, sein Konzept nicht allzu eng auszulegen. So sprach er von «prästrukturierten Elementen», die sich durch das Zusammentreffen verschiedenster Ursachen zu den späteren Teilen des Organismus entwickeln; dabei ging es ihm jedoch letztlich immer nur um das *Sichtbarwerden präexistierender Strukturen*, die anfangs «klein, weich und farblos» seien. Haller unterstellte Wolff die Meinung «Was ich nicht sehe, ist nicht da» und opponierte scharf gegen dessen Thesen. Er ging so weit zu behaupten, Gott habe gleich zu Beginn der Welt – für alle Zukunft – Milliarden von Menschenkeimlingen geschaffen, und er warf Wolff ernsthaft vor, dessen Lehre von der Neubildung der Lebewesen in jeder Generation widerspreche der göttlichen Erschaffung des Menschengeschlechts. Dieses Argument machte Wolff kleinlaut und mutlos; immerhin meinte er, daß «Naturkräfte und deren Ursachen, ja die Natur selbst für sich in gleicher Weise einen Urheber ihrer selbst fordern wie die organischen Körper». Die volle Anerkennung von Wolffs persönlichen Verdiensten um die Erkenntnis, daß in jeder Generation Struktur neu entsteht – eine Erkenntnis, die Aristoteles selbstverständlich gewesen und die dann im achtzehnten Jahrhundert einer simplen mechanistischen Denkweise geopfert worden war –, ließ mehrere Jahrzehnte auf sich warten; aber der Grundgedanke der «Epigenese» selbst wurde sehr bald – noch zu Wolffs Lebzeiten – in intellektuell verfeinerter Form von dem Göttinger Gelehrten Johann Friedrich Blumenbach (1752 bis 1840) aufgenommen.

Blumenbach gab sich mit Wolffs Konzept einer «wesentlichen Kraft» nicht zufrieden, da diese allenfalls Strukturbildung als solche, nicht aber die spezifischen Strukturen der verschiedenen Arten von Pflanzen und Tieren erklärte. Dafür postulierte er einen besonderen «Bildungstrieb», womit er ausdrücklich nicht eine physische Lebenskraft meinte, die etwa – wie in der Theorie von Wolff – Körpersäfte in bestimmte Rich-

tungen pressen und lenken könnte. Der Bildungstrieb wird
vielmehr als ein artspezifisches naturgesetzliches Gestaltungs-
prinzip eingeführt, das die biologischen Gestalten hervor-
bringt. Zwar benutzte Blumenbach auch für diesen Trieb den
Begriff der Kraft, aber diese hat mit Newtons Schwerkraft lediglich eines gemein: sie ist nur an ihren Wirkungen zu erkennen und läßt sich nicht auf noch allgemeinere Prinzipien – oder
andere Kräfte – zurückführen. Eine Kraft im engeren Sinne der
Newtonschen Mechanik – eine Kraft, die schlicht gleich Masse
mal Beschleunigung bewegter Körper ist – war mit dem Konzept «Bildungstrieb» nicht gemeint. Es ist also, physikalisch
betrachtet, reichlich schwammig, und doch führte es Blumenbach im weiteren Nachdenken über begriffliche Klarstellungen
auf sehr interessante Fährten.

In aufeinanderfolgenden Auflagen seines «Handbuches der
Naturgeschichte» sah er zunächst – 1788 – den Bildungstrieb
fast allgemein vertreten in der *ganzen* Natur, in der er der
Materie eine bestimmte Bildung gibt, «welche schon im un-
organisierten Reiche von auffallender Wirksamkeit ist»; die
Bildung eines Mooses erfolge in Analogie zur Bildung kristal-
liner Strukturen in der unbelebten Welt. Die moderne Struk-
turtheorie führt solche formalen Gemeinsamkeiten zwischen
Strukturbildungen in der unbelebten und der belebten Natur
auf Prozesse der Selbstorganisation zurück: Diese gibt es in
beiden Bereichen, und die allgemeinen mathematisch-physika-
lischen Grundlagen der Erklärung sind ähnlich, wobei Selbstverstärkung eine Hauptrolle spielt – kleine Ursachen führen zu
großen Wirkungen. In der Auflage des «Handbuches der Naturgeschichte» von 1791 gibt Blumenbach dem Bildungstrieb
einen modifizierten Sinn. Es zeigen sich «durch die ganze *or-*

ganisierte Natur die unverkennbaren Spuren eines allgemein verbreiteten Triebes, der Materie eine bestimmte Richtung zu geben»; nun wird der Bildungstrieb eher als eine *spezifisch biologische* Ursache der Strukturbildung aufgefaßt, die es *nur* in der belebten Welt gibt; wir assoziieren dieses Konzept leicht mit der Funktion der Erbsubstanz, die in verschlüsselter Form den Konstruktionsplan des Organismus enthält.

Aus heutiger Sicht kommen *beide* Versionen der biologischen Wirklichkeit nahe, indem sie sich ergänzen: Es gibt einen für die biologische Entwicklung spezifischen Steuermechanismus der Strukturbildung, den der Erbsubstanz DNS, aber die Ausbildung räumlicher Strukturen in jeder Generation beruht *außerdem* auf Prozessen der Selbstverstärkung und Selbstorganisation, wie wir sie auch aus der Strukturbildung in der unbelebten Welt kennen – ohne diese Vorgänge könnten die einzelnen unsichtbar kleinen Bestandteile der Erbsubstanz gar nicht die Entwicklung des Organismus im großen bestimmen. Allerdings sah Blumenbach keinen Weg, den Bildungstrieb innerhalb des Erklärungsrahmens der Mechanik seiner Zeit zu verstehen, und beschrieb ihn deshalb als besondere Kraft.

Wolff hat in seinen späteren Jahren in St. Petersburg versucht, sein Konzept so zu erweitern, daß es wie Blumenbachs Bildungstrieb nicht nur Strukturbildung an sich, sondern auch artspezifische Strukturbildungen umfaßte. Er postulierte eine «qualifizierte vegetative Substanz» (*materia qualificata vegetabilis*), welche artspezifische Formbildung bestimmt. Diese strukturbildende Eigenschaft der Organismen bleibt im Erbgang erhalten, und zwar unabhängig von äußeren Bedingungen und der durch Umweltfaktoren verursachten Verschieden-

heit wirklicher Formen: eine frühe Unterscheidung zwischen
«Genotyp» und «Phänotyp» – durchaus in der Nähe von Konzepten moderner Genetik. Wolff blieb einige Zeit fast verges-
sen, bis insbesondere Goethe ihn wiederentdeckte und ihm
Gerechtigkeit widerfahren ließ als «unseren trefflichen Lands-
mann, den eine herrschende Schule, mit der er sich nicht
vereinigen konnte, aus seinem Vaterlande hinausgeschoben
hatte».

Die – partielle – Annäherung an bestandsfähige biologische
Erklärungen, die man in Wolffs und Blumenbachs Gedankenwelt erkennen oder in sie hineinlesen kann, soll nun keineswegs unhistorischen Bewertungen früherer Epochen unter
Aspekten der Gegenwart das Wort reden, sondern vielmehr
eine allgemeine, wohl eher zeitlose Erkenntnis unterstreichen:
Das unvollkommene, aber offene Nachdenken über die großen ungelösten Probleme führt eben doch weiter als deren
Ausklammerung aufgrund von Postulaten, die jeweils die interessantesten Fragen zu Scheinproblemen erklären.

Offenheit ist aber nicht nur für theoretische Erklärungsmo-
delle erforderlich, sondern auch für neue, experimentelle Erkenntnisse, aus Einsicht in die Unvollkommenheit des jeweils
gegebenen Wissensstandes. Auch diese Einstellung, die sich als
außerordentlich fruchtbar für den Fortgang der Wissenschaft
erweisen sollte, ist in der Entwicklungsbiologie des achtzehnten Jahrhunderts eindrucksvoll vertreten; exemplarisch sei hier
auf Abraham Trembley (1710 bis 1784) verwiesen: Er hatte
entdeckt, daß Teile des Süßwasserpolypen Hydra wieder ganze
Tiere regenerieren, und eine Fülle von Experimenten über die
Regenerationseigenschaften dieses einfach gebauten Tieres
durchgeführt. Seine Entdeckung machte Furore. Sie belebte die

Diskussion, von Erörterungen in philosophisch-theologischen Schriften bis hin zum Salongespräch. Trembley hatte gezeigt, daß tatsächlich Strukturen innerhalb von zunächst uniformem Gewebe neu gebildet werden und daß die Bildungsprinzipien in allen Teilbereichen repräsentiert sind. Hydra wurde und blieb ein Grundmodell für Prozesse biologischer Strukturbildung.

Besonders interessant ist die Auffassung von Wissenschaft, die den Entdecker Trembley leitete: Zum einen kann man ihn als Begründer der experimentellen Entwicklungsbiologie ansehen, denn davor wurde in erster Linie nur beobachtet, und das oft vorurteilsbehaftet und nicht allzu genau. Seine Experimente und Beobachtungen sind systematisch, die Folgerungen klar, in schöner, einfacher Sprache dargestellt und auch heute noch richtig – und all dies ist wenig typisch für die biologische Literatur seiner Zeit. Besonders bemerkenswert war darüber hinaus Trembleys Grundeinstellung, man müsse zunächst die Biologie verbessern, sozusagen reifen lassen, bevor man zu festen Meinungen über die – auch ihn interessierenden – allgemeineren oder gar metaphysischen Fragen gelangen würde; und diese Einstellung hat den Erfolg der Naturwissenschaft in den folgenden zwei Jahrhunderten entscheidend mitbestimmt. Lassen wir Trembley selbst im Schlußabsatz seines schönen Buches über die Polypen zu Wort kommen:

«Sobald klar wurde, daß Polypen vermehrt werden können, indem man sie auseinanderschneidet, mußte man ein altes Vorurteil über die Natur der Tiere aufgeben... Was wir wirklich wissen, ist wenig im Verhältnis zu der ungeheuren Zahl von Wundern, die die Natur enthält. Um unser Wissen von der Naturgeschichte zu vermehren, müssen wir darauf abzielen, so viele Tatsachen wie möglich zu entdecken... Der beste Weg, die Tatsachen zu verstehen, die wir schon kennen, ist es, neue Fakten zu entdecken. Natur ist mit Hilfe der Natur zu verstehen und nicht durch unsere Ansichten, die zu begrenzt sind, um einen so großen Gegenstand in seiner Gänze zu betrachten.»

Eine ähnliche Auffassung vertrat übrigens am Ende des achtzehnten Jahrhunderts ein Autor, von dem man dies nicht ohne weiteres vermuten würde – Friedrich Schiller. In einer schönen Fußnote zum dreizehnten seiner «Briefe über die ästhetische Erziehung des Menschen» beklagt er sich, daß «unsere Naturwissenschaften so langsame Schritte machen», und findet den Grund darin, daß wir «nichts in ihr suchen, als was wir in sie hineingelegt haben, weil wir ihr nicht erlauben, sich gegen uns *herein* zu bewegen, sondern vielmehr mit ungeduldig vorgreifender Vernunft gegen sie *hinaus* streben... Diese *gewalttätige Usurpation der Denkkraft* in einem Gebiete, wo sie nicht unbedingt zu gebieten hat, ist der Grund der Unfruchtbarkeit so vieler denkender Köpfe für das Beste der Wissenschaft...»

Die entwicklungs- ebenso wie die verhaltensbiologische Theoriebildung läßt erkennen, daß man vor dem neunzehnten Jahrhundert vor einem Dilemma stand: Entweder man vertrat eine Physikalisierung der Biologie, das ging dann aber nur mit einer reduzierten Biologie – einer Entwicklungsbiologie ohne Neubildung von Strukturen, einer Verhaltensbiologie ohne Geist –, oder man ließ sich auf die eindrucksvollsten Merkmale des Lebens wirklich ein, geriet dann aber in Schwierigkeiten mit der Denkweise der Mechanik und sah sich gedrängt, spezifische Kräfte in der belebten Natur zu postulieren.

Es wäre sicher nicht sachgerecht, nun retrospektiv die damalige dogmatisch-mechanistische Auffassung als diejenige anzusehen, die am Ende recht bekam; schließlich erforderte die physikalische Erklärung biologischer Grundprozesse eine im Verhältnis zum achtzehnten Jahrhundert wesentlich erweiterte Biologie, Chemie, Physik und Mathematik – Physikalismus heute ist etwas anderes als Mechanismus damals. Auch aus gegenwärtiger Sicht bleibt die Beziehung zwischen Gehirn und Geist im Menschen weitgehend ungeklärt; es ist sogar offen, ob sie überhaupt einer umfassenden naturwissenschaftlichen Erklärung zugänglich ist – von einer vollständigen Physikalisierung der Biologie kann also keine Rede sein. Vor allem aber führte die Unzufriedenheit mit mechanistischen Vorstellungen des achtzehnten Jahrhunderts, wissenschaftsgeschichtlich betrachtet, auch konzeptionell weiter als Bekenntnisse zu einem eher dogmatischen Mechanismus.

Von der Abstammungslehre zur molekularen Genetik

Ebenso interessant wie das Problem biologischer Gestaltbildung bei der Entwicklung des einzelnen Organismus erscheint die Vielfalt und zugleich die verborgene Ordnung der Arten in der belebten Natur: Was bestimmt die Ähnlichkeit der Lebewesen in der Folge der Generationen? Wie sind die Arten entstanden? Auch in diesen Zusammenhängen tut man sich am leichtesten, wenn man die Probleme einfach ausklammert, indem man behauptet, die Arten gebe es so, wie sie sind, weil Gott sie bei der Erschaffung der Welt so gebildet habe.

Von der Abstammungslehre zur molekularen Genetik

Doch Anaximander (etwa 611 bis 546 vor Christus) hatte schon vor über zweieinhalbtausend Jahren die Vermutung geäußert, es gebe eine Evolution des Lebens – auch der Mensch sei aus anderen Lebewesen entstanden. Klare Konturen erhielt das Evolutionskonzept im achtzehnten und neunzehnten Jahrhundert besonders durch die Fortschritte der Geologie. Man lernte, daß die Erde sehr viel älter ist, als man zuvor gedacht hatte und als es die biblische Überlieferung besagte; man erkannte, daß schon sehr früh Lebewesen die Erde bevölkert hatten, und zwar andere als in der Gegenwart. Der Gedanke einer Evolution des Lebens im Laufe der Erdgeschichte war in der Mitte des neunzehnten Jahrhunderts in intellektuellen Kreisen weit verbreitet, und spätestens seit Kant wurde auch – oft vorsichtig und nur in Andeutungen – an eine mögliche Abstammung des Menschen aus dem Tierreich gedacht. Die Idee, Leben habe sich *entwickelt*, hat also eine lange Vorgeschichte. Um 1860 erschien dann Charles Darwins (1809 bis 1882) epochemachendes Werk über den «Ursprung der Arten vermittels der natürlichen Auslese». Darin erklärte er die Evolution als Auslese der lebenstüchtigsten Varianten im Kampf ums Dasein und leitete so die moderne Evolutionsbiologie ein. Die unmittelbare Wirkung von Darwins Werk war die Popularisierung der Evolutionslehre einschließlich der Vorstellung, der Mensch stamme vom Affen ab. Die wissenschaftsgeschichtliche Bedeutung dieser Lehre für die Biologie liegt aber darüber hinaus darin, daß mit der Erklärung der Evolution als Auslese ein ganz wichtiger Zwischenschritt auf dem Weg zu einem naturwissenschaftlichen Verständnis der zugrundeliegenden Prozesse geleistet war. Hauptfragen der Genetik rückten ins Blickfeld. Die Auslese im Sinne Darwins setzt voraus, daß erbliche Eigenschaften variieren. Worauf beruht Vererbung überhaupt? Was ist das Substrat der Erbmerkmale, und wie wirkt es? Wie kommt es zur Änderung und Variation von Erbmerkmalen?

Eine Voraussetzung der wissenschaftlichen Aufklärung solcher Fragen war es, die verborgenen Regeln zweigeschlechtlicher Vermehrung zu verstehen. Warum sind Nachkommen ihren Eltern ähnlich, aber nicht unbedingt gleich? Den Anfang in diesem Klärungsprozeß machte – kurz nach dem Erscheinen von Darwins Werk, aber wohl ohne es zu kennen – der böhmische Mönch Gregor Mendel (1822 bis 1884). Aus quantitativen Analysen von Kreuzungsversuchen an Pflanzen in seinem Klostergarten entdeckte er mathematische Gesetze zweigeschlechtlicher Vermehrung. Von hier führte die Spur letztlich zur Entdeckung materiell fixierter Erbmerkmale.

Mendels Gesetze gerieten allerdings fast vierzig Jahre lang in Vergessenheit. Größte Bedeutung für die Entwicklung der Biologie gewann statt dessen die neue hochauflösende Mikroskopie: Man schaute sich im mikroskopischen Maßstab genau an, was in der belebten Welt vor sich geht, welche Strukturen es gibt und wie sie sich verändern. Man entdeckte den Aufbau der Gewebe aus Zellen, der Zellen aus Plasma und Kern, man fand Chromosomen als Träger von Erbmerkmalen – und grub schließlich um die Wende zum zwanzigsten Jahrhundert die Mendelschen Gesetze, die nun plötzlich Sinn machten, wieder aus.

Von da an dauerte es etwa ein halbes Jahrhundert bis zur Integrationsleistung der molekularen Biologie. 1944 entdeckte Oswald T. Avery die stoffliche Basis der Vererbungsvorgänge:

Von der Abstammungslehre zur molekularen Genetik

Die Nukleinsäure DNS ist Erbsubstanz von Organismen. Diese Erkenntnis erwies sich als verallgemeinerungsfähig für alle Lebewesen und als Schlüssel für das Verständnis der Grundprozesse der belebten Welt: Selbstreproduktion, Stoffwechsel, Mutation. DNS besteht aus Kettenmolekülen, in denen vier Typen von Gliedern vorkommen, aber nicht in zufälliger, sondern in einer für den Organismus spezifischen Reihenfolge, die direkt oder indirekt alle erblichen Eigenschaften des entsprechenden Organismus bestimmt. 1952 entdeckten James D. Watson und Francis Crick die Struktur der sogenannten Doppelhelix der DNS, deren Stränge sich wie Druckstock und Abdruck zueinander verhalten. Ein molekularer Kopiervorgang führt zur Verdoppelung der Erbsubstanz und zu ihrer Weitergabe an die Nachkommen. Eine Art Übersetzungsmaschine in der Zelle erzeugt nach der Instruktion der DNS jeweils spezifische Proteine, die mannigfache Funktionen ausüben, zumal für den Stoffwechsel der Zelle. Die dritte Grundeigenschaft der belebten Natur neben Reproduktion und Stoffwechsel – die Fähigkeit zur Mutation – beruht auf zufälligen Veränderungen in der Bausteinfolge der Erbsubstanz DNS. Veränderte Bausteinfolgen können zum Beispiel zu veränderten Enzymen führen; wenn sie Überlebens- und Reproduktionschancen des Lebewesens verbessern, werden sie sich in der Population bevorzugt vermehren und auf diese Weise durchsetzen: Evolution findet statt.

Die Jahrhundertentdeckung von 1944, «DNS ist Erbsubstanz», wurde zunächst nur von sehr kleinen wissenschaftlichen Zirkeln beachtet und weiterentwickelt. Den Durchbruch im Bewußtsein der wissenschaftlichen «community» brachte erst das Watson-Crick-Modell der DNS, die Doppelhelix. Die allgemeinen Grundlagen der Molekularbiologie wurden dann in wesentlichen Zügen in nur einem Jahrzehnt entwickelt, zwischen der Aufklärung der DNS-Struktur 1952 und der Entschlüsselung des «genetischen Codes» für die Proteinsynthese 1963; sie sind inzwischen Bestandteile der Schul- und Allgemeinbildung. Die biologische Reproduktion und die damit zusammenhängenden Grundmechanismen des Stoffwechsels und der Mutationen werden auf Eigenschaften von Molekülen zurückgeführt – und das heißt letztlich auf physikalische Prozesse. Dazu war keine neue oder erweiterte Physik erforderlich; wohl aber war ein Grundverständnis der organischen Chemie, das auf der Quantenphysik aufbaut, unerläßliche Voraussetzung, um das Modell der Erbsubstanz DNS zu konstruieren und zu verstehen. Vor allem aber bedurfte es zellbiologischer, biochemischer und biophysikalischer Erkenntnisse, die nicht in physikalischen, sondern in biologischen Begriffen wie «Gen», «Erbsubstanz», «Erbinformation» zu fassen waren.

Die Begründung der molekularen Biologie – genauer gesagt, der molekularen Genetik – in der Mitte des zwanzigsten Jahrhunderts war End- und Anfangspunkt von Entwicklungen zugleich; Endpunkt, weil nun erkannt war, daß die physikalische Erklärung biologischer Grundprozesse möglich ist und wie sie aussieht; Anfangspunkt, weil eine neue Welle des Optimismus hinsichtlich der Lösbarkeit biologischer Probleme einsetzte, ein Optimismus, der allerdings nicht in jeder Hinsicht gerechtfertigt war. Es gab und gibt die Meinung, die grundlegenden Probleme seien gelöst, und um komplexe biologische Vorgänge zu verstehen, müßten eigentlich immer nur die beteiligten Moleküle ermittelt werden. Das stimmt natürlich nicht: Die beiden eindrucksvollsten Merkmale der belebten Natur sind komplexe Gestalten und komplexes Verhalten, basierend auf der biologischen Strukturbildung bei der Entwicklung des Tieres aus der Eizelle und auf der Verarbeitung von Information im zentralen Nervensystem der Gehirne; deren Verständnis erfordert mehr als die Kenntnis von Molekülstrukturen.

Zwar wird auch die Entstehung der Tiergestalt und die Bildung des Gehirns von der Erbsubstanz DNS gesteuert, aber die Form einer Maus hängt doch nur sehr indirekt mit der Struktur ihrer DNS zusammen, und die Funktionen eines Gehirns lassen sich erst recht nicht unmittelbar aus der Struktur der Gene ableiten, die an seiner Bildung im Laufe der Embryonalentwicklung beteiligt sind.

Neuer physikalischer Grundgesetze bedarf es zur Erklärung dieser Prozesse zwar nicht: Die gewöhnliche Physik der Moleküle reicht hierfür aus – es gibt keine besondere Lebenskraft. Doch um die Systemeigenschaften der belebten Welt zu verstehen, braucht man auch Anschauung, experimentelle Beobachtungen und Daten, eine geeignete begriffliche Erfassung der erfahrenen Wirklichkeit und – nicht zuletzt – angemessene mathematische Konzepte: Nur in der Verbindung kann all dies zu einem Verständnis der ganzheitlichen Merkmale der belebten Natur führen. Trotz aller Verdienste der molekularen Biologie – nicht jede Erklärung muß ausschließlich oder in erster Linie molekular sein. Das Sammeln molekularbiologischer Daten führt zu keiner Erklärung, warum zum Beispiel die Hand fünf Finger hat. Systeme von Komponenten haben Eigenschaften, die die Komponenten für sich nicht haben, und diese Eigenschaften zu erfassen ist Aufgabe mathematisch-physikalischer Systemtheorien. Die interessantesten Prozesse der belebten Natur, besonders die Gestaltbildung und die Verhaltenssteuerung, sind nur durch eine Verbindung von materiellen und systemtheoretischen Erkenntnissen zu verstehen; die Biologie der zweiten Hälfte des zwanzigsten Jahrhunderts hat dies immer deutlicher gemacht.

Naturwissenschaft als Produkt der Kulturgeschichte

Unser kurzer skizzenhafter Rückblick in die Geschichte führte von der altgriechischen Naturphilosophie vor zweitausendfünfhundert Jahren mit ihrer Vision «Natur läßt sich aufgrund allgemeiner Begriffe des theoretischen Denkens verstehen» bis zur Integration der Biologie in den Gesamtrahmen der Naturwissenschaften, begründet in einer allgemeinen Gesetzmäßigkeit der Vorgänge in Raum und Zeit. Diese Integration bedeutet nicht die Reduktion von Leben auf Mechanik, zeigt aber einen geistigen Zusammenhang des ganzen Naturgeschehens auf, die Vorgänge des Lebens eingeschlossen.

Die Wirklichkeit der erzählten Geschichte des naturwissenschaftlichen Denkens über zweieinhalb Jahrtausende und mehrere Kulturen hinweg widerlegt viele puristische und damit extreme Auffassungen vom Wissenschaftsprozeß, die ihre Argumente eher aus einzelnen Fachgebieten und einzelnen Epochen beziehen. Weder ist die Wissenschaft gefeit gegen Irrtümer mit Langzeitwirkung, noch ist jede ihrer Erkenntnisse zeitgebunden und relativ; weder wird Wissen in erster Linie durch Denken gewonnen, noch beruht es fast ausschließlich auf Erfahrung; weder folgt der Wissenschaftsprozeß lediglich einer internen Logik des Erkenntnisgewinns, noch ist Wissenschaft in erster Linie Spielball politischer, wirtschaftlicher oder ideologischer Interessen; weder kulminiert sie im Wissensstand der Gegenwart, noch bildet dieser ein beliebiges Durchgangsstadium, von dem aus sich der Blick zurück nicht besonders lohnen würde. Die Ergebnisse der Wissenschaft wirken kulturübergreifend, der Wissenschaftsprozeß hingegen verläuft eher kulturspezifisch. Fortwirkende Beiträge zur theoretischen Naturerkenntnis wurden jeweils nur von einem Teil der Weltkulturen erzeugt und dann oft von anderen Kulturen übernommen.

Wechselbeziehungen zwischen Wissenschaft und technischem Fortschritt, wirtschaftlichen und politischen Interessen werden in den Fachdiskussionen der Gegenwart besonders betont, und das wohl zu Recht; ich meine allerdings, daß die theologische Dimension des Wissenschaftsprozesses oft unterschätzt wird. Schließlich ist die Geschichte der Naturphilosophie und Naturwissenschaft in dem weiten Zeitraum von der Spätantike bis in das neunzehnte Jahrhundert hinein – über anderthalbtausend Jahre – wesentlich von der Auseinandersetzung mit monotheistischen Weltreligionen geprägt worden, und zwar von oft kontroversen, aber eben auch produktiven und kreativen Auseinandersetzungen. Das Kulturprodukt «moderne Wissenschaft» ist, ideengeschichtlich gesehen, durch und durch ein Kind – wenn auch ein aufsässiges und schwieriges – der griechisch-jüdisch-islamisch-christlichen Kulturtradition, einschließlich der in ihr wirkenden theologischen Vorstellungen.

Die historische Konvergenz von Denken und Wirklichkeit – Konvergenz als Prozeß – ist *ein* Aspekt der Beziehung von menschlichem Geist und der verborgenen Ordnung der Natur. Ein zweiter, ebenso wesentlicher Aspekt ist Thema des folgenden Kapitels – nämlich die logische Struktur wissenschaftlicher Erkenntnis, die sich in Typ, Grad und Grenzen der Konvergenz ausdrückt.

Denken und Wirklichkeit: Ausmaß und Grenzen der Konvergenz

Naturgesetze ermöglichen Vorausberechnungen in die Zukunft, aber noch wichtiger ist ihre Rolle in der Erklärung dessen, was es «gibt», welche halbwegs beständigen Strukturen gebildet werden können und welche Eigenschaften sie besitzen – von Sternen am Himmel bis zu Molekülen in der lebenden Zelle. Dieses Wissen ergibt sich jedoch aus den Naturgesetzen keineswegs automatisch; es ist nicht ohne Anschauung, Kreativität und die Intuition des Wissenschaftlers zu gewinnen. Konsequentes wissenschaftliches Denken zeigt aber auch prinzipielle Grenzen der Wissenschaft auf – zu ihnen gehören die Unbestimmtheit der Quantenphysik und die Grenzen mathematischer Entscheidbarkeit. Auch die Endlichkeit der Welt begrenzt letztlich die Entscheidbarkeit von Problemen. Trotz dieser Selbstbegrenzung moderner Wissenschaft leistet sie aber viel mehr als die scheinbar unbegrenzten anschaulich-materialistischen Denkweisen des neunzehnten Jahrhunderts. Dies zeigt sich am eindrucksvollsten in der modernen Biologie, welche die Grundprozesse des Lebens wie Vererbung und Evolution, Strukturbildung und Gehirnfunktionen erklärt.

Warum schwimmt Eis auf Wasser? –
Prinzipien naturwissenschaftlicher Erklärung

Eis schwimmt auf Wasser, weil Wasser eine größere Dichte hat als Eis. Diese Einsicht, die schon Galilei in heftigen Kontroversen vertreten hat, ist zwar richtig, beantwortet aber noch nicht die eigentliche Frage: *Warum* ist Wasser dichter als Eis? Im festen Zustand der Materie sind die Atome und Moleküle in regelmäßiger Packung angeordnet; diese gerät in Flüssigkeiten infolge der Temperaturbewegung in Unordnung. Eine ungeordnete Packung aber braucht in der Regel mehr Platz als eine geordnete – darum hat der flüssige Zustand meist eine geringere Dichte als der feste. Bei Wasser jedoch ist es umgekehrt – gefriert es, so nimmt das Volumen zu. Deswegen die Polkappen aus ewigem Eis am Nord- und Südpol, die Eisberge auf dem Ozean, die Eisschicht auf der Seeoberfläche im Winter. Daß Eis auf dem Wasser schwimmt, hat vielfältige Folgen für unseren Planeten.

Im Wassermolekül H_2O sind zwei Wasserstoffatome mit einem Sauerstoffatom verbunden; die beiden Verbindungen bilden einen Winkel zueinander, den die Quantenphysik erklärt. Jedes dieser Wasserstoffatome tendiert dazu, mit dem Sauerstoffatom eines benachbarten Wassermoleküls eine sogenannte Wasserstoffbrücke zu bilden; bis zu vier solcher Brücken sind pro Wassermolekül räumlich möglich. In einem Eiskristall ist diese maximal mögliche Anzahl verwirklicht. Eine solche Anordnung ist zwar energetisch günstig, aber auch ausgesprochen sperrig. Im flüssigen Zustand des Wassers gibt es mehr Unordnung und weniger Wasserstoffbrücken, aber gerade deswegen können sich die Moleküle näherkommen und dichter anordnen; darum hat Wasser eine um etwa zehn Prozent größere Dichte als Eis.

An diesem skizzierten Beispiel zeigen sich sehr allgemeine Prinzipien naturwissenschaftlicher Erklärung. Zunächst erregt ein Phänomen – sagen wir, ein Eisberg, dessen sprichwörtliche Spitze nur etwa ein Zehntel des Gesamtvolumens ausmacht – unsere Aufmerksamkeit. Wir wollen es verstehen. Dazu erfassen wir es mit allgemeinen Begriffen wie «flüssig» und «fest». Die entsprechenden Zustände lassen sich ihrerseits auf Wechselwirkungen von Atomen und Molekülen zurückführen; und deren Eigenschaften wiederum können wir auf der Grundlage der Quantenphysik verstehen.

Unabhängig davon, welche Naturerscheinung zu erklären ist – der Regenbogen, Blitz und Donner, das Leuchten der Sterne, die Färbung der Blätter, die Vermehrung einer Bakterienzelle, der Sehvorgang im Gehirn –, am Ende einer Erklärungskette stehen, auch wenn uns dies oft so selbstverständlich erscheint, daß wir es gar nicht mehr wahrnehmen, doch immer die gleichen Grundgesetze der Physik. Sie beanspruchen Gültigkeit für alle Ereignisse in Raum und Zeit und begründen eine Art Einheit der Natur und der Naturwissenschaften, allerdings nur dann, wenn man den Begriff «Einheit» nicht überdehnt. Zwar beruht jede Erklärung von Naturerscheinungen letztlich auf physikalischen Gesetzen, doch können wir aus diesen keineswegs umgekehrt alle Naturerscheinungen ableiten. Dabei spielen vor allem zwei Gründe eine maßgebliche Rolle: Zum einen schränken Effekte von Zufall und Chaos die Berechenbarkeit physikalischer Systeme prinzipiell ein; zum anderen können Schlüsse aus den Grundgesetzen der Physik nur mit Hilfe formalen mathematischen Denkens gezogen werden, und auch diesem sind Grenzen gesetzt: Nicht alles, was stimmt, ist auch ableitbar und beweisbar. Naturwissenschaftliche Erkenntnis kann sich also nicht allein auf allgemeine physikalische Formeln stützen; sie ist essentiell auf Anschauung und begriffliche Erfassung der wirklichen Natur angewiesen.

Was wird aus dem, was ist? – Die Grundgesetze der Physik als Theorie der Veränderung

Insgesamt bilden die Grundgesetze der Physik die Erklärungsbasis der Naturwissenschaften, doch die Erklärung selbst sind sie nicht. Sie leisten viel, aber eben nicht alles. Was leisten sie wirklich, wo liegen ihre Grenzen?

Physikalische Gesetze erlauben es, aus Meßdaten zu einer Zeit – in der Regel der Gegenwart – Meßdaten zu einer anderen Zeit – in der Regel der Zukunft – zu errechnen. Je mehr wir über die Gegenwart wissen, desto mehr und desto genauer können wir zukünftige Ereignisse vorhersagen. Die anschauliche Mechanik Newtons – eine Mechanik der Bewegung von

Körpern im Raum –, die auf Gleichungen vom Typ «Kraft gleich Masse mal Beschleunigung» aufbaut, setzt dabei weder der Beobachtung noch der Berechnung prinzipielle Grenzen. Diese deterministische Mechanik versagte aber im Bereich des unsichtbar Kleinen, der Atome und Moleküle. Hier sind gerade diejenigen Daten, die wir den Newtonschen Maximen zufolge genau kennen müßten, um die Zukunft zu berechnen, grundsätzlich nicht beliebig genau bestimmbar, und es läßt sich physikalisch begründen, warum das so ist: Bei Messungen kommt es zu Wechselwirkungen zwischen Instrumenten und Objekten, und der Eingriff durch das Messen in das, was man vermessen will, führt zu einer unvermeidlichen Unbestimmtheit. Sie ist ein essentielles Merkmal, ja ein Naturgesetz der modernen Physik. Nach den Gleichungen dieser «Quantenphysik» ergeben Messungen zu einem Zustand in der Gegenwart in der Regel nur noch Wahrscheinlichkeiten, aber keine sicheren Vorhersagen für Messungen in der Zukunft. Die moderne Physik ist somit eine Theorie des *möglichen Wissens* von der Realität, nicht der Realität «an sich». Ihr naturphilosophisch hintergründigster Aspekt aber liegt darin, daß sie mit unseren bildhaften Vorstellungen über mechanische Vorgänge nicht vereinbar ist. Sie läßt sich nicht einmal als eine statistische Theorie von «wirklichen» Vorgängen deuten, von denen jeder einzelne immer noch im Sinne unserer raumzeitlichen Auffassung verlaufen würde. Versuchen wir es dennoch, verwickeln wir uns in Widersprüche. Elektronen – zum Beispiel – erscheinen mal als Welle, mal als Teilchen. Im atomaren Bereich gibt es eben keine Teilchen, die sich im Sinne unserer räumlichen Vorstellungen an bestimmten Positionen befinden und auf bestimmten Bahnen bewegen, und die Annahme, sie täten es doch, ist mit der Erfahrung nicht in Einklang zu bringen.

Im makroskopischen Bereich sichtbarer Gegenstände, die aus sehr vielen Atomen bestehen, geht die Quantenphysik in die gewöhnliche Mechanik über, die unseren Anschauungen über die Bewegung von Körpern im Raum entspricht. Dennoch hat auch hier die naturgesetzliche Quantenunbestimmtheit Konsequenzen, nämlich dann, wenn sehr kleine Effekte zu großen Wirkungen verstärkt werden. Dies gilt zum Beispiel für die langfristigen Einflüsse kleiner Turbulenzen auf die Wetterentwicklung, für die Keimbildung bei der Kristallisation, vor allem aber für biologische Grundprozesse der Vererbung: Veränderungen der Erbsubstanz DNS bewirken Mutationen mit – oft erheblichen – Auswirkungen auf viele Nachkommen. Bei der geschlechtlichen Vermehrung bestimmen zufällige Kombinationen und Rekombinationen der einzelnen Chromosomen ganz entscheidend die Eigenschaften des neugebildeten Organismus. Was da im Einzelfall geschieht, hängt von zufälligen Vorgängen an einzelnen Atomen und Molekülteilen der DNS ab und unterliegt somit der Quantenunschärfe. Aus diesen Gründen ist die genetisch bedingte Konstitution künftig gezeugter Lebewesen *prinzipiell* nicht vorhersagbar, und dies gilt nicht zuletzt auch für alle künftigen Menschen.

Die Grundgesetze der Physik erlauben also Berechnungen über Zustände der Zukunft nur in begrenztem Maße – in manchen Fällen, wie bei der Mond- und Planetenbewegung, sind zwar genaue, in anderen Bereichen, wie der langfristigen Wetterentwicklung, aber nur unvollkommene Prognosen möglich. Ein ganzer Theoriezweig der Mathematik, die Chaostheorie, beschäftigt sich mit Voraussetzungen und Gründen für Berechenbarkeit und Regelmäßigkeit beziehungsweise Unbestimmbarkeit und Chaos.

Was gibt es, was kann es geben? – Die Physik stationärer Zustände

Die Prognose ist nur eine – und gelegentlich auch überschätzte – Leistung der Naturwissenschaft; die meisten Erkenntnisse der Physik, Chemie oder Biologie sind gar nicht in erster Linie Vorhersagen der Zukunft bestimmter, vorgegebener Systeme. Vielfach geht es um allgemeine Einsichten in verborgene Zusammenhänge in der Natur, wobei gerade die *zeitunabhängigen* Eigenschaften und Gesetze die interessantesten sind. Wir verstehen physikalisch, warum zum Beispiel Eis auf Wasser schwimmt, und zwar immer und überall. Wir begreifen, daß sich die Gesamtenergie eines jeden abgeschlossenen Systems nicht ändert, egal, was in ihm passiert – solche «Erhaltungssätze» sind von sehr großer Bedeutung für die Physik im allgemeinen.

Vor allem aber interessiert uns an der Natur, welche Strukturen es «gibt» (oder aber, mit und ohne unser Zutun, geben könnte), also welche Zustände *bestimmter* physikalischer Systeme einigermaßen *stabil* sind. Dies bekommen wir, so paradox es zunächst klingen mag, am besten dadurch heraus, daß wir auf solche Systeme die physikalischen Gesetze anwenden, mit denen man Veränderungen in der Zeit errechnen kann, um dann speziell nach denjenigen Zuständen zu suchen, für welche die Veränderungsrate null ist – die sich also mit der Zeit nicht ändern –, und die zudem bei kleinen Abweichungen zum Ausgangszustand zurückkehren. Eben diese dauerhaften Zustände entsprechen dem, was es im umgangssprachlichen Sinne «gibt» – oder in der Zukunft geben könnte –, etwas, das Bestand hat, Kristalle und Flüssigkeiten zum Beispiel oder die beständigen chemischen Verbindungen wie das Wasser und der Alkohol. In einem erweiterten Sinne gibt es aber auch beständige Systeme, die eine sich wiederholende Bewegung durchlaufen, etwa die Schwingung eines Pendels, die Umdrehung der Erde, ihr Umlauf um die Sonne, sowie dauerhafte, «stationäre» Zustände, bei denen einem System Energie zugeführt wird – zum Beispiel ein See im Gleichgewicht von Zufluß, Abfluß und Verdampfung.

Auch im Bereich des unsichtbar Kleinen erhält man grundlegende Erkenntnisse, indem man nach den langfristig stabilen Zuständen fragt – besonders nach den Energiezuständen des einfachsten Atoms, nämlich des Wasserstoffatoms, das nur aus dem Kern und einem Elektron besteht. Es hat sich gezeigt, daß die Kenntnis dieser Zustände eine Schlüsselrolle für das Verständnis jeder chemischen Bindung spielt. Dabei kommt uns die Unbestimmtheit der Quantenphysik gerade in dieser Frage nicht in die Quere. In bezug auf Energie und Zeit besagt sie nämlich: Steht ein großer Zeitrahmen für die Energiemessung zur Verfügung, so lassen sich die Energiezustände außerordentlich genau bestimmen.

Erkenntnistheoretisch unterscheidet sich die Suche nach einer Antwort auf die Frage «Welche stabilen – oder wenigstens langlebigen – Zustände sind physikalisch möglich?» ganz wesentlich von der Berechnung zukünftiger Zustände unter der Voraussetzung, daß der Zustand der Gegenwart bekannt ist. Zwar hat die Vorausberechnung ihre Grenzen, und für Vorgänge an Atomen und Molekülen sind nur Wahrscheinlichkeitsvorhersagen möglich – aber das, was berechenbar ist, kann ohne weiteres ein Computer verarbeiten. Die physikalischen Grundgesetze lassen sich unmittelbar als Anweisungen verstehen, wie man aus Zuständen der Gegenwart Information über Zustände der Zukunft gewinnt. Von der Logik der Aufgabe her ist zusätzliche Mathematik zwar oft nützlich, aber nicht zwingend notwendig. Will man dagegen für komplexe Systeme herausfinden, welche stabilen Zustände sie einnehmen können, so bedarf es oft des kreativen Einfalls des Entdeckers, zum Beispiel einer intuitiv begründeten Hypothese über die Struktur eines Moleküls, die dann durch experimentelle Daten zu bestätigen oder zu widerlegen ist.

Nun zeigt die Geschichte der Physik und Chemie – und in erheblichem Umfang auch der Biologie –, daß kreative Anstrengungen von Wissenschaftlern in der Regel zu naturwissenschaftlichen Erklärungen führen; die Möglichkeit, interessante und zugleich klar formulierte Eigenschaften der Natur könnten sich einer naturwissenschaftlichen Erklärung gänzlich widersetzen, paßt schwer in das gegenwärtige Wissenschaftsverständnis. Es bleibt aber doch zu fragen, ob es auch prinzipiell unüberwindliche, entscheidungstheoretisch begründete Grenzen wissenschaftlicher Erkenntnis gibt und ob diese dann auch Konsequenzen für die Biologie haben könnten.

82

Grenzen der Entscheidbarkeit, Grenzen der Erkenntnis

Nicht lange nachdem Heisenberg die Unbestimmtheit der Quantenphysik entdeckt hatte, begründeten Kurt Gödel und Alan Turing in den dreißiger Jahren die mathematische Entscheidungstheorie. Sie zeigten, daß es im Rahmen der Mathematik prinzipielle Grenzen der Entscheidbarkeit gibt, welche sich mit Hilfe der Mathematik selbst aufweisen lassen. In jedem halbwegs leistungsfähigen System der Logik und Mathematik gibt es Sätze – ein «Satz» ist in der Sprache der Mathematiker das, was man umgangssprachlich eine Wahrheitsvermutung nennen könnte –, die mit den Mitteln des Systems weder zu widerlegen noch zu beweisen sind. Ein Computer, den man «beauftragen» würde zu entscheiden, ob ein solcher Satz wahr oder falsch ist, würde unbegrenzt lange rechnen, ohne je zu einem Ergebnis zu gelangen. Mit endlichen Verfahren kann nicht jede allgemeine, für unendlich viele Gegebenheiten gültige Aussage bewiesen werden. Zu den unentscheidbaren Sätzen gehört immer auch der von der Widerspruchsfreiheit des jeweiligen formalen Systems: Die These «Nie kann eine konsequente Anwendung seiner Spielregeln zu einem logischen Widerspruch führen» läßt sich innerhalb seines eigenen Rahmens grundsätzlich nicht beweisen. Leistungsfähige formale Systeme des mathematisch-logischen Denkens können sich also selbst nicht vollständig absichern. Sie beruhen auch auf nichtformalisierten – wenn man so will, intuitiven – Voraussetzungen; und das gilt, so darf man annehmen, auch für das menschliche Denken insgesamt.

Die Entscheidungstheorie zeigt über das Problem der Widerspruchsfreiheit hinaus, daß es keine allgemeine formale Verfahrensweise geben kann, die es erlaubt, aus gegebenen Voraussetzungen garantiert jeden wahren Schluß zu ziehen. Nicht zuletzt deshalb behält Wissenschaft eine unverzichtbare kreative Komponente, für die Glück und Intuition ausschlaggebend sind. Wegen derartiger Implikationen gehört die Entdeckung von Grenzen mathematischer Entscheidbarkeit zu den hintergründigsten Ergebnissen der modernen Wissenschaft überhaupt.

Neben der Quantenunbestimmtheit der Physik und den Theoremen Gödels und Turings ist noch ein dritter Grund für die Begrenztheit wissenschaftlichen Denkens zu beachten: Auch die Endlichkeit der Welt schränkt die Entscheidbarkeit von Problemen ein. Dies läßt sich mit einem Gedankenexperiment erläutern: Selbst ein Computer, der den ganzen Kosmos umfaßt und so lange rechnet, wie die Welt besteht, könnte nur eine begrenzte Zahl von Operationen der Informationsverarbeitung ausführen. Die Zahl der halbwegs stabilen Bestandteile der Materie – Protonen, Neutronen, Elektronen – im Universum ist begrenzt; sie läßt sich aufgrund der annähernd bekannten Masse des Kosmos abschätzen und beträgt etwa 10^{80}, als Zahl ausgeschrieben eine Eins mit achtzig Nullen. Mehr stabile Bauelemente könnte kein innerkosmischer Computer haben. Aber auch die Zahl der Rechenschritte pro Bauelement wäre begrenzt – die Quantentheorie besagt, daß eine Mindestzeit pro Vorgang Voraussetzung für die Stabilität der Partikel ist, und man kann abschätzen, daß das Alter des Universums – etwa zwanzig Milliarden Jahre – rund 10^{40} solcher Mindestzeiten entspricht, deren Unterschreitung die Stabilität des Bauelements beeinträchtigen würde.

Diese Betrachtungen bilden den Ausgangspunkt einer finitistischen Erkenntnistheorie, deren Grundthese lautet: Ein Problem ist nicht nur dann unentscheidbar, wenn ein Entscheidungsprozeß unendlich viele Schritte erfordern würde, sondern auch, wenn mehr als 10^{120} Rechenschritte nötig wären, denn mehr als 10^{120} Operationen sind innerkosmisch nicht möglich: Ein Computer, der so viele Rechenelemente enthielte wie das ganze Weltall stabile Partikel, also 10^{80}, und der seit Anbeginn des Universums ununterbrochen rechnete (also pro Element 10^{40} Schritte vollzogen hätte), könnte nicht mehr als 10^{120} Rechen- oder Prüfschritte ausgeführt haben. Was aber kein noch so leistungsfähiger innerkosmischer Computer bestimmen könnte, ist unbestimmt.

Nun treten derartig große Zahlen bereits bei ganz alltäglichen Problemen als *Anzahl der Möglichkeiten* auf: Schon die Zahl der *möglichen* Briefe einer Seitenlänge ist jeweils viel größer als 10^{120}. Wissenschaftliche Aussagen, die Gültigkeit für *alle* Möglichkeiten in einem bestimmten Zusammenhang – etwa für alle möglichen genetisch verschiedenen Menschen einer kommenden Generation – beanspruchen, lassen sich nicht dadurch bestätigen, daß man jeden Einzelfall getrennt prüft, da die Zahl der möglichen Einzelfälle kosmologische Maßstäbe überschreitet. Die Endlichkeit der Welt ergibt somit prinzipielle und nicht nur praktische Grenzen der Entscheidbarkeit.

Dieser finitistische Ansatz mag zunächst befremdlich erscheinen, aber die Masse des Kosmos und die ihr entsprechende Anzahl von Partikeln im Weltall beruhen doch ihrerseits auf Naturkonstanten, wenn wir auch bislang noch keine konsistente Theorie dafür haben. Nun lehrt uns die Relativitätstheorie Einsteins, daß die Naturkonstante «Lichtgeschwindigkeit» die größtmögliche Signalgeschwindigkeit ist; noch größere Geschwindigkeiten sind nicht nur physikalisch unmöglich, sondern führen auch im Gedankenexperiment zu unsinnigen, wenn nicht gar falschen Schlüssen. Ganz im Sinne dieser Logik – Gedankenexperimente, die aus praktischen Gründen undurchführbar sind, können sinnvoll sein; widersprechen sie aber physikalischen Prinzipien, so sind sie sinnlos – lassen sich entsprechende erkenntnistheoretische Konsequenzen auch aus der physikalisch vorgegebenen Endlichkeit der Welt ziehen: Da Informationsverarbeitung naturgesetzlich nur innerhalb der Grenzen des Kosmos möglich ist, macht es keinen Sinn, unser Universum – oder gar viele Welten – vom Standpunkt eines gedachten superkosmischen Computers zu betrachten. Deshalb kann es selbst für endliche Gegebenheiten prinzipielle und nicht nur praktische Grenzen der Entscheidbarkeit geben. Zwar spielen sie in der normalen Physik und Chemie und auch in weiten Bereichen der Biologie keine wesentliche Rolle, doch werden wir auf zentrale Fragen der Lebenswissenschaften stoßen – etwa: «Wie wahrscheinlich war die Evolution des Lebens und seiner verschiedenen Formen und Stufen auf der Erde?» und «Ist eine vollständige Theorie der Beziehung von Gehirn und Bewußtsein möglich?» –, die uns mit Problemen der Entscheidbarkeit konfrontieren.

Zusammenfassend können wir nun einen allgemeinen Rahmen für Tragweite und Grenzen physikalisch begründeter Naturwissenschaft abstecken: Die Grundgesetze der Physik gelten für alle Ereignisse in Raum und Zeit. Sie erlauben Vorhersagen, die in manchen Fällen mit großen, in anderen mit geringen Ungenauigkeiten verbunden sind, deren rechnerische Herleitung aber keine besonderen mathematischen Einfälle mehr erfordert. Sie ermöglichen es darüber hinaus, allgemeine Zusammenhänge und verborgene Ordnungen in der Natur zu entdecken und zu begründen; Naturwissenschaft gibt zudem Antworten auf viele singuläre Fragen vom Typ «Warum scheint die Sonne?» oder «Warum schwimmt Eis auf Wasser?». All dies macht es jedoch erforderlich, die richtigen Fragen an die Natur in geeigneten Begriffen zu stellen. Hierzu bedarf es kreativen, abstrakten Denkens, angemessener Begriffsbildungen und oft einer originären Mathematik, aber auch endlicher, physikalisch realisierbarer Entscheidungsverfahren. Eine Erfolgsgarantie für eine wissenschaftliche Antwort auf jede wohldefinierte wissenschaftliche Frage kann es nicht geben.

Wie die Molekularbiologie die Grundprozesse des Lebens erklärt

Tragweite, Grenzen und logische Strukturen wissenschaftlichen Denkens zeigen sich besonders deutlich in physikalisch begründeten Erklärungen von Lebensvorgängen. Es gibt eine Vielzahl von Organismen, die untereinander mehr oder weniger verwandt sind und die sich im Laufe von Hunderten von Millionen Jahren differenziert und entwickelt haben. Sie sind in der Regel imstande, in der Generationenfolge weitere Organismen gleicher oder ähnlicher Art zu erzeugen.

Für die biologische Reproduktion besteht das logische Grundproblem darin, daß ein Lebewesen seine *eigene* Vermehrung bewirken kann. Dabei bezieht es aus der Umgebung

Energie und Material, aber keine detaillierten Instruktionen darüber, wie der zu bildende Organismus aussehen soll. Er ist dem ursprünglichen annähernd gleich, seine Reproduktion entspricht im Effekt einem Kopiervorgang; aber die biologische Reproduktion zeichnet sich dadurch aus, daß zusammen mit anderen Merkmalen auch die Kopierfähigkeit selbst an die Nachkommen weitergegeben wird – ein raffinierter Vorgang, den es bei technischen Reproduktionsprozessen nicht gibt: Ein Kopiergerät kopiert Bücher, aber keine Kopiergeräte.

Schon in den vierziger Jahren hat sich der Mathematiker John von Neumann die Frage gestellt: Welche formalen Erfordernisse müssen erfüllt sein, damit sich ein physikalisches System – sagen wir, ein gedachter Computer – selbst vermehrt, vorausgesetzt, Bausteine und Aufbauenergie sind in der Umgebung verfügbar? Er erkannte als Voraussetzung der Selbstreproduktion, daß es innerhalb des Computers eine Teilstruktur mit einer Doppelfunktion geben müsse: Erstens sollte sie kopierbar sein, also als eine Art Druckstock für die Reproduktion fungieren, und zweitens spezifisch auf die Umgebung einwirken, sie sozusagen instruieren können. Zu den Instruktionen, so von Neumann, müsse unter anderem die Anweisung für den Aufbau des Kopierapparates gehören. Dies aber ist, anders ausgedrückt, die gleiche Antwort, die die Biologie auf die Frage nach der Reproduktion von Zellen und Organismen gibt, nur daß sie dabei die Sprache der Genetik verwendet. Auch bei der biologischen Reproduktion ist das kniffligste Problem: Wie wird der Kopierapparat kopiert? Antwort: Bestimmte Moleküle, die nur einen kleinen Teil der Zellmasse ausmachen, wirken als Erbsubstanz. Diese üben eine Doppelfunktion aus: Sie sind kopierfähig, und sie bestimmen Strukturen im Rest der Zelle – darunter die Strukturen des Apparates, mit dem sie selbst kopiert werden.

Das physikalische Prinzip dieser Prozesse hat die Molekularbiologie aufgezeigt: Die Erbsubstanz DNS besteht aus Kettenmolekülen, in denen bestimmte Folgen von vier Typen chemischer Bausteine, sogenannter Nukleotide, aneinandergereiht sind. Die Kopierfähigkeit beruht darauf, daß je zwei dieser Nukleotide paarweise zueinander passen, zueinander komplementär sind. In der DNS sind jeweils zwei Kettenmoleküle umeinander gewunden. Sie bilden die sogenannte Doppelhelix. Gegenüber jedem der Bausteine in dem einen Strang steht der jeweils komplementäre im anderen. Trennen sich die beiden Stränge, kann jeder von ihnen die jeweils komplementäre Folge von Nukleotiden binden, die dann zu einem neuen Strang zusammengefügt werden: Jeder der beiden alten Stränge wirkt so als Druckstock für die Bildung eines jeweils neuen Strangs, und im Endeffekt entstehen aus einem doppelsträngigen DNS-Molekül zwei gleiche. Auf diese Weise wird die Erbsubstanz vermehrt, so daß Kopien der ursprünglichen Reihenfolge der Nukleotide auf die Nachkommen übertragen werden können. Zufällige Veränderungen in der Reihenfolge, zum Beispiel durch Kopierfehler, wirken als Mutation, denn die veränderte Bausteinfolge wird in der Regel an die Nachkommen weitergegeben. Die Stoffwechselvorgänge werden von der Erbsubstanz indirekt vermittels einer Art Übersetzungsmechanismus organisiert: Nach der Instruktion der DNS werden Proteinmoleküle mit bestimmten Folgen von Aminosäuren gebildet; diese falten sich und können dann als Enzyme, das heißt als spezifische Katalysatoren, das biochemische Geschehen der Zelle lenken. Zu den Proteinen gehören auch diejenigen, die die Vermehrung der DNS bewirken: So erklärt sich der Prozeß, bei dem – auf indirektem Wege – der Kopierapparat kopiert wird. Tausende weiterer Enzyme, die von der Erbsubstanz kodiert sind, steuern den gesamten Stoffwechsel der Zellen. Es sieht so aus, als könne jede thermodynamisch mögliche organisch-chemische Reaktion durch geeignete Proteine katalysiert werden. Die von der Erbsubstanz Nukleinsäure gesteuerte Proteinsynthese birgt also ein praktisch kaum begrenztes Potential für die Evolution spezifischer biochemischer Mechanismen in Zellen und Organismen.

Diese Kurzskizze molekularbiologischer Erklärungen der Grundprozesse in der belebten Natur – Selbstvermehrung, Mutation, Stoffwechsel – klammert natürlich eine Vielfalt von Problemen aus: die evolutionsbiologischen Konsequenzen sexueller Vermehrung, die Mechanismen, die die Genwirkung regulieren, die Sicherung der Genauigkeit der DNS-Replikation und vieles andere. Aber dieses weite Spektrum von Prozessen, die Gegenstand intensiver Forschung sind, führt doch kaum in so hintergründige logische Probleme, wie sie durch den Vorgang der Selbstvermehrung – unter Betonung von «Selbst» – aufgeworfen werden. Die Kenntnis der Grundprinzipien biologischer Reproduktion, welche die Molekularbiologie der fünfziger und sechziger Jahre in wesentlichen Zügen erbracht hat, bildet die Basis für den Ausbau der modernen Biologie bis in die Gegenwart. Sie verknüpft Grundprozesse des Lebens mit der physikalischen Chemie der Erbsubstanz. Verankert ist die Kette der Erklärungen, auch wenn dies nicht immer bewußt bleibt, letztlich in der Quantenphysik, aus der sich Form und Wechselwirkung der DNS-Bausteine ergeben. Das Verständnis biologischer Vorgänge erfordert aber auch spezifisch biologische

Begriffe wie «Gen» und «Vererbung». Zwar hat man oft die Wahl, den einen oder anderen Begriff zu bevorzugen – schließlich läßt sich jeder Begriff mit anderen Begriffen umschreiben –, aber manche Konzepte erweisen sich doch als ganz besonders hilfreich, einleuchtend und adäquat. Hierzu gehört, wie noch zu erklären sein wird, die «genetische Information», nahegelegt durch den Vergleich der Bausteinfolge der Erbsubstanz mit der Folge von Buchstaben einer Schrift: Die DNS ist Träger der Information zum Aufbau des Organismus.

Die Neubildung der Strukturen in jeder Generation

Über die Grundvorgänge hinaus, die die belebte Welt *insgesamt* von der unbelebten Natur unterscheiden – Reproduktion, Stoffwechsel und Mutation –, sind für das Verständnis von «Leben» zwei Merkmale besonders wichtig, die zwar in einfachen Organismen schon im Ansatz angelegt sind, sich aber erst in höheren eindrucksvoll ausprägen: die Ausbildung komplexer Gestalten sowie komplexes Verhalten, das auf der Funktion des Nervensystems beruht.

Strukturbildung gibt es bei jedem Lebewesen, die einfachsten Bakterienzellen eingeschlossen. Am erstaunlichsten aber ist die Morphogenese höherer Organismen, zumal die Entwicklung der Tiergestalt aus der noch ziemlich einförmigen Eizelle nach der Befruchtung. Viele Prozesse sind an diesem komplizierten Geschehen beteiligt. Dazu gehört die von den Genen organisierte Vermehrung und Differenzierung der Zellen: Im Laufe der Entwicklung eines höheren Organismus werden verschiedene Zelltypen gebildet, zum Beispiel Muskelzellen, Nervenzellen, Hautzellen; sie alle haben die gleiche Erbsubstanz DNS, unterscheiden sich aber sehr stark darin, welche der Gene jeweils aktiv sind und welche nicht. In keinem der Zelltypen werden alle in der DNS kodierten Proteine wirklich hergestellt. Es gibt vielmehr Mechanismen, die die Aktivität bestimmter Gene an- beziehungsweise abschalten; dabei greifen verschiedene Regelprozesse so ineinander, daß Zellen desselben Organismus mit jeweils gleicher DNS ganz verschiedene, für sich recht stabile Zustände einnehmen. Manche dieser Differenzierungsvorgänge bedürfen keiner äußeren Einwirkung, sondern verlaufen automatisch innerhalb der einzelnen Zelle und ihrer Nachkommen. Eine wichtige Rolle für die Entwicklung spielt jedoch auch die Induktion von außen: Kontakt eines Gewebestücks vom Typ A mit einem Gewebe vom Typ B löst dort die Bildung eines zusätzlichen Typs C aus. Kaskaden solcher Induktionsprozesse führen zu einer Vielzahl unterschiedlicher Zellen und Gewebe.

Die Verschachtelung und Kombination derartiger Vorgänge unter der Kontrolle der Gene macht die Entwicklung eines Organismus zu einem recht komplexen Prozeß. Daraus erwächst aber eine Versuchung, der wir nicht nachgeben sollten – nämlich das hintergründigste Problem der Generationenfolge zu verdrängen, die Neubildung räumlicher Strukturen. Ihre eindrucksvolle ganzheitliche Regelung machte ursprünglich die große Faszination der Entwicklungsbiologie aus. Dies gilt schon für die spektakuläre Entdeckung Abraham Trembleys im achtzehnten Jahrhundert: Schneidet man den Süßwasserpolypen Hydra in Stücke, so entsteht aus jedem Teil wieder ein ganzes Tier. Im neunzehnten Jahrhundert stellte Hans Driesch fest, daß ein halber früher Seeigelembryo ein vollständiges Tier im verkleinerten Maßstab bilden kann, und im zwanzigsten Jahrhundert entdeckte Hans Spemann, daß sich in einem Froschembryo die Ausbildung einer zweiten Körperachse hervorrufen läßt. Derartige Induktion kann durch die Transplantation bestimmter kleiner Gewebsstücke, aber auch durch viele andere experimentelle Manipulationen erfolgen; ein recht unspezifisches lokales Signal löst im embryonalen Gewebe die Neubildung ganzer Körperbereiche aus. Wie diese und viele ähnliche Fakten zeigen, entwickeln anfangs recht gleichförmige Gewebe aus sich heraus durch eine Art innerer Selbstorganisation räumliche Strukturen, die nicht schon im Gewebe vorgeformt sind, sondern wirklich neu entstehen. Maßstabsgerechte Strukturbildung erfordert: Vorgänge in einem Teilbereich betreffen auch das Geschehen in anderen Bereichen und umgekehrt – das Ganze ist mehr als seine Teile. Diese ganzheitlichen Regeleigenschaften hielt man lange Zeit für unvereinbar mit der Physik; sie widersprachen intuitiv dem, was man unter mechanischen Prozessen verstand. Heute wissen wir, daß die Physik durchaus eine hinreichende Erklärungsgrundlage bildet, wenn auch die biochemischen Vorgänge bei der Selbstgliederung noch nicht im einzelnen aufgeklärt sind.

Die physikalische Chemie der Reaktionen und Ausbreitungsvorgänge von Molekülen kennt man zwar seit über hundert Jahren; die Einsicht hingegen, daß dabei räumliche Ordnung entstehen kann, ist erst ein halbes Jahrhundert alt – ein Beispiel dafür, daß sich aus den Grundgesetzen der Physik interessante Eigenschaften der Natur keineswegs automatisch ergeben. Ursprünglich widerspricht unsere Intuition dem Gedanken, physikalisch-chemische Vorgänge – zumal in flüssigen

Medien – könnten Strukturen aus sich heraus produzieren. Diffusion führt in der Regel zum Gegenteil – zur Auflösung räumlicher Muster. Gibt man Milch zu Kaffee, so verteilt sie sich schnell ganz gleichförmig in der Tasse. Die Erkenntnis, daß Reaktionen trotz Diffusion – ja gerade wegen Diffusion – Strukturen erzeugen können, erforderte die Einführung neuer Gesichtspunkte. Zunächst mußte man einsehen, daß Systeme, denen ständig Energie zugeführt wird – und dazu gehören alle Lebewesen –, über ein reichhaltigeres Repertoire von Prozessen verfügen als isolierte Systeme, die schlicht das thermodynamische Gleichgewicht erst anstreben und dann einhalten. Auch in einer flüssigen Lösung können räumliche Konzentrationsmuster neu entstehen; so erzeugen zum Beispiel bestimmte, ziemlich raffiniert zusammengesetzte Lösungen wellenförmige Verteilungen, die durch Farbstoffe sichtbar gemacht werden können.

Sind derartige Vorgänge im Prinzip auch für die Entwicklungsbiologie, für die Neubildung von Strukturen aus anfangs annähernd gleichförmigen Geweben, von Bedeutung? Die Antwort hängt vor allem davon ab, ob man auf dieser Basis die eindrucksvollen «ganzheitlichen» Regelvorgänge verstehen kann, die bei den skizzierten biologischen Prozessen eine Rolle spielen. Dies ist in der Tat möglich, wenn man Strukturbildung als Wechselspiel von Aktivierung und Hemmung versteht. Die beiden Begriffe wurden von Biologen schon lange verwendet, um Entwicklungsprozesse zu erfassen. Aktivierung heißt: Ein kleiner Anstoß – zum Beispiel das Einbringen eines kleinen, induzierenden Gewebestücks – ruft große Wirkungen hervor, etwa die Ausbildung eines neuen Kopfes im Gewebe des Polypen Hydra. Hemmung zeigt sich darin, daß es im Umfeld einer

Aktivierung nicht leicht zu einer zweiten Aktivierung kommt. Ein Kopf einer Hydra zum Beispiel behindert die Ausbildung sekundärer Köpfe in seiner Umgebung.

Diese Beobachtungen und Beschreibungen entwicklungsbiologischer Phänomene legen es intuitiv nahe, auch die physikalisch-chemischen Prozesse, die der biologischen Strukturbildung zugrunde liegen, als Wechselspiele von Aktivierung und Hemmung aufzufassen. Selbstverständlich ist dies allerdings nicht; erst die theoretisch-mathematische Analyse ergab, daß solche Wechselspiele geradezu Bedingungen für die Neubildung räumlicher Konzentrationsmuster darstellen. Erforderlich ist ein sich selbst verstärkender («autokatalytischer»), aktivierender Prozeß, der mit längerreichweitigen Hemmeffekten gekoppelt sein muß. Ein kleiner lokaler Anfangsvorteil, zum Beispiel ein induzierendes Signal aus einem Nachbargewebe, kann in einem Teilbereich durch Autokatalyse eine starke Aktivierung auslösen, die zugleich infolge der von ihr ausgehenden Hemmwirkung eine Aktivierung in Nachbarregionen verhindert. So entsteht eine räumliche Gliederung in aktivierte und nichtaktivierte Abschnitte, die dann die Bildung sehr unterschiedlicher Strukturen innerhalb eines ursprünglich einförmigen Gewebes bewirkt: Räumliche Organisation findet statt. Physikalisch-chemische Mechanismen nach diesen Grundprinzipien können auf sehr verschiedene Weise verwirklicht werden; gemeinsam ist ihnen aber, daß sie auf einfache Weise eindrucksvolle «ganzheitliche» Regeleigenschaften der Entwicklungsbiologie ergeben – wie die Anpassung der Größe der Teile an die Gesamtgröße eines Gewebes.

Was ist ähnlich, was ist verschieden bei biologischer und nichtbiologischer Strukturbildung? Verschieden sind die materiellen Komponenten; ähnlich sind einige der zugrundeliegenden systemtheoretischen Prinzipien. Gemeinsam ist sehr verschiedenen Vorgängen insbesondere das Prinzip der Selbstverstärkung, das sich nicht nur bei biologischer Selbstorganisation manifestiert, sondern auch bei der Bildung von Dünen, Lawinen, Sternen und Kristallen im anorganischen Bereich und ebenso bei unterschiedlichen sozialen Vorgängen: Wo Leute sind, ziehen Leute hin; Kapital schafft Kapital; Erfolg erzeugt Erfolg, Frustration weitere Frustration. Es gibt aber auch wesentliche Unterschiede zwischen biologischer und nichtbiologischer Strukturbildung. Elefanten gleichen sich untereinander in unzähligen Eigenschaften – in Molekülen, Zellen, Geweben, Organen und deren räumlicher Anordnung –, während Wolken nur eine begrenzte Zahl von Merkmalen gemeinsam haben. Bei der Bildung einer Wolke hängen Ort und Orientierung von Strukturen und Teilstrukturen wesentlich vom Zufall ab. Bei der Entwicklung des Tieres aus der Eizelle hingegen sind die Positionen und Orientierungen der Teilstrukturen im Embryo nicht dem Zufall überlassen; sie werden vielmehr unter der Kontrolle der Gene in einer genau geregelten Folge von Prozessen festgelegt.

Selbstgliederung anfangs einförmiger Gewebe im Wechselspiel von Aktivierung und Hemmung ist nur einer von vielen entwicklungsbiologischen Prozessen, aber für das Verständnis räumlicher Strukturbildung im Generationszyklus ist dieser Vorgang ganz wesentlich. Zwar lassen sich viele Einzelvorgänge bei der Entwicklung des Tieres dadurch erklären, daß die bereits vorhandenen räumlichen Strukturen die Bildung weiterer Strukturen bewirken, doch ist der Generationszyklus im ganzen ohne wirkliche Neubildung nicht zu verstehen. Wäre alles, was entsteht, schon vorher als räumliche Ordnung angelegt, so geriete man wieder in die Problematik der «Puppe in der Puppe»-Theorien aus dem achtzehnten Jahrhundert.

Die Mechanismen der Selbstgliederung ermöglichen aber auch sehr effiziente Regelvorgänge, die die Genauigkeit der Reproduktion absichern. Die Entwicklung des Tieres aus der Eizelle wäre nicht denkbar, wenn jedwede kleine Störung von Prozessen im frühen Stadium zu größeren Fehlentwicklungen im weiteren Verlauf führen würde: Fehler dürfen sich nicht verstärken, sie müssen korrigiert werden. Ebendies leisten Prozesse der Selbstgliederung, bei denen sich die Teile nach dem Ganzen richten und Schwankungen nicht verstärkt, sondern eher gelöscht werden. Sie verleihen der biologischen Entwicklung Verläßlichkeit trotz Komplexität.

Die wissenschaftliche Aufklärung der Strukturbildung erfordert die Verbindung von molekularbiologischen mit systemtheoretischen, also letztlich mathematischen Erkenntnissen. Unbenommen bleibt es uns dann, den einen oder den anderen Aspekt interessanter zu finden, sei es den materiellen in den Fußstapfen von Demokrit oder den mathematischen, dessen Bedeutung schon Pythagoras und Platon so sehr betont hatten.

Funktion der Gehirne:
Informationsverarbeitung und Verhaltenssteuerung

Auch für die Erklärung komplexen *Verhaltens* von Tieren und Menschen ist zunächst das zentrale logische Problem zu identifizieren. Elementare Verhaltenssteuerung ist schon bei der einzelnen Zelle möglich, etwa indem sie sich in Richtung zunehmender Konzentration irgendeines Lockstoffes bewegt, aber zur komplexen Verarbeitung von Information aus der Umgebung ist ein System von Schaltelementen am besten geeignet. Die ganze Computertechnik baut auf dieser – im Grunde mathematischen – Einsicht auf. Schaltelemente und Verschaltungsprinzipien können durchaus einfach sein, aber Signale von einem Element zum anderen müssen schnell und auch über längere Strecken übertragen werden, und das einzelne Schaltelement muß eintreffende in auszusendende Signale verrechnen.

Auf solchen logischen Prinzipien beruht auch die Funktion von Nervensystemen. Ihr Baustein ist die Nervenzelle, das Neuron; es besteht aus einem Zellkörper mit Fortsätzen, die Signale von anderen Zellen, meist Neuronen, aufnehmen und intern verarbeiten, um ausgehende Signale über oft lange Fortsätze auf andere Zellen, ebenfalls meist Neuronen, zu übertragen. Die einzelne Nervenzelle besitzt beträchtliche Fähigkeiten zur Verarbeitung und Speicherung von Information, aber der Reichtum der Gehirnfunktionen ist doch eine Systemeigenschaft großer, vernetzter Nervenzellverbände, die sich nicht auf die Funktion einzelner Neuronen reduzieren läßt.

Nervennetze unterscheiden sich in wesentlichen Merkmalen

von heute üblichen Computern: Schon die einzelne Zelle leistet viel mehr als ein Schaltelement eines elektronischen Rechners. Neuronenverbände verarbeiten Information zeitlich parallel; Übertragungseigenschaften zwischen Zellen werden durch vorangegangene oder gleichzeitige Aktivität verändert; im Nervensystem spielen vermutlich raffinierte Zeitfolgen elektrischer Spannungspulse eine wesentliche Rolle für die Informationsverarbeitung, und chemische Signale beeinflussen weite Bereiche des Nervensystems. Die Selbstorganisation ineinandergreifender Aktivierungsvorgänge führt zu «globalen» Aktivitäten – zum Beispiel Wellen elektrischer Pulsfolgen –, die das System als Ganzes durchziehen. Das Gehirn verwirklicht zum einen Dezentralisierung, zum anderen Integration auf andere Weise als gängige Computer: Im Nervensystem werden Informationen oft in unterschiedlichen Bereichen gleichzeitig verarbeitet – und es gibt die selektive Verknüpfung von jeweils *zusammengehörigen* Vorgängen, zum Beispiel Sehen und Hören bei einer bestimmten Wahrnehmung, die Kopplung mit entsprechenden Affekten und – besonders bei Menschen – mit Erinnerungen und Vorstellungen.

Doch bei allen Unterschieden gilt für beide Arten von Systemen – Nervennetze wie Computer – das gleiche mathematische Prinzip: Was formalisierbar ist, ist mechanisierbar; jede genau definierte Leistung der Informationsverarbeitung kann bei ausreichender Rechenzeit und Speicherkapazität von einem Netz von Schaltelementen erbracht werden, die mittels physikalischer Vorgänge eingehende in ausgehende Signale umsetzen. Wir können daher erwarten, daß sich jede Funktion des Gehirns – auch so eindrucksvolle höhere, integrierende Leistungen wie assoziatives Gedächtnis, Lernen und Sprachgebrauch – letztlich durch die physikalische Interaktion der Neuronen im Nervennetz erklären läßt, sofern man die jeweilige Leistung formal genau darstellen kann. Allerdings ist damit noch nicht entschieden, ob *alle* Eigenschaften des menschlichen Gehirns *formalisierbar* sind. Könnten in diesen oder in anderen Zusammenhängen biologische Erklärungen an prinzipiellen Grenzen mathematisch-logischer Entscheidbarkeit scheitern?

Für das Verständnis der Grundeigenschaften, die die belebte von der unbelebten Natur allgemein unterscheiden – Reproduktion, Mutation, Stoffwechsel –, scheint es entscheidungstheoretische Beschränkungen nicht zu geben, aber bei der Ermittlung der Genwirkungen aus der Genstruktur sind solche Grenzen bislang nicht auszuschließen. Allein schon die Berechnung der dreidimensionalen Struktur der Proteine aus der Struktur der Gene, von denen sie kodiert werden, stößt wegen der Komplexität der Aufgabe auf sehr große, bisher nicht überwundene Schwierigkeiten, von der Errechnung der Enzymwirkungen oder gar der Systemeigenschaften der gesamten Zelle ganz zu schweigen.

Für die Ausbildung von Strukturen bei der Entwicklung der Organismen, die lange im Verdacht stand, sich physikalisch-mathematischen Erklärungen zu entziehen, sind hingegen keine prinzipiellen Grenzen der Entscheidbarkeit zu erkennen; die «ganzheitliche» Regelung der Formbildung liegt in der Reichweite physikalischer Systemtheorie. Das gleiche gilt für die objektivierbaren und formalisierbaren Mechanismen der Informationsverarbeitung im Nervensystem. Hingegen werden *selbstbezogene* Fähigkeiten und Eigenschaften des menschlichen Gehirns die Vermutung begründen, daß es dabei durch-

100

aus prinzipielle Grenzen der Formalisierbarkeit, Objektivierbarkeit und Entscheidbarkeit geben kann, mit weitreichenden Konsequenzen für das Leib-Seele-Problem.

Die Physik und die Eigenart der Lebensvorgänge

Die Beziehung der Biologie zur Physik – die Integration der Wissenschaft von der belebten Natur in den Rahmen einer physikalisch begründeten Naturwissenschaft – zeigt uns, inwiefern und in welchem Maße die Natur hinsichtlich ihrer inneren Ordnung als eine Einheit anzusehen ist. Die Grundgleichungen der Physik sind formal einfache, in ihrer abstrakten Ästhetik schöne mathematische Beziehungen, die Vorgänge in Raum und Zeit auf der Grundlage einiger ganz weniger Kräfte darstellen. Diese Gesetze bilden nicht selbst die Erklärung der Naturvorgänge, sind aber – sei es bewußt oder unbewußt – das jeweils letzte Glied, in gewissem Sinne also die gemeinsame Basis von Erklärungen verschiedenster Erscheinungen und Eigenschaften der Natur, zum Beispiel des Sonnenlichts oder der Muskelkraft, der Wolkenbildung oder der Atmung. Alles hängt in diesen Grundgesetzen mit allem zusammen. Dennoch ist eine Deduktion der Natureigenschaften aus den Grundgesetzen allein nicht möglich; hierzu muß man schon die Wirklichkeit selbst in ihren spezifischen Eigenschaften erkennen, erforschen und konzeptionalisieren, und deswegen erfordert jeder Zweig der Wissenschaft – wie Biologie und Chemie – seine eigene Begrifflichkeit und spezialisierte Methodik.

Daran wird sich aller Voraussicht nach auch dann nichts ändern, wenn die Forschung über künstliche Intelligenz zu immer leistungsfähigeren Computern führt, die auch Begriffe bilden und «höhere» geistige Probleme zu lösen vermögen. Könnte im Gedankenexperiment ein solcher Computer, dem man nicht viel mehr als die Grundgesetze der Physik einprogrammiert hat, dann auch ableiten und berechnen, daß es in der physikalischen Welt «Leben» gibt oder geben kann und welche Merkmale es hat? Wäre die Antwort «ja», so könnte man doch wieder behaupten, letztlich sei Biologie auf Physik reduzierbar. Dies ist jedoch mit Argumenten finitistischer Erkenntnistheorie zu bestreiten: Denn ein solcher Computer könnte vermutlich die Anschauung von wirklichem Leben in der wirklichen Welt doch nicht durch reines Rechnen ersetzen, jedenfalls nicht innerhalb der Grenzen, die von kosmischen Zeiten und Räumen gesetzt sind; der Computer könnte nicht alle denkbaren Begriffssysteme und Szenarien nacheinander so durchspielen, daß er aus sich heraus eine Beschreibung des Lebens mit seinen wesentlichen Eigenschaften ausdrucken würde. Die universelle Gültigkeit der Physik in der Biologie stützt also keineswegs die reduktionistische These, *in Wirklichkeit* seien Lebensvorgänge *nichts als* mechanische Prozesse. Physikalische Gesetze sind die Erklärungsgrundlage für biologische Vorgänge; die Erklärung selbst ist ohne ein subjektives Vorverständnis von «Leben», ohne Anschauung und begriffliche Erfassung der realen Lebensvorgänge nicht möglich.

Konstruktives Denken und natürliche Wirklichkeit

Die Geschichte der Naturwissenschaft zeigt uns die erstaunliche Konvergenz von menschlichem Denken und Wirklichkeit – die Ergänzung des historischen Blicks durch den systematischen erschließt nicht nur, *daß*, sondern bis zu einem gewissen Grade auch, *wie* sich Gesetze der Natur und Grundstrukturen menschlichen Denkens entsprechen. Theorien sind Konstrukte des menschlichen Geistes. Vieles davon, darunter so schöne Ideen wie diejenigen Keplers über harmonische Beziehungen zwischen den verschiedenen Planetenbahnen, wurden durch Beobachtungen und Messungen widerlegt. Dagegen bestätigte sich Newtons mathematisch elegantes und einfaches Gravitationsgesetz, das die elliptische Form der Planetenbahnen erklärt. Die Bewährung bestimmter Theorien zeigt, daß Naturwissenschaft einen Anspruch auf Wahrheit stellen kann – nicht auf vollständige und absolute Wahrheit, aber doch auf eine systematische und nicht nur zufällige Entsprechung von Erkenntnis und einer nicht in unser Belieben gestellten äußeren Wirklichkeit. In der Einbeziehung der Biologie in den Gesamtrahmen der Naturwissenschaft zeigt sich die Tragweite des naturwissenschaftlichen Denkens.

Erstaunlich aber ist auch die wissenschaftliche Einsicht in die prinzipiell unüberwindlichen Grenzen der Erkenntnis. Auf der philosophischen Ebene verweisen sie auf Deutungsfragen der Wissenschaft im ganzen, wenn auch metatheoretische Interpretationen nicht in demselben Maße abgesichert werden können wie die inhaltlichen Aussagen der Naturwissenschaften. Beispiel Quantenphysik: Gibt es eine Realität hinter den Grenzen des möglichen Wissens? Ich glaube, nein; die Physik als Theorie des möglichen Wissens ist die letzte Antwort der Natur auf die Fragen des menschlichen Denkens. Heisenberg sagte dazu: In der modernen Physik begegnet der denkende – und in Grenzen wissende – Mensch sich letztlich wieder selbst. Beispiel Entscheidungstheorie: Besagen Grenzen der Entscheidbarkeit – insbesondere die logische Unmöglichkeit, irgendein einigermaßen leistungsfähiges System logischen Denkens von innen heraus gegen Widersprüche abzusichern –, daß sich das menschliche Denken selbst nicht vollständig erfassen kann? Ich meine, ja, obwohl dieser Schluß nicht mehr streng formal begründet werden kann. Beispiel finitistische Erkenntnistheorie: Gibt es Wahrheit in bezug auf finitistisch unentscheidbare Fragen? Ich glaube, nein, denn was nur ein superkosmischer Computer bestimmen könnte, ist unbestimmt.

Die Selbstbegrenzung moderner Wissenschaft erfüllt in bemerkenswertem Maße philosophische Grundgedanken einer «belehrten Unwissenheit», die auf Nikolaus von Kues im fünfzehnten Jahrhundert zurückgehen, und wirft Fragen auf, denen die beiden Schlußkapitel gewidmet sein werden: Fragen nach der Beziehung modernen wissenschaftlichen Denkens zu den Sinn- und Wertfragen, die außerhalb des begrifflichen Rahmens objektiver Naturwissenschaft liegen.

Evolution – zum Menschen hin?

Die Spezies Mensch ist ein Ergebnis der Evolution des Lebens auf der Erde, die sich über drei Milliarden Jahre erstreckte. Die heutige Menschheit stammt wahrscheinlich von einer kleinen Gruppe ab, die vor etwa zweihunderttausend Jahren in Afrika gelebt hat. Erst die biologisch angelegten Fähigkeiten des modernen Menschentyps ermöglichten die dynamische kulturelle Entwicklung, die nun weitgehend unabhängig von genetischen Veränderungen verlaufen konnte und sich in den Kunstwerken der Eiszeit vor dreißigtausend Jahren, der Erfindung der Landwirtschaft vor zehntausend Jahren und der Entwicklung von Hochkulturen seit fünftausend Jahren ausgeprägt hat. Voraussetzung für die Entwicklung von Leben überhaupt war die Bildung von Kettenmolekülen, die Erbinformation effizient übertragen konnten; Voraussetzung für die Entwicklung von Leben mit Geist war die schnelle Informationsverarbeitung in Netzen von Nervenzellen. Den Grundgesetzen der Physik sieht man nicht an, daß es im Universum lebensfreundliche Planeten mit einer lebensbegründenden organischen Chemie gibt. Darum ist die «anthropische Frage» eine naturphilosophische Herausforderung: Warum ist der Kosmos so beschaffen, daß in ihm physikalisch die Möglichkeit «Leben» und insbesondere «Leben mit Geist» enthalten ist? Ist unser Universum nur durch Zufall lebensfreundlich oder aufgrund naturgesetzlicher Prinzipien?

Erklärungsprinzip Evolution

Die Abstammung des Menschen aus dem Tierreich war eines der großen weltanschaulichen Reizthemen des neunzehnten Jahrhunderts. Schon gegen Ende des achtzehnten Jahrhunderts wurde immer deutlicher, daß im Verlauf der Erdgeschichte ein langer Prozeß der Entstehung von Arten stattgefunden hat. Darauf aufbauend lehrte Darwin, die Evolution sei ohne schöpferische Eingriffe von außen als Ergebnis natürlicher Auslese zu verstehen. Einen tieferen Einblick in die dabei beteiligten Mechanismen lieferte erst die moderne molekulare Genetik. Unter den Mutanten, die durch zufällige Kombinationen und Veränderungen der DNS-Kettenmoleküle entstehen, setzen sich in der Abfolge der Generationen diejenigen durch, die den größten Reproduktionserfolg haben.

Schlüsselbegriff der Evolutionsbiologie ist die genetische «Fitness», die diesen Reproduktionserfolg quantitativ erfaßt: als mittlere Zahl der Nachkommen einer Mutante, die ihrerseits fähig sind, sich zu vermehren. Er ähnelt in seiner Bedeutung dem umgangssprachlichen Wort, mit dem wir Lebenstüchtigkeit und Leistungsfähigkeit meinen, läßt sich jedoch mit ihm nicht gleichsetzen. Im Mittel haben Individuen mit solchen Eigenschaften relativ hohe Lebens- und Reproduktionschancen, aber das gilt durchaus nicht immer; biologische «Fitness» umfaßt eine Vielfalt von Verhaltensanlagen. Im Zweifelsfall gilt die mehr abstrakte biologische Begriffsbestimmung, denn sie ergibt das Kriterium für die natürliche Auslese, die Grundlage von Darwins Theorie der Evolution.

Über die Tatsache «Evolution» besteht heute unter wissenschaftlichen Aspekten kein Zweifel mehr; auch nicht darüber, daß sie sich ohne besondere Schöpfungsakte verstehen läßt und daß der Mensch ihr – spätes – Produkt ist. Die Evolutionstheorie beantwortet für sich allein nicht die naturphilosophisch interessantesten Fragen über die belebte Natur, zumal über die Spezies Mensch – sie ist aber eine sehr wichtige Voraussetzung, um diese Fragen überhaupt erst einigermaßen genau zu formulieren. Die Erkenntnis, daß der Mensch ein natürliches Produkt der biologischen Evolution ist, besagt noch keineswegs, daß auf dieser Basis auch alle seine Eigenschaften zu erklären sind. Gern würden wir wissen, ob, in welchem Sinne und mit welchen seiner Merkmale der Mensch als zufälliges oder als naturgesetzlich bestimmtes Ergebnis – vielleicht sogar als Ziel? – der Evolution angesehen werden kann. Worin besteht der Unterschied zwischen Mensch und Tier, ist er eher qualitativ oder quantitativ? Aber nicht nur die Menschwerdung, auch die Entstehung und die früheren Phasen des Lebens, die ich im folgenden skizzenhaft nachzeichnen werde, haben naturphilosophische Bedeutung und sind wichtig für das Verständnis der Stellung des Menschen in der Natur.

Über drei Milliarden Jahre Leben auf der Erde

Zu Anfang der Geschichte unseres Planeten gab es auf ihm kein Leben. Wie hat es vor drei bis vier Milliarden Jahren begonnen, und wie konnte sich der Strukturreichtum der belebten Natur entwickeln? Damals gab es in der Erdatmosphäre keinen Sauerstoff – der ist ganz oder überwiegend erst ein Produkt des Lebens selbst –, dafür aber Verbindungen des Kohlenstoffs mit Wasserstoff und Stickstoff. Sie würden unter heutigen Bedingungen schnell durch den Sauerstoff der Atmosphäre zersetzt werden; damals aber waren sie recht stabile Ausgangsmaterialien für die Bildung einer Vielfalt chemischer Verbindungen, die unter dem Einfluß von ultraviolettem Licht, elektrischen Entladungen oder hohen Temperaturen entstanden. Sie konnten sich in Gewässern ansammeln und dort, in Lösung und an Grenzflächen, weitere chemische Reaktionen hervorrufen.

«Leben» kann man einer solchen Anhäufung von Molekülen zunächst nicht zuschreiben. Die logischen Mindestanforderungen für den Start in die Eigendynamik des Lebens sind die Merkmale Reproduktion, Mutation und Stoffwechsel. In der belebten Natur, so wie wir sie kennen, sind Kettenmoleküle die Träger dieser Grundeigenschaften des Lebens: Die Erbsubstanz DNS kann identisch reproduziert werden. Fehler der Reproduktion bewirken Mutationen. Als Katalysatoren des Stoffwechsels wirken die Proteine, deren Struktur von der DNS festgelegt wird. Es ist jedoch unwahrscheinlich, daß am Anfang des Lebens auf der Erde gleich zwei so verschiedene Arten von Kettenmolekülen wie DNS und Proteine standen. Wir kennen aber einen Typ von Kettenmolekülen, der sowohl reproduzierbar als auch katalytisch wirksam ist, nämlich die sogenannte Ribonukleinsäure, kurz RNS. In der entwickelten belebten Natur, in den uns bekannten Zellen, übt RNS nur noch eine vermittelnde Rolle zwischen DNS und Proteinen aus. Ursprünglich aber konnte dieser Molekültyp die Grundeigenschaften des Lebens in sich vereinigen. Nicht nur DNS, auch RNS kann kopiert werden. Wir finden diesen Prozeß in der heutigen belebten Welt noch bei der Vermehrung bestimmter Viren, etwa des Tabakmosaikvirus: Seine Erbsubstanz ist RNS. Manche der einsträngigen RNS-Moleküle falten sich auf sich selbst zurück, bilden hochspezifische Anordnungen von Molekülbereichen an der Oberfläche und können dann, ähnlich wie gefaltete Proteinmoleküle, bestimmte biochemische Reaktionen katalysieren. Die Forschung zeigt mehr und mehr solcher direkten katalytischen Wirkungen der RNS auf. Möglicherweise hatte die RNS noch unbekannte Vorläufer bei der Entstehung des Lebens; wahrscheinlicher ist jedoch, daß Leben auf der Erde mit RNS begann.

In der Frühphase der Erdgeschichte entstanden, so nimmt man an, spontan viele RNS-Kettenmoleküle mit sehr verschiedenen Sequenzen der Nukleotide. Manche davon bildeten gefaltete Strukturen, die chemische Reaktionen katalytisch beeinflußten. Extrem selten konnten dabei zufällig auch einmal solche RNS-Sequenzen vorkommen, die in gefaltetem Zustand die *Synthese der Nukleinsäure selbst* katalytisch beschleunigen, etwa indem sie die Bausteine der Synthese, die Nukleotide, in geeigneter Weise binden und aktivieren. Ist derartige «autokatalytisch» wirksame RNS erst einmal durch Zufall gebildet, so wird danach ihre eigene Sequenz zu Lasten anderer RNS stark vermehrt: Sie setzt sich schließlich gegenüber anderen

Zufallssequenzen, die keine autokatalytische Wirkung haben, durch. Ein solcher Prozeß kann als «Startschuß für Leben» angesehen werden, denn er führt in die Eigendynamik biologischer Evolution: Von nun an konnten durch zufällige Erweiterungen und Mutationen der RNS weitere katalytisch wirkende Nukleinsäuresequenzen einbezogen werden, die die Reproduktion der jeweils eigenen Sequenz zusätzlich verbesserten und deshalb in der Lage waren, sich gegenüber Sequenzen mit geringerer Vermehrungseffizienz stärker anzureichern.

Auf diesem Wege der Erweiterung, Mutation und Selektion von RNS-Sequenzen kam es zur «Erfindung» grundlegender biochemischer Prozesse und Strukturen. Dazu gehörte die RNS-gesteuerte Proteinsynthese; in der katalytischen Wirkung sind Proteine dann viel effizienter und spezifischer als RNS. War die Proteinsynthese erst einmal etabliert, konnte die Rolle der Erbsubstanz von der RNS auf die chemisch eng verwandte, aber doppelsträngige DNS übergehen, mit Proteinen als Katalysatoren ihrer Vermehrung. Dadurch wurde die Genauigkeit der Reproduktion der Erbsubstanz dramatisch erhöht. Vermutlich schon sehr früh in der Evolution wurden Zellmembranen gebildet, welche die Reaktionsräume um die Erbsubstanz herum abschließen.

Später entwickelten Zellen die Fähigkeit zur Photosynthese, die das Sonnenlicht unmittelbar als Energiequelle für den Stoffwechsel nutzbar macht. Dadurch reicherte sich in der Atmosphäre unseres Planeten Sauerstoff an, der wiederum für die meisten Organismen giftig war. An ihre Stelle traten Zellarten, die eine Resistenz gegen Sauerstoff entwickelten und ihn sogar darüber hinaus positiv für die Oxidation durch «Atmung» nutzten, was zu einer besonders effizienten Verwendung biochemischer Energie führte. Es entstanden Einzeller mit immer komplizierteren Strukturen und Funktionen: Spezialisierte Bewegungs- und Reizleitungsmechanismen wurden ausgebildet; die Kontraktion bestimmter Fasern und Faserbündel ermöglichte aktive Fortbewegung – eine Vorstufe der Muskelbewegung, die sich schon bei einzelnen Zellen zeigt. Ionenkanäle in den Zellmembranen erlaubten eine Übertragung und Verarbeitung elektrischer Signale in außerordentlich kurzen Zeiträumen – die entscheidende Voraussetzung für die spätere Entwicklung der Nervenzellen der Tiere. Mechanismen der sexuellen, zweigeschlechtlichen Vermehrung erweiterten die Möglichkeiten der Evolution und erhöhten ihre Geschwindigkeit.

Ein ganz wesentlicher Schritt war die Evolution vielzelliger Lebewesen: Bei deren Entwicklung gehen aus ein und derselben Eizelle verschiedene Zelltypen hervor, die unterschiedliche Gewebe im gleichen Organismus bilden. Diese Zelldifferenzierung beruht auf einer stark vernetzten Regulation der verschiedenen Gene. Manche Proteine verbinden sich in solcher Weise mit der Erbsubstanz, daß sie bestimmte Gene an- beziehungsweise abschalten. In manchen Fällen aktiviert ein Protein das für seine Produktion verantwortliche Gen – einmal angeschaltet, erhält sich der aktive Zustand also selbst. Insgesamt ermöglicht es das komplizierte Netzwerk der Genregulation, daß Zellen mit der gleichen Erbsubstanz sehr verschiedene, jeweils stabile biochemische Zustände einzunehmen vermögen, zum Beispiel die von Muskelzellen und Nervenzellen.

Im Laufe der Evolution gab es immer wieder «Erfindungen», die auf eine höhere Stufe der Komplexität führten. Dies gilt für die bereits erwähnte Aufspaltung der Doppelfunktion

112

der RNS in die Funktion der DNS für die Reproduktion einerseits und der Proteine für die Lenkung des Stoffwechsels andererseits. Während sich die RNS ohne Mitwirkung von Proteinen wohl nur dann halbwegs exakt replizieren kann, wenn sie Sequenzen von ein paar Dutzend, allenfalls einigen hundert Nukleotidbausteinen enthält, erlaubt es die Replikation von DNS mit Hilfe von enzymatisch wirksamen Proteinen ohne weiteres, spezifische Reihenfolgen aus Millionen von Nukleotiden so zu verdoppeln, daß nur ganz wenige Fehler vorkommen. Schließlich machte die Evolution mit der Erfindung von «Reparaturenzymen» für die DNS-Replikation, die bestimmte Fehler ausbessern können, noch einmal einen erheblichen Sprung. Von da an konnten auch Folgen von Milliarden von Nukleotiden ziemlich verläßlich kopiert werden, eine Größenordnung, wie sie der Erbsubstanz von Menschen und Säugetieren entspricht.

Verbunden war dies mit neuen Mechanismen der Regulation und Kombination von Genwirkungen, die das molekulargenetische Repertoire der Evolution ganz wesentlich erweitert haben. Seither sorgen vermutlich andere Faktoren als die Genauigkeit des Replikationsapparates der DNS dafür, daß die Komplexität der Gene begrenzt bleibt: Vielzellige «höhere» Organismen sind relativ groß und somit weit weniger zahlreich als Mikroorganismen, und sie vermehren sich langsam – in Monaten und Jahren, nicht in Stunden und Tagen. Die Vorteile einzelner Mutationen sind meist sehr klein. All dies könnte der Evolution in geologischen Zeiträumen Grenzen setzen, sowohl hinsichtlich der Zahl der Gene als auch der Raffinesse ihrer Regulation im Organismus.

Biologische Evolution ist Erzeugung von Information

Formale Grundvoraussetzungen der Evolution des Lebens – Reproduktion, Stoffwechsel, Mutation – sind schnell aufgezählt. Die beteiligten biochemischen Prozesse allerdings ergeben eine verwickelte, nur umständlich zu beschreibende Geschichte. Gern möchte man, von chemischen Details abstrahierend, zu allgemeineren Prinzipien gelangen; und genau dies leistet der Schlüsselbegriff *Information.*

In der Umgangssprache verstehen wir unter Information eine Mitteilung, eine Nachricht, die uns aus irgendeiner Quelle zuteil wird. Die Nachrichtentechnik beschäftigt sich mit der Übertragung von Information von einem Sender auf einen Empfänger. Die Kapazität eines Übertragungssystems – zum Beispiel einer Telefonleitung – ist begrenzt. Um sie zu bestimmen, muß man Information quantitativ definieren. Maß hierfür ist das «Bit» – eine einfache Ja/Nein-Entscheidung. Im Prinzip läßt sich jede Information als eine Folge von Entscheidungen zwischen Ja und Nein beziehungsweise 1 und 0 verschlüsseln, und die Länge der jeweils kürzestmöglichen Verschlüsselung gibt die Menge an Information in «Bits» wieder.

Nun kann man die Reihenfolge der DNS-Bausteine – bei Menschen und höheren Tieren liegen sie in der Größenordnung Milliarden – als Organisations- und Konstruktionsplan ansehen, der die Information für den Aufbau des Organismus enthält. Es gibt vier Typen von Bausteinen, die Nukleotide Adenin, Thymin, Guanin und Cytosin, die mit ihren Anfangsbuchstaben als A, T, G und C bezeichnet werden. Jeder der vier Bausteine in einem Kettenmolekül läßt sich durch zwei Entscheidungen zwischen 0 und 1 (00, 01, 10 beziehungsweise 11)

114

eindeutig bezeichnen, entspricht somit zwei «Bits» an Information; die ganze Folge der Nukleotide in einem Nukleinsäurestrang enthält also doppelt so viele «Bits», wie es Bausteine im Kettenmolekül gibt (in der doppelsträngigen DNS zählt dabei nur die Folge der Bausteine in *einem* Strang, da diese die Sequenz im Gegenstrang nach dem Prinzip der Komplementarität von Druckstock und Abdruck festlegt).

Die drei Grundmerkmale des Lebens lassen sich nun mit Hilfe dieses Informationsbegriffes umschreiben: Bei der *Reproduktion* der Erbsubstanz wird die in ihr enthaltene genetische Information für die Weitergabe an die Nachkommen kopiert. Bei der Synthese der Proteine – die ihrerseits den *Stoffwechsel* lenken – bestimmt eine Sequenz der vier Typen von Bausteinen der Nukleinsäuren die Reihenfolge der zwanzig Typen von Aminosäuren im Protein; dies entspricht einer Übersetzung der Information – von der «Nukleinsäureschrift» in die «Proteinschrift». *Mutationen* – wie sie etwa durch gelegentliche «Fehler» beim Kopieren der Erbsubstanz entstehen – verändern den Informationsinhalt. Quantitative Erweiterungen genetischer Information ergeben sich besonders dann, wenn durch einen solchen Fehler ein bestimmter Abschnitt der DNS zweimal hintereinander kopiert wird. Danach kann eine Kopie die ursprüngliche Funktion behalten, die andere aber durch Mutation und Selektion neue Funktionen entwickeln. Dieser Vorgang kann als *Erzeugung* genetischer Information aufgefaßt werden.

Zwar ließe sich einwenden, der Informationsgehalt einer Struktur hänge davon ab, worauf wir gerade unsere Aufmerksamkeit richteten. Warum betrachten wir die Sequenz der vier Typen von Nukleotiden, warum nicht die viel größere Infor-

mation, die in den Positionen sämtlicher Atome des Nuklein-
säuremoleküls liegt? Im Zusammenhang mit der Biologie geht
es jedoch nicht um die Information, die ein Physiker aus einem
Molekül nach seinem Belieben entnehmen kann, indem er willkürlich Meßinstrumente auf das Objekt richtet, sondern um
die Information, die – auch wenn niemand zusieht und mißt –
durch biologische Mechanismen von der Erbsubstanz auf die
übrige Zelle und von einer Zelle auf ihre Nachkommen übertragen wird. Diese tatsächlich übertragene Information wird
von den dabei beteiligten Enzymen der Zelle bestimmt, und die
wiederum unterscheiden nur zwischen den vier Arten von
Nukleotiden, nicht aber zwischen einzelnen Atomen. Damit ist
genetische Information objektiv definiert: Sie liegt in der Sequenz, der Reihenfolge der vier Typen von Bausteinen A, T, G
und C.

Hängt somit das Ausmaß an genetischer Information nur
von der Anzahl der Nukleotide in der Erbsubstanz – genauer
gesagt, in einem der beiden Stränge der DNS – ab? So einfach
können wir es uns wiederum auch nicht machen. Manche Bereiche der DNS haben eine geringe, andere überhaupt keine
Bedeutung für den Aufbau des Organismus – wie aber soll man
sie dann gewichten? Außerdem wiederholen sich in der DNS
viele Bausteinsequenzen in gleicher oder ähnlicher Form. Dies
spiegelt einen Grundprozeß der Evolution wider: Genab-
schnitte werden verdoppelt, neu kombiniert und nachträglich
verändert. Informationstheoretisch gesehen enthalten zehn
Kopien derselben Sequenz, ebenso wie zehn Ausgaben derselben Zeitung, nicht mehr Information als eine; und ein modi-
fiziertes Duplikat läßt sich am einfachsten beschreiben, indem
man zunächst das Wiederholungzeichen ähnlich wie bei einer

Notenschrift benutzt und danach angibt, an welchen Stellen sich die Kopie vom Original unterscheidet. Den Informationsgehalt der DNS können wir in Form einer Sequenz von Zeichen darstellen, in der außer den Bezeichnungen der vier Nukleotide auch andere Symbole, insbesondere Wiederholungszeichen, vorkommen – Symbole, welche die *tatsächlichen* Mechanismen der Veränderungen der Erbsubstanz, zum Beispiel die Verdoppelung von Abschnitten, wiedergeben.

Kann uns der Informationsbegriff helfen, die Evolution auch quantitativ zu verstehen? Das ist keine leichte Aufgabe, denn bei der Evolution hat man es nicht mit Einzelorganismen, sondern mit Populationen zu tun, und in jeder von ihnen treten viele Varianten der jeweiligen Gene auf. Es mag sein, daß die Komplexität biologischer Evolution jenseits der Grenzen der Berechenbarkeit im Rahmen endlicher, finitistischer Entscheidungsverfahren liegt. Ich meine aber, es ist dennoch berechtigt, Evolution als «Erzeugung genetischer Information» anzusehen. Schließlich ist Information ein Maß für Strukturreichtum – und damit für eines der charakteristischsten Merkmale der belebten Welt.

Wie der Reichtum der Gestalten und Verhaltensweisen entstand

In der frühen Phase der Evolution gab es ausschließlich Mikroorganismen mit ihren sehr großen Populationszahlen und schnellen Generationswechseln, was die «Erprobung» einer Unzahl biochemisch verschiedener Moleküle und Mechanismen zuließ. Der Übergang zur Evolution vielzelliger Organismen bei geringerer Populationszahl und längeren Generationszeiten setzte dann neue Akzente, ja wir können, bei großzügiger Auslegung des Wortes, von einer neuen «Stufe» der Evolution sprechen: Die meisten Mutations- und Selektionsvorgänge betreffen nun nicht mehr die Erfindung neuer biochemischer Mechanismen, sondern die Regelung quantitativer Merkmale. Dies gilt insbesondere für die Organisation der Gestalten und Strukturen von Pflanzen und Tieren. Je komplizierter die Formen waren, die sie ausbildeten, um so wichtiger wurde es dann aber auch, die Entwicklung des Organismus gegen Schwankungen und Fehler abzusichern; hierzu tragen besonders die zuvor skizzierten Prozesse räumlicher Selbstorganisation im Wechselspiel von Aktivierung und Hemmung bei.

Wie unsere Sinne von der Schönheit biologischer Formen beeindruckt sind, so faszinieren unseren Verstand die subtilen Verhaltensweisen der Tiere. Ihr reiches Verhaltensrepertoire ist Ergebnis der Evolution der Gehirne. Verhalten beruht auf der Informationsverarbeitung im Netzwerk der Neuronen, und zwar in Form chemischer, vor allem auch elektrochemischer Signale. Während bei niederen Organismen zumeist äußere Reize unmittelbare Reaktionen auslösen, spielen bei höheren Tieren innere Prozesse im Gehirn mit Langzeitwirkungen eine wesentliche Rolle – besonders in Zusammenhang mit Lernvorgängen.

Die Evolution von Gehirnen mit umfassenden, allgemeinen Fähigkeiten der Informationsverarbeitung erfordert Effizienz – und nicht zuletzt die Effizienz des Bauelements «Nervenzelle»: Es muß klein sein und sowohl schnell als auch verläßlich «schalten». Daß dies im Nervennetz so wirkungsvoll geschieht, beruht auf elektrischen Prozessen, auf Ladungstrennung über die Membranen der Neuronen und deren Fortsätze hinweg. Die Hauptrolle spielen dabei kleine Kanäle in den Membranen, die das innere mit dem äußeren Milieu der Zelle verbinden. Durch solche Kanäle können im geöffneten Zustand elektrisch geladene Ionen wie Natrium und Kalium fließen. Die Mechanismen ihrer Öffnung und Schließung sind so raffiniert, daß die Nervenzellen elektrische Signale im Bereich von wenigen tausendstel Sekunden erzeugen, weiterleiten und verrechnen können. Diese Kanäle haben schon einzellige Lebewesen in der Frühzeit der Entwicklungsgeschichte «erfunden», um schnell zum Beispiel auf Hindernisse ihrer Bewegung reagieren zu können. In den Nervenzellen der Tiere spielen sie, weiter verbessert und adaptiert im Laufe der Evolution, die Hauptrolle bei der Informationsverarbeitung. Die subtilen Öffnungs- und Schließmechanismen dieser Kanäle sind Eigenschaften der Proteine, die die Kanäle bilden. Sie sind eine entscheidende Voraussetzung für die hohe Effizienz von Nervennetzen bis hin zum menschlichen Gehirn.

Die Funktion solcher Nervensysteme wird wesentlich dadurch bestimmt, welche Fähigkeiten der Signalerkennung und -verarbeitung verschiedene Typen von Neuronen jeweils in das Netz einbringen. Vieles spricht dafür, daß schon die einzelne Nervenzelle Information in komplizierter Weise verarbeitet. Dabei könnten spezifische Zeitfolgen der elektrischen Signale eine Rolle spielen. Über bestimmte Zeittakte elektrischer Signalwellen, so lautet eine Theorie, könnten logisch zusammengehörende Aktivitäten in sehr verschiedenen Hirnbereichen untereinander verknüpft werden: zum Beispiel Informationen über Farbe, Geruch und Position ein und desselben Objekts, zum Beispiel auch Information über das Verhalten ein und derselben Person in einer Gruppe anderer Personen.

Die Fähigkeiten der Gehirne haben in der Entwicklungsgeschichte der Wirbeltiere, besonders der Säugetiere, stark zugenommen. Gehirne bestehen zu einem großen Teil aus Schichtstrukturen. Im menschlichen Großhirn bilden sie die Berge und Täler der «grauen Masse», die jeder aus Gehirnmodellen kennt. Die Schichtflächen sind in verschiedene Funktionsbereiche unterteilt, zum Beispiel für Seh- und Hörvorgänge, aber auch für abstrahierende und integrierende Prozesse der Informationsverarbeitung. Auch die Bildung des Gehirns in jeder Generation ist in wesentlichen Zügen von den Genen bestimmt; Strukturen und Funktionen sind also Ergebnisse der Evolution. Dabei unterscheiden sich die Mechanismen der räumlichen Gliederung von Nervensystemen nicht wesentlich von denen anderer Gewebe. Das Besondere an der Gehirnentwicklung aber ist die spezifische und vielfältige Verschaltung der Nervenzellen untereinander, sowohl in als auch zwischen den einzelnen Funktionsbereichen des Gehirns. Die Evolution führte nicht nur zu immer mehr solcher Funktionsbereiche, sondern auch zu veränderten und erweiterten neuronalen Verbindungen.

Im Menschen und in den höheren Tieren gibt es viel mehr Nervenzellen – und noch viel mehr Verknüpfungen zwischen Nervenzellen – als Gene. Keinesfalls könnte jede einzelne Verbindung von einem einzelnen Gen bestimmt werden. Tatsächlich beruht die genetische Kontrolle der Entwicklung des neuralen Netzes auf *allgemeinen* Regeln, nach denen *viele* Nervenfasern ihr Ziel durch eine *begrenzte Zahl* genetisch vorgegebener Instruktionen finden können. Dies wird durch indirekte Steuerung erreicht. Ein hierarchisches System von Genen reguliert die Bildung von Proteinen in verschiedenen Typen von Nervenzellen und deren Fortsätzen, und zwar abhängig von der Position der Zellen im Gewebe und den Stadien der Entwicklung. Diese Proteine wiederum bewirken, daß die wachsenden Nervenfortsätze ihr Ziel finden und sich verschalten. Als Weg- und Zielmarkierungen dienen dabei unter anderem *quantitativ* gradierte Konzentrationen von Molekülen im Gewebe – in Analogie zum Meilenstein der alten Römer – ebenso wie *Kombinationen* verschiedener Moleküle – in Analogie etwa zu den Ziffernkombinationen der Postleitzahlen.

Allerdings beruht die Erzeugung des neuralen Netzes nur zum Teil darauf, daß Gene vermittels biochemischer Prozesse die Bildung und Verschaltung des Nervensystems programmieren. Vor allem lokale Verbindungen entstehen in erheblichem Maße auch zunächst rein zufällig. Danach können Verknüpfungsmuster erprobt, systematisch verändert und funktionell verbessert werden, und zwar durch intern erzeugte elektrische Aktivitäten: So senden zum Beispiel Gruppen von Nervenzellen spontan gleichzeitig Signale aus, und die raumzeitliche Ordnung der eintreffenden Signale am Ende der Nervenfortsätze legt fest, welche Verbindungen verstärkt und welche geschwächt werden. Solche Mechanismen aktivitätsabhängiger Selbstorganisation sind, biophysikalisch gesehen, den Lernvorgängen ähnlich, bei denen ebenfalls raumzeitliche Aktivierungsmuster im Nervennetz zur Verstärkung bestimmter Verbindungen zwischen Neuronen führen. Während jedoch beim Lernen die Verschaltungen von individueller äußerer Erfahrung beeinflußt werden, ist bei aktivitätsabhängiger

Selbstorganisation, jedenfalls unter normalen Entwicklungs-
bedingungen ohne künstliche Eingriffe, die am Ende entstan-
dene Verschaltung des neuralen Netzes nur von Innenfaktoren
bewirkt. Es ist aber wichtig, sich klarzumachen, daß zu diesen
auch die Instruktionen der Erbsubstanz gehören, die Ort, Art
und Zeitrahmen der Entwicklungsprozesse mitbestimmen. Die
Struktur des entstehenden Nervensystems wird also in wesentlichen Zügen von der Erbsubstanz gesteuert; dies geschieht
zwar vielfach auf sehr indirekte Weise, was aber nicht nur für
die Bildung des Gehirns gilt, sondern insgesamt für die Erzeugung räumlicher Ordnung im Organismus: Es gibt keinen
direkten Zusammenhang zwischen der Struktur der Erbsubstanz DNS und den Strukturen des Tieres beziehungsweise
seiner Organe.

Wieviel von den strukturellen Merkmalen neuraler Netze im
Gehirn ist letztlich genetisch kodiert, welche davon werden
bereits ohne elektrische Aktivitäten ausgebildet, welche erst
durch aktivitätsabhängige Selbstorganisation erzeugt, und
wieviel wird schließlich durch echtes Lernen, also durch spezifische äußere Einflüsse, festgelegt? Das ist nicht leicht zu
entscheiden, da bei der Entwicklung mehrere Determinanten
in oft schwer entwirrbarer Form zusammenwirken. Eine Aussage zu diesen Fragen aber läßt sich aus der Sicht der Evolutionstheorie wohl machen: Das Verhältnis von Genetik und
individuellem Lernen ist selbst ein Produkt der Evolution,
nämlich der Tendenz, die «Fitness» zu erhöhen. Genetische
Festlegung ist dann optimal, wenn sie zu Eigenschaften führt,
die sich unabhängig von der Umwelt positiv auswirken: Dies
gilt zum Beispiel für geordnete Verbindungen von Nervenfasern, die vom Auge ins Gehirn führen und dort eine Abbildung

des Sehfeldes erzeugen. Tiere, die diese Ordnung der Faserverbindungen in groben Zügen schon während der Embryonalentwicklung durch das Wirken der Gene mitbekommen, verfügen frühzeitig über Fähigkeiten, die andernfalls mühsam und unter Gefahren erlernt werden müßten. Offenheit für Lernen ist hingegen wichtig, um Anpassung in bezug auf *variable* Außenwirkungen zu ermöglichen. Vor allem für höhere Organismen ist es ein großer Vorteil, wenn sie sich auf unterschiedliche Situationen und Lebensumstände einstellen können, eine Fähigkeit, die in ganz besonderem Maße dem Menschen eigen ist.

Natur des Menschen: Selbstrepräsentation und strategisches Denken

Was unterscheidet aus naturwissenschaftlicher Sicht den Menschen vom Tier? Einzelne qualitative Merkmale als Antwort auf diese Frage zu finden ist nicht einfach. Gehen auf zwei Beinen? Das hat er mit dem Huhn gemeinsam. Dann also «ungefiederter Zweibeiner»? Der Unernst solcher uralten Definitionsversuche weist uns auf eine andere Fährte: Zwar sind von der Stirn über die Hände bis zu den Füßen biologische Merkmale mit spezifisch menschlichen Fähigkeiten verknüpft, aber erst alles zusammen ergibt die Systemeigenschaften unserer Spezies, und die zentrale Rolle dabei spielt zweifellos das Gehirn, besonders das Großhirn.

Es enthält über zehn Milliarden Nervenzellen, leitende Verbindungen, die sich über Hunderttausende Kilometer erstrekken und Tausende von Milliarden Verknüpfungen bilden. Einige Funktionen lassen sich bestimmten Regionen des Gehirns zuordnen: Wahrnehmung über verschiedene Sinne, willkürliche Bewegungen, Sprachvermögen... Die integrierenden Hirnleistungen wie Aufmerksamkeit, Erinnern, Denken und Planen sind – zumindest zum Teil – modular organisiert. Für die «höheren» geistigen Funktionen des Menschen spielt der vordere Bereich des Großhirns eine besondere Rolle, und zwar in enger Verbindung mit evolutionsbiologisch sehr viel älteren Gefühlszentren im Stammhirn.

Die besonderen Fähigkeiten des Menschen – detaillierte Erinnerungen bis in die Kindheit, große Lernfähigkeit, vorausschauendes Denken, Sprachvermögen, Kommunikation in einem komplexen sozialen Umfeld, Abstraktion über mehrere Stufen mit Hilfe symbolischen Denkens – sie alle sind *verallgemeinernder* Art, das heißt nicht auf die optimale Lösung *spezieller* Probleme, sondern auf die Bewältigung einer großen Vielfalt möglicher Situationen unter sehr variablen Umständen in einer offenen Zukunft angelegt.

Auch höhere Tiere können kurzfristig vorausschauend handeln; eindrucksvoll etwa ist die Fähigkeit nichtmenschlicher Primaten, Gegenstände als Werkzeuge zu gebrauchen. Das vorausschauende Denken des Menschen aber geht weit darüber hinaus. Es erfaßt lange Zeiträume, komplexe Situationen und eine Vielfalt möglicher Entwicklungen. Strategisches Denken heißt Abwägen von Handlungsalternativen, und zwar nicht nur von einzelnen Handlungen, sondern auch von begrifflich zu erfassenden Handlungskategorien; es führt zur Schaffung von Verhaltensdispositionen, die auf verschiedene mögliche Kategorien von Situationen zugeschnitten sind. Ziel ist dabei, ein für die eigene Zukunft emotional befriedigendes Ergebnis zu erreichen. Deswegen spielen für strategisches Denken nicht nur Regeln für den Ablauf von äußeren Ereignissen eine Rolle; zu Szenarien für die Zukunft gehören auch die entsprechenden möglichen eigenen Zustände einschließlich der Gefühle. Dazu muß sozusagen das «Ich» im jeweils eigenen Gehirn in wirklichen und möglichen Situationen repräsentiert sein, und zu solchen Selbstrepräsentationen gehören auch entsprechende mentale Zustände. Eigentlich müßte nun eine Selbstrepräsentation, soll sie alle wesentlichen Eigenschaften umfassen, wiederum die Selbstrepräsentation innerhalb des repräsentierten «Selbst» mitenthalten. Dies ist aber nur mit begrenzter Genauigkeit möglich, ähnlich wie bei einem Bild, das ein Bild seiner selbst enthält. Die Selbstrepräsentation der Selbstrepräsentation der Selbstrepräsentation würde in einen unendlichen Regreß führen. Deshalb kann Selbstrepräsentation in Wirklichkeit immer nur näherungsweise und widerspruchsanfällig verwirklicht werden. Doch obgleich Perfektion unerreichbar ist – eine *möglichst* gute Selbstrepräsentation mit einer *möglichst* geringen Anfälligkeit gegen innere Widersprüche verbessert das strategische Denken, erhöht die «Fitness» und lag daher in der Tendenz biologischer Evolutionsprozesse, die zum gegenwärtigen Menschen führten.

Selbstrepräsentation ist offensichtlich eine Voraussetzung für die menschliche Urerfahrung, daß wir ein Bewußtsein unserer selbst haben. Deshalb spielt der Selbstbezug eine Schlüsselrolle in fast allen Theorien über Bewußtsein, Geist und Seele. Den Grenzen der Selbstrepräsentation könnten auch Grenzen der Erklärbarkeit von Bewußtsein entsprechen. Außerhalb der Evolutionstheorie steht die Eigenschaft «Selbstbezug» jedoch nicht, weil sie die Qualität strategischen Denkens und damit individuelle «Fitness» erhöht. Nur hat in diesem Zusammenhang die Evolution durch die Erfindung generalisierender Fähigkeiten «mehr geliefert als bestellt», wie Max Delbrück dies ausgedrückt hat. Deswegen kann die Evolutionstheorie nicht in Anspruch nehmen, den ganzen Umfang der Möglichkeiten und Eigenschaften menschlichen Bewußtseins als formal begründbare, womöglich zwangsläufige Folge biologischer Evolution zu erklären. Das folgende Kapitel wird sich spezifisch mit dem Thema «Bewußtsein» und den Grenzen einer naturwissenschaftlichen Theorie der Leib-Seele-Beziehung befassen.

Wie entstand der moderne Mensch?

Die Abzweigung der Evolutionslinien von Menschen und Affen erfolgte vor etwa sechs Millionen Jahren, wobei die eine Linie zum Bonobo und zum Schimpansen, der dem Menschen am nächsten verwandten Tierart, führte, die andere schließlich zum modernen Menschentyp. Unsere Gene unterscheiden sich von denen der Schimpansen in etwa einem Prozent der Bausteine der Erbsubstanz DNS. Das ist jedoch nicht so wenig, wie es klingt; es handelt sich immerhin um dreißig Millionen Nukleotide.

Wollen wir die Entwicklungsgeschichte des Menschen verstehen, so richtet sich das Interesse in erster Linie auf die höheren geistigen Fähigkeiten. Kein Zweifel, daß die Evolution zunächst auf verhaltensbiologischen Anlagen höherer

Tiere – zumal der Primaten – aufgebaut hat. In unserem Vorläufer Homo erectus – dem aufrechten Menschen –, der vor knapp zwei Millionen Jahren in Afrika entstand und von dort aus weitere Bereiche der Alten Welt bevölkerte, entwickelten sich Fähigkeiten des Gehirns in enger Wechselwirkung mit anderen Merkmalen wie dem aufrechten Gang, dem Werkzeuggebrauch, komplexen sozialen Beziehungen innerhalb von Gruppen und Horden und, besonders in evolutionsbiologisch jüngerer Zeit, einer Zunahme der Gehirngröße.

Für eine große Überraschung sorgten moderne molekulargenetische Analysen, die den biologischen Ursprung des heutigen Menschentyps zu ermitteln suchten: Sie weisen darauf hin, daß möglicherweise alle derzeit lebenden Menschen von einer – nicht allzu großen – Gruppe abstammen, die vor etwa zweihunderttausend Jahren in Afrika gelebt hat. In ihr könnten wesentliche Fähigkeiten, über die wir heute verfügen, ihren genetischen Ursprung haben. Unumstritten sind Schlüsse in diesem schwierigen Forschungsgebiet allerdings nicht. Kontrovers wird besonders die Form der Ausbreitung des modernen Menschen diskutiert: Haben sich Träger vorteilhafter Gene beziehungsweise Genkombinationen mit verschiedenen frühmenschlichen Populationen vermischt, und haben sich dann die vorteilhaften Gentypen in den unterschiedlichen Populationen durchgesetzt – oder entwickelte sich der neue Menschentyp als eher abgegrenzte Gruppe in Afrika und verdrängte schließlich alle anderen, indem kleine Horden in weite Gebiete vorstießen, schließlich auch in andere Kontinente? Die meisten Anthropologen befürworten die zweite Version. In der Tat ist es durchaus denkbar, daß sich in einer kleinen Gruppe soziale, zum Beispiel sprachliche Fähigkeiten und entsprechende Verhaltensweisen entwickelten, die individuelle «Fitness»-Vorteile nur innerhalb der Gruppe erbrachten. Solche Fähigkeiten konnten sich in erster Linie durch die Vermehrung der ursprünglichen Gruppe ausbreiten und nicht durch Vermischung einzelner Träger der vorteilhaften Gene mit anderen Menschengruppen – was nützt schon ein ausgebildetes Sprachvermögen, wenn die Mitmenschen nicht ebenfalls gut sprechen können?

Vieles spricht dafür, daß der moderne Mensch in Europa vor etwa dreißigtausend Jahren den dort lebenden Neandertaler, eine andere späte Form, die aus dem Homo erectus hervorgegangen war, verdrängte. Die Zeugnisse symbolischer und repräsentativer Kunst – Plastiken, konkrete und abstrakte Höhlenmalereien – und wesentlicher technischer Fortschritte in der Gestaltung und Nutzung von Werkzeugen reichen bis in diese Zeit zurück. Seither ist es zu dramatischen soziokulturellen Fortentwicklungen gekommen, besonders im Werkzeuggebrauch und in der sozialen Organisation. Als sich die Landwirtschaft ausbreitete, nahm die Bevölkerung sehr stark zu. Eine Vielfalt von Kulturen entstand. Die Schrift wurde erfunden, die uns seither reichhaltige Informationen über die weitere geschichtliche Entwicklung hinterläßt. Die heutigen Menschen sind sich in ihrer genetischen Ausstattung ähnlich; die großen Unterschiede zwischen verschiedenen Kulturen beruhen wohl überwiegend auf unterschiedlichen Traditionen.

Es besteht wenig Grund für die Vermutung, daß sich die geistigen Fähigkeiten des Menschen in den letzten vierzigtausend Jahren wesentlich verändert haben. Man schätzt die Weltbevölkerung der Jäger- und Sammlerzeit auf wenige Millionen. Die großen innovativen Leistungen bis zur Erfindung der Landwirtschaft vor zehntausend Jahren sind von nur etwa tausend Generationen vollbracht worden, in denen insgesamt wenige Milliarden Menschen gelebt haben – kaum mehr als allein im zwanzigsten Jahrhundert. Fortschritt, wenn es ihn denn gibt, beruht seit mindestens vierzigtausend Jahren im wesentlichen auf Fortentwicklung der Kultur, kaum auf der von Genen.

Was geschah vor etwa zweihunderttausend Jahren – und was zwischen diesem genetischen Ursprung des heutigen Menschentyps und der Zeit vor etwa vierzigtausend Jahren? Gab es nur eine langsame, allmähliche Entwicklung? Spielten, zumal am Anfang, qualitative Erweiterungen menschlicher Fähigkeiten eine besondere Rolle – und wenn ja, was bedeutet dann qualitativ?

Mit Fragen dieser Art ist ein zentrales Problem der Evolution im allgemeinen angesprochen: Wie entstehen überhaupt – durch zufällige Genänderungen in Verbindung mit Selektion nach «Fitness» – schließlich neue Eigenschaften? Große Effekte erfordern keineswegs große Einzelschritte auf dem Genniveau; sie können sich auch aus der Summierung einer größeren Anzahl genetischer Veränderungen mit jeweils kleinen Auswirkungen ergeben. Eine derartige Entwicklung muß auch keineswegs gleichmäßig in der Zeit verlaufen; Phasen relativer Stagnation können sich mit Phasen scheinbar plötzlicher, in Wirklichkeit aber nur beschleunigt ablaufender Veränderungen abwechseln. Auch die Abzweigung eines Entwicklungsweges in eine neue Richtung, die «Bifurkation», kann theoretisch in vielen kleinen Schritten erfolgt sein, wenn auch genetische Veränderungen mit größeren Auswirkungen nicht ausgeschlossen sind.

Die Evolution eindrucksvoller Merkmale in kurzen Zeiten

bedarf also keiner großen Sprünge, und die meisten Biologen sind – vermutlich zu Recht – der Meinung, daß Genänderungen mit unmittelbar drastischen Auswirkungen für die Evolution keine große Rolle gespielt haben. Es ist dann aber immer noch ein sehr großer Unterschied, ob sich Evolution ganz auf die Akkumulation einer Vielzahl gleichwertiger kleiner Schritte beschränkte oder ob neue Entwicklungsrichtungen durch eher seltene Genänderungen begründet wurden. In Populationen von Millionen von Individuen kommen in vielen Generationen auch Änderungen vor, die – pro Individuum gerechnet – sehr unwahrscheinlich sind: zum Beispiel eine ganz spezifische Neukombination von bestimmten, an Regelwirkungen beteiligten Genabschnitten, die wiederum zu bestimmten neuen Regeleigenschaften führt – Regeleigenschaften, die die Bildung und Funktion des Gehirns beeinflußt haben könnten. Die unmittelbaren Auswirkungen mögen durchaus sehr gering gewesen sein, so wie es den gradualistischen Vorstellungen der Evolution entspricht; aber sie könnten eine neue Richtung der Evolution initiiert haben, in der sich durch viele weitere Schritte neue Funktionen des Gehirns entfalten konnten.

Über Innovation, Evolution und die allgemeinen Fähigkeiten des menschlichen Gehirns

Die Begründung einer neuen Entwicklungsrichtung nennt man in anderen Bereichen, in Wirtschaft und Technik, «innovativ», und es kann Sinn machen, auch biologische Evolutionsvorgänge unter dem allgemeinen Aspekt der Innovation zu betrachten. Wir fragen also, ob für die Entstehung der «höheren» geistigen Fähigkeiten des modernen Menschen einzelne innovative, das heißt für die weitere Entwicklung entscheidende genetische Veränderungen eine Rolle spielten – Veränderungen, die vielleicht zu Beginn nur sehr kleine «Fitness»-Vorteile brachten, die aber dann die Entfaltung zentraler menschlicher Fähigkeiten wie der des strategischen Denkens, der ausdrucksreichen Sprache, der kognitionsgestützten Empathie eingeleitet haben. Die Antwort ist beim jetzigen Forschungsstand offen; und wenn man die Beweislast denjenigen auferlegte, die einzelnen, spezifischen genetischen Veränderungen eine entscheidende Rolle bei der Menschwerdung zusprechen, wäre sie «nein». Begründete Vermutungen zur Logik der Innovation sprechen aber eher für ein «Ja». Dies zeigt sich besonders, wenn man zum Vergleich die am besten dokumentierte und verstandene Art von Innovationen – Erfindungen, Entwicklungen und Anwendungen auf dem Gebiet der Technik – betrachtet.

«Innovation» ist ein schillerndes Wort – es bedarf einer Definition. Im folgenden verwende ich eine Begriffsbildung, die sich im Rahmen technisch-wirtschaftlicher Innovationstheorien bewährt hat und für Vergleiche mit der Biologie geeignet ist: Innovation wird nicht als Erzeugung neuer Ideen definiert, sondern als ihre Implementierung auf dem Markt. Damit entspricht ökonomischer Erfolg in der Technik ungefähr der «Fitness» im Rahmen biologischer Evolution, denn beides ermöglicht die Ausbreitung innovativer Entwicklung – sei es die einer technischen Neuerung auf dem Markt, sei es die neuer genetisch bestimmter Eigenschaften in einer Population.

Am Anfang einer technischen Innovation steht oft die Verknüpfung vorhandener Routinen; erste, noch unvollkommene, zunächst wenig effiziente Anwendungen können dann durch kleinere oder größere Anpassungen weiterentwickelt und verbessert werden. Als Beispiel sei die Entwicklung der Dampfschiffahrt genannt, die mit der Einführung der ursprünglich für den Bergwerksbetrieb, also zu Lande genutzten Dampfmaschine in einen neuen Kontext einsetzt. Erst als die Dampfmaschine eine hohe Stufe der technischen Reife erreicht hatte, ließ sie sich ökonomisch sinnvoll für den Schiffsantrieb verwenden. Das erste wirtschaftlich erfolgreiche Dampfschiff war Fultons «Clermont», die von 1807 an den Hudson River im Staat New York befuhr. Zunächst breitete sich die Dampfschiffahrt eher langsam aus, denn zur gleichen Zeit wurden die Segelschiffe verändert und verbessert bis hin zu großen, schnellen Klippern. Die Kombination Dampfmaschine plus Schiff aber eröffnete das Feld für weitere Neuerungen: große Schiffe aus Eisen, Schiffspropeller statt Schaufelräder. Erst in solchen Weiterentwicklungen der ursprünglichen Verbindung «Dampfmaschine plus Schiff» eroberte sich dieser Schiffstyp auch die Weltmeere und ersetzte in der zweiten Hälfte des neunzehnten Jahrhunderts weitgehend die Segelschiffahrt. Keine Frage, daß die ganze Entwicklung durch die ersten ökonomisch erfolgreichen Schiffe, besonders durch die «Clermont», initiiert wurde.

Auch für die Rolle von Initiationen bei der *Generalisierung* von Fähigkeiten, die ja in der Evolution des menschlichen Gehirns von so großer Bedeutung ist, gibt es eindrucksvolle Analogien in der Technikgeschichte, etwa die Netzversorgung mit elektrischem Strom, die kurz nach 1880 eingeleitet wurde.

Der Dynamo, der das für die Elektrizitätserzeugung notwendige Magnetfeld selbst generiert, war bereits erfunden. Edison entwickelte die Glühlampe. Die ökonomisch entscheidende Innovation war dann aber die Verbindung dieser Erfindungen zum Gesamtsystem. Dies führte in die Generalisierung der Elektrizitätsversorgung von «irgendwo» zu «fast überall», von «für wenige» zu «für fast alle» und im weiteren Verlauf von «Strom für Licht» zu «Strom aus der Steckdose für beliebig viele Anwendungen». Die erste Anlage eines Elektrizitätswerkes für ein verzweigtes Stromnetz war Edisons 1882 errichtetes Kraftwerk in der New Yorker Pearl Street, eine singuläre kleinräumige Initiation, die schließlich die Entstehung von Stromnetzen weltweit einleitete. Die Integration von Komponenten zu funktionierenden Gesamtsystemen ist qualitativ und innovativ – das betrifft konzeptionell aber nicht nur die Technik, sondern auch die biologische Evolution verallgemeinernder Fähigkeiten von Nervennetzen, wie sie für das menschliche Gehirn charakteristisch sind.

Sicher lassen sich Erkenntnisse über die technische Entwicklung nicht ohne weiteres auf die biologische Evolution übertragen. Technische Entwicklung kann auf das gesamte verfügbare Wissen zurückgreifen, während die biologische Evolution in der Regel nicht Erbmerkmale mehrerer verschiedener Arten zu kombinieren vermag. Zudem werden neue Techniken vielfach durch unmittelbare Verbindung vorhandener Techniken entwickelt, während die Evolution neuer Gehirnfähigkeiten zwar auch auf den vorhandenen aufbaut, aber doch nur auf sehr indirekte Weise zustande kommt: durch neue Kombinationen und Veränderungen von Genabschnitten, die dann ihrerseits die Konstruktion des neuralen Netzes beeinflussen.

Indirekte Mechanismen sind aber nicht gleichbedeutend mit diffusen Prozessen; sie sind nur relativ schwer zu entschlüsseln. Im Laufe der Evolution wurden Genbereiche, die *im* Organismus einer Spezies bereits vorhanden sind, immer wieder dupliziert, verändert, in einen neuen Kontext desselben Genoms eingesetzt. Geschieht dies auf der oberen Hierarchieebene der Regelgene für die Entwicklung des Nervensystems, so könnten daraus – relativ selten – auch neue, über weite Hirnbereiche wirksame Verknüpfungsmerkmale des neuralen Netzes hervorgehen, die eine spezifische innovative Richtung der Evolution allgemeiner Fähigkeiten des Gehirns einleiten.

Vielleicht wurde so vor etwa zweihunderttausend Jahren als entscheidende Voraussetzung des strategischen Denkens die Selbstrepräsentation im Nervennetz in die Wege geleitet, die es dem einzelnen ermöglicht, sich die eigene Zukunft in verschiedenen Situationen und über längere Zeiträume hinweg vorzustellen, und zwar einschließlich der eigenen emotionalen Befindlichkeit. Vielleicht war dafür die Erzeugung oder Verstärkung von solchen neuronalen Verbindungen ausschlaggebend, die den bereits existierenden analytischen Apparat des zentralen Nervensystems nun in besonders subtiler Weise auf die Strukturen und Aktivitäten des Gehirns selbst anwendeten, und zwar so subtil, daß die Selbstrepräsentation der Person auch Repräsentationen zukünftiger Entwicklungen ihrer eigenen emotionalen und mentalen Zustände einbezog. Vielleicht hat ein derartiger neurobiologisch verankerter Selbstbezug das Selbstbewußtsein begründet. Evolutionsbiologisch ist das plausibel, denn eine «gute» umfassende Selbstrepräsentation erhöhte die Effizienz des strategischen Denkens und damit individuelle «Fitness». Die Vorteile solcher Selbstrepräsentation

mögen ursprünglich gering gewesen sein, doch ermöglichte sie
als Anfangsschritt die weitere Evolution in Richtung größerer
«Fitness»-Gewinne, die zur Ausbreitung des neuen Menschentyps führte. Ein solches Szenario der Entstehung des heutigen
Menschen ist allerdings nicht erwiesen und auch nicht «Mainstream» in der wissenschaftlichen Diskussion, in der qualitative Prozesse nicht sehr beliebt sind und in der es vorwiegend
um «graduelle» und «punktuelle», um allmähliche oder plötz-
liche Veränderungen in der *Zeit* und nicht um die Begründung
innovativer Entwicklungs*richtungen* geht.

Die These, daß die Evolution höherer geistiger Fähigkeiten
durch eher seltene genetische Veränderungen eingeleitet wurde, paßt ganz gut zu den «Out of Africa»-Konzepten von
einem gemeinsamen *genetischen* Ursprung der heutigen
Menschheit vor etwa zweihunderttausend Jahren, doch ist sie
davon nicht abhängig. Für eine Schlüsselrolle einzelner innovativ wirkender Genänderungen im Prozeß der Evolution
menschlicher Gehirnfähigkeiten sprechen in erster Linie die
Überlegungen zu Innovationsprozessen im allgemeinen und
zur Entwicklungsbiologie des menschlichen Gehirns im besonderen. Die Technikgeschichte zeigt, wie wirkungsvoll bestimmte Initiationen neuer Richtungen für die technische Entwicklung waren. Diese Effizienz ist ein Argument dafür, daß
entsprechende Initiationsvorgänge auch die Entwicklung
menschlicher Hirnfunktionen ausgelöst haben könnten, denn
in der Evolution ist unter verschiedenen logisch denkbaren
Möglichkeiten in der Regel eher die effiziente verwirklicht
worden.

Wie weit wir tatsächlich die Evolution des Menschen verstehen werden, hängt nicht zuletzt davon ab, ob sich zwei

logische Stränge verbinden lassen: die Logik hierarchischer und kombinatorischer Regelungen der Gene bei der Organisation des neuralen Netzes im menschlichen Gehirn und die Logik allgemeiner, universell anwendbarer Fähigkeiten dieses Nervensystems einschließlich der Selbstrepräsentation. Vollständig werden diese – sehr indirekten – Zusammenhänge zwischen Genstrukturen und Gehirnfunktionen kaum jemals zu ergründen sein, aber der Versuch, sie partiell zu verstehen, dürfte Aussicht auf Erfolg haben.

Start in die Eigendynamik der Kulturgeschichte

Die Fähigkeit zur kulturellen Entwicklung ist in den Genen des Menschen angelegt; Tiere erwerben sie auch dann nicht, wenn sie gemeinsam mit Menschen aufwachsen. Andererseits aber ermöglicht die gleiche biologische Grundausstattung der Spezies Mensch eine Vielfalt verschiedener Kulturen; jeder Mensch kann jede Kultur annehmen, in der er sozialisiert wird, mit ihrer Sprache und ihren Gewohnheiten, Vorstellungen und Sitten.

Die Kulturdynamik menschlicher Gesellschaften beruht nicht nur darauf, daß überhaupt Kenntnisse und Fähigkeiten von einer Generation zur nächsten weitergegeben werden. Schon Vorfahren des modernen Menschen waren in der Lage, sehr ausgeprägte Fähigkeiten, zum Beispiel den Gebrauch von Werkzeugen, zu tradieren, doch hielt sich die Ausdifferenzierung von Traditionen – wie sich an der Werkzeugentwicklung zeigt – in Grenzen und wurde zudem wiederum von der *bio-*

logischen Evolution eingeholt: Der Homo sapiens mit seinen *genetischen* Anlagen zu qualitativ neuen oder sehr verallgemeinerten Fähigkeiten hat alle anderen Zweige des Homo erectus verdrängt. Was diesen modernen Menschentyp charakterisiert, ist die dynamische Entwicklung einer Vielfalt von Kulturen; Informationen und Traditionen erzeugen in einer überschaubaren Zahl von Generationen immer neue, immer differenziertere Informationen und Traditionen.

Hinsichtlich der Evolution der menschlichen Kulturfähigkeit ist zu vermuten, daß es in der Vergangenheit Übergangsstadien gegeben hat, in denen die Ko-Evolution kultureller und genetischer Merkmale eine wesentliche Rolle spielte. Die Vorstufen menschlicher Kultur boten neue «Fitness»-Anreize für die genetische Verbesserung allgemeiner Fähigkeiten des Gehirns wie Abstraktion, langfristiges Zeitbewußtsein und Selbstrepräsentation; dadurch wiederum wurde die kulturelle Entwicklung erweitert und beschleunigt, und dies eröffnete zusätzliche Wege zur genetischen Evolution des Gehirns. Irgendwann aber gewann die Eigendynamik der Kulturgeschichte so weit die Oberhand, daß weitere genetische Veränderungen von Menschen im Verhältnis zu ihr kaum noch zu Buche schlagen. Diese Dynamik zeigt sich in der progressiven Erfindung und Weiterentwicklung von Werkzeugen und Wirtschaftsformen ebenso wie in der Ausprägung künstlerischer Fähigkeiten, beginnend mit den eiszeitlichen Höhlenmalereien, die ein Verhältnis des Menschen zu sich selbst zeigen und die Rolle von Religion, Kult, Weltdeutung, symbolischer Repräsentation bezeugen. Weil so vieles dafür spricht, daß das, was wir seither als «Fortschritt» in Vorgeschichte und Geschichte wahrnehmen, im wesentlichen kultureller Fortschritt ist, kann die Fähigkeit zu kultureller Entwicklung und Tradition als *das* objektive Charakteristikum des modernen Menschentyps angesehen werden.

Die kulturelle Entwicklung verläuft aber nicht nur schneller, sondern auch anders als die biologische Evolution. Zwar muß auch sie die Überlebensfähigkeit der Menschen absichern, denn kulturelle Tradition setzt voraus, daß ihre Überträger und Empfänger überleben und leben können; aber Kulturdynamik ist doch nicht – wie die genetische Evolution – vorrangig auf möglichst hohe Reproduktionsraten ausgerichtet, die einer Gruppierung von Menschen die rein zahlenmäßige Überlegenheit über andere verschaffen würden. Vielmehr wirken in menschlichen Gesellschaften noch ganz andere Faktoren, zum Beispiel die Übernahme fremder kultureller Information sowie die Nutzung von wirtschaftlichem Status und politischer Macht zur Stabilisierung von Kulturen im Verhältnis zu ihren Nachbarn, aber auch von Gruppierungen innerhalb einzelner Gesellschaften. Menschliche Gesellschaften beziehungsweise soziale Gruppen erzeugen nicht selten einen Überschuß an wirtschaftlicher Kraft, weit über die Bedürfnisse zur Erhaltung des Lebens hinaus; das Wissen um solche Überschüsse und deren Nutzung für variable, selbstbestimmte Ziele sind von großer kulturgeschichtlicher Bedeutung, passen aber überhaupt nicht in das Schema, das für die Populationsdynamik bei rein genetischer Evolution gilt, denn das Hauptziel ist in der Regel eben nicht eine Höchstzahl eigener Nachkommen. Zudem gibt es, zum Teil begründet durch Sozialisation, ein breites Spektrum verschiedener individueller Verhaltensweisen innerhalb derselben Population, das die Spezialisierung von Rollen innerhalb der Gesellschaft erleichtert. Schon in ursprünglichen

138

Stammesverbänden kennt man Rollen wie die des «Kämpfers», «Redners» und «Heilers». Verschiedene Kulturen und Gesellschaften können ihre Energie auf sehr unterschiedliche Weise in konstruktivem, kooperativem, aggressivem oder selbstzerstörerischem Sinne einsetzen. Insgesamt ist Kulturdynamik in ihren Möglichkeiten weit weniger eingeengt als die biologische Evolution.

Evolutionäre Erkenntnistheorie und ihre Grenzen

Ganz wesentlich für unser Selbstverständnis ist die Einsicht in Ursprünge, Reichweite und Grenzen menschlicher Erkenntnis. Was kann Evolutionsbiologie dazu beitragen? Aus ihrer Sicht ist die Entstehung der neurobiologischen Grundlagen von «höheren» geistigen Fähigkeiten wie Abstraktion, Begriffsbildung oder das Erkennen von Regeln darauf zurückzuführen, daß durch sie die «Fitness» von Jägern und Sammlern erhöht wurde. Dies gilt auch für die vermutete Ko-Evolution von biologischen Anlagen für diese Fähigkeiten und kulturellen Entwicklungen in frühmenschlichen Phasen. Das Erkenntnisvermögen jedoch, das sich in subtilen Kulturleistungen einschließlich der neuzeitlichen Kulturleistung «Naturwissenschaften» zeigt, geht sehr weit über die evolutionsbiologisch einsichtige Veranlagung bei unseren frühen Vorfahren hinaus. Zwar erforderte «Fitness» auch schon unter Bedingungen der Vorzeit, Erfahrungen in allgemeine Regeln zu fassen – Regeln sozialen Verhaltens und Regeln über Vorgänge in der Natur, anzuwenden etwa im Umgang mit Werkzeugen und Waffen aus Stein,

Knochen und Holz. Doch was die moderne Naturwissenschaft ausmacht, ist der bewußte Verzicht auf raumzeitliche Anschauung, zu der die Evolution unsere Gehirne befähigt hat – ein Verzicht zugunsten einer nur noch mathematisch faßbaren Begründung von Naturgesetzen. Diese Gesetze, wie die der Quanten- und Relativitätstheorie, bewährten sich an der erfahrbaren Wirklichkeit im weiten Spektrum des Naturgeschehens von der Kosmologie bis hin zur Chemie und Biologie.

Vertreter der «Evolutionären Erkenntnistheorie» suchen die Evolution der Erkenntnisleistungen des Menschen soweit wie möglich dadurch zu erklären, daß sie zur Erhöhung der «Fitness» beigetragen hätten. Die Theorie wird der *Entstehung* des Erkenntnisvermögens in vielen Aspekten gerecht; sie hat bedeutende Einsichten erbracht und trägt wesentlich zu unserem Menschenbild bei. Sie kann aber nicht aus sich heraus den ganzen Bereich der *Möglichkeiten* menschlicher Erkenntnis ausloten. Erkenntnisvermögen ist eine generalisierende Fähigkeit. Wie weit sie, einmal entstanden, führen kann, hängt schließlich auch davon ab, in welchem Maße die Struktur des menschlichen Geistes der Ordnung der Welt entspricht. Daß die im Abstrakten verborgene Gesetzlichkeit der Natur in der Reichweite menschlicher Erkenntnis liegt, ist keine offensichtliche Folge biologischer Evolution nach Kriterien der «Fitness»-Verbesserung unter Lebensbedingungen der Steinzeit.

Die Erkenntnisleistung hat zwar Grenzen; tatsächlich aber trägt sie, wie die Geschichte der Naturwissenschaft zeigt, dennoch viel weiter, als man früher geglaubt oder vermutet hat – bis hin zu Einsichten in naturgesetzliche Voraussetzungen der menschlichen Erkenntnisfähigkeit selbst. Damit schließt sich

140

ein gedanklicher Kreis; denn in diesem Zusammenhang erweist sich wiederum: «Welterkenntnis» ist auch Selbsterkenntnis.

Die anthropische Frage:
Ist die «Möglichkeit Mensch» Naturgesetz?

Mit dem Begriff Information erfassen wir wesentliche Prinzipien des Lebendigen, indem wir von detaillierten biochemischen Mechanismen abstrahieren. Mit einer solchen Abstraktion ist allerdings auch die Einsicht verbunden, daß Grundprozesse des Lebens nicht logisch zwangsläufig mit der Biochemie von Nukleinsäuren und Proteinen verbunden sind, sondern sich auf verschiedene physikalische Weisen verwirklichen lassen. So sind zum Beispiel im Gedankenexperiment Computer entworfen worden, die ihresgleichen reproduzieren, Varianten ihrer selbst erzeugen und mit der Umgebung wechselwirken können – und so die drei formalen Grundvoraussetzungen für «Leben» erfüllen; aber auf derartig alternative Weise würde doch nicht Leben von selbst entstehen und sich unter natürlichen Bedingungen zu den komplexen Formen entwickeln, die wir vorfinden. Die drei formalen Bedingungen für Leben – Reproduktion, Mutation, Stoffwechsel – sind eben nur notwendig, aber nicht auch hinreichend. Es muß mindestens eine weitere Bedingung für Leben erfüllt sein – eine Bedingung der Effizienz. Leben kann nur entstehen, wenn es im Weltall Planeten mit geeigneten physikalisch-chemischen Bedingungen für effiziente Lebensprozesse gibt, und es erhält und entfaltet sich nur, wenn Lebewesen unter natürlichen Be-

141

dingungen einen Überschuß an Nachkommen erzeugen können. Die Physik und die Struktur des Weltalls, die Anfangs- und Randbedingungen seiner Entwicklung – vielleicht auch der eine oder andere Zufall – müssen die Grundprozesse des Lebens so begünstigen, daß es zumindest einmal irgendwo im Kosmos entstehen kann. Auch danach muß ein Mindestmaß an Effizienz der Erzeugung und Weitergabe genetischer Information gewährleistet sein; nur dann führt ein Start autokatalytischer Reproduktionsprozesse in die Eigendynamik biologischer Evolution.

Naturphilosophisch gesehen ist der Umgang mit den drei formalen Bedingungen für Leben – Reproduktion, Mutation, Stoffwechsel – relativ leicht; die vierte Voraussetzung jedoch, die Effizienz, bereitet Schwierigkeiten. Sollen wir uns darauf einlassen, sie überhaupt zum Problem zu machen? Schließlich wissen wir, daß die Physik und Chemie, wie wir sie kennen, Nukleinsäure als effizient und verläßlich wirkende Erbsubstanz, Proteine als sehr effektive Katalysatoren ermöglichen und daß die Entstehung und Entwicklung des Lebens auf der Erde wissenschaftlich verständlich ist, jedenfalls der naturwissenschaftlichen Erklärung keine prinzipiellen Hindernisse entgegenstehen; Lücken in unserem Wissen sind bei Vorgängen, die unwiederholbar sind, nur begrenzte Spuren hinterließen und Millionen, sogar Milliarden von Jahren zurückliegen, unvermeidlich. Warum also sollten wir uns nicht damit zufriedengeben, daß die Welt, so wie sie ist, aus naturwissenschaftlich einsichtigen Gründen Leben ermöglicht, anstatt weiter zu spekulieren, dies könnte auch anders sein?

Dann stellen sich aber doch Fragen, über die nachzudenken, die zumindest zu benennen sich lohnt, wenn man die Ergebnisse der Naturwissenschaft naturphilosophisch deuten möchte. War die Entstehung von Leben auf der Erde ein wahrscheinliches oder eher ein extrem unwahrscheinliches Ereignis? Die Antwort hängt nicht zuletzt davon ab, wie groß die Folge der Bausteine in Kettenmolekülen der Nukleinsäure mindestens sein muß, um autokatalytisch auf ihre eigene Reproduktion zurückzuwirken und den Start in die Eigendynamik der Evolution zu ermöglichen. Sind es ein paar Dutzend oder aber mehrere hundert Bausteine? Wäre die Zahl gering, so hätte sich in jedem Tümpel, in dem sich in der Vorzeit Nukleinsäuren ansammelten, jede mögliche Reihenfolge gebildet, und Lebensprozesse hätten relativ leicht und häufig beginnen können. Wäre aber eine bestimmte Sequenz einer Länge von ein paar hundert Bausteinen nötig, so wäre es extrem unwahrscheinlich, daß eine geeignete Sequenz im ganzen Kosmos irgendwo, irgendwann zufällig auch nur ein einziges Mal auftritt. Kriterien für die Abschätzung zwischen ein paar Dutzend und ein paar hundert Nukleinsäurebausteinen als Voraussetzung für einen effizienten Start in die Eigendynamik von Reproduktion und Stoffwechsel haben wir aber nicht. Die – sicherlich berechtigte – Erwartung, daß es nicht nur eine, sondern viele verschiedene Sequenzen gibt, die zu einem «Start ins Leben» hätten führen können, macht die Sache noch viel komplizierter, denn damit bleibt erst recht unklar, ob die Entstehung des Lebens auf der Erde ein wahrscheinlicher Prozeß war, ja ob Leben auf irgendwelchen anderen Himmelskörpern im Kosmos als wahrscheinlich anzusehen ist oder nicht. Der einzige Weg, einer Antwort auf die letztere Frage näherzukommen, wäre die Entdeckung von Spuren außerirdischen Lebens, etwa auf dem Mars.

Nicht einfacher läßt sich beantworten, mit welcher Wahrscheinlichkeit sich *höhere* Formen des Lebens bis hin zu Lebewesen mit Erkenntnisfähigkeit entwickelt haben. In Fällen, in denen sich ein biologisches Merkmal mehrfach unabhängig ausgebildet hat, liegt die Annahme nahe, daß dies kein unwahrscheinlicher Vorgang war. Bei vielen Merkmalen von Lebewesen wissen wir aber über theoretische Vermutungen hinaus kaum, mit welcher Wahrscheinlichkeit sie aufgetreten, wieweit sie also zufällig oder aber notwendig entstanden sind. Ein ganz wesentliches Ereignis, das die Entwicklung höherer Tiere vermutlich entscheidend beeinflußt hat, war sicher zufällig: Vor etwa siebzig Millionen Jahren traf ein riesiger Meteorit die Erde – es wurde finster und kalt. Die riesigen Dinosaurier starben aus, während die damals noch sehr kleinen Säugetiere überlebten und von da an sozusagen die Führung in der Evolution übernahmen. Es war Zufall, daß da im «richtigen» Zeitraum eine singuläre Katastrophe, die aus dem Weltall einbrach – nicht zu groß und nicht zu klein –, im Spiel der Evolution die Karten neu gemischt hat. Die weitere Säugetierentwicklung führte zum Menschen. Zufall Mensch?

Noch hintergründiger, dabei aber auch spekulativer, ist die Frage nach der Beziehung der Gesetze der Natur, besonders der Gesetze der Physik und der Anfangsbedingungen des Universums, zur Entstehung von Leben. Leben beruht auf der Physik, wie wir sie kennen, auf bestimmten Kräften, bestimmten Naturkonstanten, zum Beispiel der Ladung des Elektrons e, dem Planckschen Wirkungsquantum h, der Lichtgeschwindigkeit c; das Verhältnis $h \times c / e^2$ ist eine reine Zahl, und von ihrem Wert hängt ab, welche Chemie es gibt. Die Kohlenstoffchemie, auf der alles Leben beruht, würde in dieser Form nicht existieren, wären die Naturkonstanten anders beschaffen. Sind sie so eingerichtet, daß Leben möglich ist? Oder gibt es zwar heute noch unbekannte, aber letztlich theoretisch einsichtige Gründe dafür, daß sie gerade die Werte einnehmen, die sie haben? Die Naturkonstanten, die in den Gesetzen der Physik enthalten sind, müssen in bestimmten – in manchen Beziehungen sehr engen – Wertebereichen liegen, damit sich im entstehenden Kosmos Materie anhäuft, so daß sich Galaxien und Sterne bilden; damit es eine Serie mittelschwerer, stabiler Atomkerne geben kann, besonders das Kohlenstoffatom; damit die Hauptsterne des Weltalls Milliarden von Jahren leuchten; damit es überhaupt zur Entstehung von Planeten kommen kann – ein seltenes Ereignis im Universum und doch Voraussetzung für Leben...

Von der mathematischen Struktur der physikalischen Grundgesetze, den darin enthaltenen Zahlenwerten, aber wohl auch von scheinbar oder wirklich zufälligen Prozessen im Kosmos hängt es ab, ob Leben entstehen und sich entwickeln kann. Wird ein künftiger Heisenberg oder Einstein uns die Gründe für die Werte liefern, sie uns als physikalisch notwendig, zumindest aber als einsichtig erklären? Selbst wenn wir sie mathematisch verstehen könnten, bliebe das naturphilosophische Problem, warum gerade diese Zahlenwerte, die aus der Beobachtung der unbelebten Natur abgeleitet sind, die Voraussetzungen für Leben erfüllen. Plausibler erscheint es allerdings, daß es dafür keine physikalisch-mathematische Letztbegründung geben wird, daß also aus einer rein physikalischen Sicht auch andere kosmische Ordnungen vorstellbar bleiben, in denen kein Leben vorkommt.

Bedingungen für den Strukturreichtum der belebten Welt bis

hin zu vielzelligen Organismen sind die hohe Genauigkeit und Effizienz der biologischen Reproduktion, und diese wiederum beruhen nicht zuletzt auf der Spezifität der Proteine als Katalysatoren, die ihrerseits die ganze Raffinesse der Kohlenstoffchemie voraussetzt. Aber Proteine eignen sich nicht nur – vermöge ihrer komplexen Faltung, Aggregation und Formänderungen – für die Katalyse gewöhnlicher biochemischer Prozesse; auf ihnen basiert auch ganz speziell die Fähigkeit der Ionenkanäle in den Membranen der Nervenzellen, elektrische Vorgänge im Millisekundenbereich auf kleinstem Raum verläßlich und regelbar ablaufen zu lassen. Dies wiederum ist, wie schon bemerkt, entscheidend für die Funktionen des Neurons als Bauelement der Informationsverarbeitung im Nervennetz des Gehirns. Letztlich setzte also die Evolution unserer geistigen Fähigkeiten eine Art von Physik voraus, die den subtilen Struktur- und Funktionsreichtum ermöglicht, wie ihn der Molekültyp «Proteine» zeigt. In einer Ordnung der Natur, in der es solche Moleküle nicht geben kann, hätten auch geistige Fähigkeiten kaum eine Chance, physikalisch realisiert zu werden.

Es ist somit alles andere als selbstverständlich, daß der Kosmos aus sich selbst heraus Lebewesen mit Erkenntnisfähigkeit – menschliche Lebewesen – zu erzeugen vermochte. Den Grundgesetzen der Physik und den Anfangsbedingungen der kosmischen Entwicklung läßt sich das jedenfalls nicht ansehen – es bedarf einer Erklärung. Ein Ansatz besteht in der Annahme eines «anthropischen Prinzips», für das mehrere Versionen vorgeschlagen wurden. In einer besonders extremen Form besagt es, die ursprüngliche Gegebenheit in der Welt sei «Bewußtsein», und dieses wiederum *schaffe* sich «seine» Physik – eine Physik, die Leben mit Bewußtsein erzeugt. Dazu muß man aber unter «Bewußtsein» mehr verstehen als das menschliche. Auf dem Boden der Naturwissenschaft steht eher eine andere Form des anthropischen Prinzips, die hier zu diskutieren und zu begründen sein wird: Es gibt, zusätzlich zu den bekannten Grundgesetzen der Physik, ein übergeordnetes «Meta-Naturgesetz», das besagt: Die formale Gestalt der physikalischen Gesetze, die in ihnen vorkommenden Zahlenwerte der Naturkonstanten sowie die Anfangs- und Randbedingungen des Kosmos entsprechen dem Prinzip, daß die naturgesetzliche Ordnung des Kosmos insgesamt Leben mit Geist ermöglicht.

Die wichtigste Gegenposition zu dieser Version des anthropischen Prinzips lautet, unser Kosmos sei nur einer unter sehr, sehr vielen. Nicht nur Anfangsbedingungen und zufallsbedingte Entwicklungen seien in jedem Universum verschieden; in verschiedenen Universen würden auch unterschiedliche physikalische Gesetze mit unterschiedlichen Naturkonstanten gelten. Vielleicht gebe es sogar zwei-, fünf- und zehndimensionale Welten. Unser Kosmos sei durch extrem seltenen Zufall so beschaffen, daß in ihm Wesen mit Erkenntnisfähigkeit, nämlich wir Menschen, vorkommen. Natürlich ist nur ein derartiger Kosmos «von innen» zu erkennen – über die anderen könnte prinzipiell niemand etwas wissen.

Das anthropische Prinzip vom Typ «Einem Meta-Naturgesetz zufolge sind die Konstanten der Physik und die Randbedingungen der kosmischen Entwicklung so gesetzt, daß das Universum für Menschen ‹bewohnbar› ist» wäre mit der Idee durchaus vereinbar, die vielen lebensfeindlichen Alternativen zu unserem lebensfreundlichen Kosmos als *gedachte* Welten anzusehen. Unsere wirkliche Welt ist dann Ergebnis eines *ge-*

danklich nachvollziehbaren Auswahl- beziehungsweise Optimierungsprozesses.

Ganz anders stellt sich aber, naturphilosophisch gesehen, die Auffassung dar, eine Unzahl alternativer Universen – manche lebensfreundlich, viele lebensfeindlich – würde es wirklich geben. Sie scheint mir in mehrfacher Hinsicht unbefriedigend. Dies gilt zum einen für die Berufung auf reinen Zufall, wenn es um die Erklärung einer zentralen Eigenschaft unserer Welt geht – daß es in ihr natürliche Wesen mit Geist gibt. Zum anderen aber macht die Annahme von Welten, deren bloße Existenz prinzipiell auf keine Weise zu beweisen oder zu widerlegen ist, erkenntnistheoretisch keinen Sinn. Was heißt in solchem Zusammenhang noch «wirklich»? Gerade in der modernen Naturwissenschaft – insbesondere in der Quanten- und der Relativitätstheorie – wird bewußt und mit viel Erfolg auf die Einführung prinzipiell unbeobachtbarer beziehungsweise unentscheidbarer Merkmale oder Sachverhalte verzichtet. Es gibt keinen Weltäther, keine absolute Gleichzeitigkeit, keine exakte Position von Elektronen. Die Annahme, es gebe sie doch, würde manchmal zu keinen, bisweilen sogar zu falschen und unsinnigen Schlußfolgerungen führen. Unter solchen Aspekten bringt uns dann aber auch die Viele-Welten-Hypothese nicht weiter, denn sie läßt sich prinzipiell weder beweisen noch widerlegen. Deshalb sind Viele-Welten-Modelle eher eskapistisch als erklärend, eher eine Kränkung als eine Befriedigung der Vernunft – wobei ich zugebe, daß mein Urteil (wie jedes denkbare andere zu dieser Frage) subjektive Züge trägt. Viele-Welten-Theorien stehen aus meiner Sicht in geistiger Nähe zu spätscholastischen Erörterungen über Fragen vom Typ «Wie viele Engel passen auf die Spitze einer Nadel?». Solche Gedankenkonstruktionen fallen doch hinter die Klarheit moderner Wissenschaft zurück, die mit Keplers Planetenbahn- und Galileis Fallgesetzen ihren Anfang nahm.

Das anthropische Prinzip eines Meta-Naturgesetzes «Die Ordnung des Universums ermöglicht Leben mit Geist» erscheint mir als die bessere Alternative zur Viele-Welten-Hypothese. Der erkenntnisfähige Mensch gehört wesentlich zur Natur des Universums. Die naturgesetzliche Ordnung umfaßt auch die physikalischen Voraussetzungen für die Entwicklung von Geist in der materiellen Welt; die Naturgesetze einschließlich der Naturkonstanten und die Anfangsbedingungen der Entwicklung des Universums sind so beschaffen, daß dieses Prinzip erfüllt ist. Ob es dafür einmal künftig eine mathematisch-logische Begründung gibt, bleibt offen; sollte es sie je geben, würde sie das anthropische Prinzip nicht aufheben, sondern in einen erklärenden Zusammenhang mit den Gesetzen der Natur bringen. Eher ist aber zu vermuten, daß das anthropische Meta-Naturgesetz – unterstellen wir seine Geltung – ähnlich wie die bekannten Grundgesetze der Physik nur an seinen Auswirkungen zu erkennen, eine Letztbegründung hingegen nicht möglich ist.

Blick nach innen: Die Suche nach der Seele im Netz der Neuronen

Was unterscheidet bewußte von unbewußten Vorgängen im Gehirn? Was geschieht im Nervensystem, wenn wir unsere Aufmerksamkeit auf etwas richten? In welchem Maße ähnelt das Gehirn einem Computer? «Bewußtseinsnahe Hirnforschung», die solchen Fragen nachgeht, führt zu außerordentlich interessanten Ergebnissen, verführt aber auch zu der Spekulation, die Lösung des Problems «menschliches Bewußtsein» stünde bevor. Das aber ist wohl ein Irrtum. Zwar ist Bewußtsein eine Eigenschaft menschlicher Gehirne, in denen die Gesetze der Physik gelten, doch sprechen prinzipielle entscheidungstheoretische Gründe gegen die Möglichkeit, die Beziehung zwischen Gehirn und Geist vollständig zu entschlüsseln. Solche Erkenntnisgrenzen betreffen nicht zuletzt das uralte Grundproblem der Willensfreiheit: Der Wille anderer ist mit objektiven Mitteln vermutlich nicht vollständig zu erschließen. Der Mensch kennt sich nicht einmal selbst zur Genüge – der Blick nach innen ist unvollständig –, und er erlebt sich in vieler Hinsicht erst in seinen eigenen Handlungen.

Gehirnprozesse und bewußtes Erleben

«Es ist in jeder Hinsicht ein sehr schwieriges Unterfangen, sich eine feste Meinung über die Seele zu bilden ... Es scheint, als ob alle Erfahrungen der Seele nur in Verbindung mit einem Leib zustande kommen ... Freude, sowie Lieben und Hassen; in all diesen Fällen geht auch mit dem Leibe etwas vor sich ... Wenn es aber so ist, dann enthalten offenbar diese Eigenschaften schon in ihrem Begriff etwas Stoffliches ... Und das ist schließlich auch der Grund, warum der Physiker zuständig ist für die Untersuchung der Seele ...»

Diese Sätze sind zweitausenddreihundert Jahre alt; sie stehen ziemlich am Anfang der ersten systematischen Erörterung des Leib-Seele-Problems, in Aristoteles' «De anima». Die Beziehung zwischen Körper und Geist, zwischen Gehirnprozessen und bewußtem Erleben bildet die vielleicht hintergründigste und zugleich faszinierendste Fragestellung im Grenzbereich zwischen Natur- und Geisteswissenschaften; entsprechend schwer fällt die Antwort. Aristoteles hat recht gesehen: Seelische Vorgänge sind mit körperlichen Vorgängen eng verbunden, aber sie werden von uns auf sehr verschiedene Weise erfahren und begrifflich erfaßt. Während wir körperliche Vorgänge wie Sprechen oder Erröten, aber auch Aktivitäten des

153

Gehirns objektiv beobachten und messen können, ist uns in unserem Bewußtsein unser jeweils eigener Zustand unmittelbar gegeben, in Form von Gefühlen, Gedanken, Absichten, Erinnerungen, Wünschen, Ängsten, Hoffnungen, und zwar oft unabhängig von den Sinnen und, so gut wie immer, ohne Kenntnis der gleichzeitigen physikalischen Vorgänge im Gehirn. Wir können nicht einmal fühlen, daß dabei überhaupt Hirnprozesse ablaufen. Seelisches Empfinden ist uns also nicht objektiv als raumzeitliches Ereignis gegeben und fällt deshalb auch nicht unmittelbar in den Anwendungsbereich physikalischer Gesetze.

Kein Wunder, daß es immer wieder Versuche gab, die physikalische, raumzeitliche Wirklichkeit als die einzige Realität darzustellen und die ganze Leib-Seele-Beziehung als Scheinproblem zu entlarven. So wird behauptet, daß wir seelische Vorgänge in letzter Konsequenz auch nur aufgrund physischer Äußerungen erschließen: «Wut ist Wutverhalten.» Selbst den eigenen seelischen Zustand, so wird nicht selten argumentiert, erfahren wir auf körperliche Weise, wir nehmen eben unsere eigene Gänsehaut wahr, wenn es uns schaudert. Daran ist etwas Wahres, aber der Begriff des Seelischen geht doch nicht im körperlichen Ausdruck seelischer Empfindungen auf, Wut gibt es auch ohne Wutverhalten. Eine andere Variante der These vom Scheinproblem besteht in der Behauptung, das Leib-Seele-Problem sei ein Kunstprodukt der Philosophie seit Platon, wenn nicht gar erst seit Descartes. Letztlich entstehe es durch unzulässige Begriffsverwirrung, und richtiges, konsequentes Denken bringe es wieder zum Verschwinden. Karl Popper argumentierte dagegen überzeugend, die Leib-Seele-Unterscheidung sei älter als die ganze Philosophie, sie trete schon bei

154

Homer implizit auf. Im zehnten Gesang der «Odyssee» verwandelt Kirke Männer in Schweine. Nach der unerfreulichen Aktion der Göttin wird der Zustand von Odysseus' Gefährten so beschrieben: «Sie hatten von Schweinen die Köpfe, Stimmen und Leiber, auch die Borsten; allein ihr Verstand blieb völlig wie vormals.» Homer war Dichter und nicht Philosoph, aber es bereitete ihm und seinen Zeitgenossen offenbar keine großen Schwierigkeiten, körperliche von geistigen Vorgängen gedanklich zu unterscheiden und die einen wie die anderen als wirklich anzusehen.

Wenn nun aber die Beziehung zwischen Leib und Seele, Körper und Geist kein Scheinproblem ist, so müßten wir, sollte man meinen, doch zu einer objektiven Definition von Bewußtsein kommen können. Eine solche Erwartung dürfte sich aber kaum erfüllen. Zwar lassen sich einige wichtige charakteristische Eigenschaften leicht angeben; in jeder Diskussion einigt man sich schnell auf den Selbstbezug, für den das Wort «ich» steht, auf Selbstreflexion, Selbstanalyse, Wissen über das eigene Wissen. Weiterhin ist die Zeitintegration charakteristisch – wir verfügen über die Vergangenheit in der Erinnerung und über Aspekte der Zukunft in Form von Hoffnungen, Erwartungen, Ängsten, Absichten und Strategien. Aber hinreichend für die Definition des Seelischen sind diese Merkmale eben nicht. Auch in einen Computer – oder in eine Puppe mit Elektronengehirn – kann man selbstbezogene Eigenschaften hineinprogrammieren, ohne daß wir solche Kunstgebilde deswegen als bewußt betrachten würden.

Eine vollständige, objektive Definition von Bewußtsein scheint schwierig, vermutlich sogar grundsätzlich nicht möglich; dies ist nicht verwunderlich, denn es ist eher eine Urgegebenheit, eine Voraussetzung jedes inhaltlichen, auch jedes objektiven Denkens. Eine solche Definition ist aber keineswegs eine zwingende Voraussetzung dafür, die Beziehung von Gehirn und Bewußtsein wissenschaftlich zu untersuchen – hierzu genügt es, etwas über den seelischen Zustand anderer zu erfahren. Menschen haben viele Möglichkeiten, bewußtes Erleben intersubjektiv zu vermitteln – durch Sprache, Gestik und andere Formen des Verhaltens. Manche Ausdrucksformen seelischer Zustände, wie Lachen und Weinen, sind angeboren, die meisten, besonders die sprachlichen, werden kulturspezifisch erlernt. Es ist eindrucksvoll, sich anhand eines Synonymlexikons klarzumachen, wie zahlreich sprachliche Begriffe sind, die den «mentalen» Bereich betreffen. Etwa die Hälfte von rund fünfzehntausend Wörtern des «Roget's Pocket Thesaurus» steht unter Rubriken wie «Intellektuelle Fähigkeiten», «Willenskräfte», «Moralische Eigenschaften» und «Gefühle». Auch wenn wir die Zahl bei strenger Auswahl erheblich reduzieren, bleiben doch Tausende von Wörtern, die dem geistig-seelischen Bereich zugehören; in ihrer Kombination ermöglichen sie die Vermittlung einer ungeheuren Vielfalt subtiler seelischer Zustände und Vorgänge. Dies gilt nicht nur für die Beschreibung jeweils momentaner Gedanken und Gefühle eines Menschen im Strom der Zeit. Der mitteilbare seelische Zustand umfaßt auch höhere Stufen der Abstraktion. Zeitintegration und Selbstbezug gehören zur jeweils gegenwärtigen Befindlichkeit; wir verfügen *jetzt* über die Erinnerungen an die Vergangenheit ebenso wie über die Perspektiven für die Zukunft, in der wir selbst in veränderter Form vorkommen und deren Gesamtbewertung unsere *gegenwärtige* Befindlichkeit wesentlich bestimmt.

Nun ist der Ausdruck seelischer Zustände durch Sprache und Gestik nicht immer vollständig und verläßlich. Zum einen kann man über sich auch schweigen oder die Unwahrheit sagen, zum anderen sind Äußerungen über Gefühle und Befindlichkeiten manchmal mehrdeutig und unklar, zumal bei gehirnkranken Menschen. Wir wissen bisweilen nicht, ob bestimmte Lautäußerungen wirklich Leid und Schmerzen oder auch Freude ausdrücken, und finden keinen Zugang, um derartige Grenzfragen zu lösen. Dennoch, in der Regel verstehen wir Sprache und Gestik von Mitmenschen ganz gut, es gibt «intersubjektiv» vermitteltes Wissen über «fremdes» Bewußtsein.

Welche Beziehung besteht nun zwischen seelischen und körperlichen Zuständen? Die moderne Wissenschaft hat diese Frage zwar nicht beantwortet, aber doch die Problemstellung wesentlich präzisiert. Das wichtigste Ergebnis einer Fülle empirischer Erkenntnisse der Neurophysiologie, Neuropathologie und Psychophysik lautet: Seelische Vorgänge sind eng und vermutlich eindeutig mit Vorgängen im Gehirn korreliert, und diese wiederum folgen den Gesetzen der Physik.

Gehirne, Computer und künstliche Intelligenz

Das Gehirn des Menschen mit seinen vielen Milliarden Nervenzellen, die durch unzählige Faserverbindungen untereinander verknüpft sind, verarbeitet auf komplizierte Weise physikalisch-chemische Signale; dabei sind biochemische Wirkungen von Hormonen, Peptiden, Immunproteinen beteiligt – eine

Schlüsselrolle aber spielen Spannungspulse, die von Neuronen gebildet, fortgeleitet und verrechnet werden. In gewissem Sinne konnten wir das Gehirn als ein System der Speicherung und Verarbeitung von Information darstellen, in Analogie zu einem Computer. Zwar haben Neuronen andere Eigenschaften als Bausteine von Computern, aber die Fähigkeiten der Nervenzelle als Baustein der Informationsverarbeitung sind sicher reicher und nicht ärmer als die eines digitalen Schaltelements. Da jede regelhafte Leistung der Informationsverarbeitung von einem Computer erbracht werden kann, können wir dies Nervennetzen erst recht zutrauen; ein Argument, das für die naturwissenschaftliche Erklärbarkeit jeder formal beschreibbaren Hirnleistung spricht. Darüber hinaus bleibt aber die wichtige Frage offen, ob sich denn *alle* Eigenschaften unseres Gehirns formal darstellen lassen, und diese Frage hat für ein Verständnis von Bewußtsein zentrale Bedeutung.

Was aber alles formalisierbar ist, zeigt unter anderem die Forschung über künstliche Intelligenz, und die Liste ist eindrucksvoll: Erinnerung, Abstraktion und strategische Planung gehören dazu – also vieles von dem, was man als höhere Fähigkeiten des menschlichen Gehirns ansieht. Verwunderlich bleibt dennoch, welche Schwierigkeiten der mathematischen Formalisierung bestimmter menschlicher Intelligenzleistungen wie Sprachgebrauch und Gestalterkennung entgegenstehen; nicht, daß dies im Prinzip unmöglich wäre, aber es ist doch sehr viel schwerer, als man es früher erwartet hatte.

Möchte man mit Hilfe von Modellen künstlicher Intelligenz etwas über Gehirnfunktionen lernen, so sucht man zunächst nach solchen mathematischen Prinzipien und Verfahren, die der Informationsverarbeitung im Nervensystem weitgehend

158

entsprechen könnten, und macht sich dabei Ergebnisse empirischer Hirnforschung zunutze, zum Beispiel die Erkenntnis, daß im Gehirn viele Prozesse zeitlich parallel ablaufen. Dennoch – computergestützte mathematische Intelligenzforschung vermag für sich allein niemals zu zeigen, auf welche Weise Leistungen der Gehirne im Netzwerk der Neuronen tatsächlich zustande kommen, denn für jede formal beschreibbare Leistung gibt es sehr verschiedene physikalische Möglichkeiten, sie zu realisieren. Mit etwas Glück könnte man aber doch durch theoretisch-mathematische Überlegungen den biologischen Prozessen auf die Spur kommen. Und in umgekehrter Richtung gilt: Wenn die Neurobiologen Strukturen und raumzeitliche Aktivitätsmuster ermittelt haben, die an Gehirnprozessen wirklich beteiligt sind, so ist wiederum Mathematik notwendig, um die Systemleistungen des Gehirns zu verstehen. Ein solches integriertes Verständnis wird aller Voraussicht nach von der Forschung über künstliche Intelligenz profitieren; für sich allein ist diese aber kein sicherer Weg zum Erfolg, wenn man die höheren Leistungen menschlicher Gehirne wissenschaftlich begreifen möchte.

Neuropsychologie des Bewußtseins

Über mögliche Beiträge von Computersimulationen zum Leib-Seele-Problem läßt sich streiten; die Bedeutung der Psychologie hingegen, zumal der Neuropsychologie, steht auf diesem Gebiet außer Frage, und ihre Ergebnisse haben nicht zuletzt auch philosophische Implikationen: Sie widerlegt nämlich die schon erwähnten Thesen mancher Philosophen, das Leib-Seele-Problem gebe es gar nicht, sondern sei ein Kunstprodukt begrifflich falschen Denkens. Wäre dies richtig, so dürfte es kein wissenschaftliches Verfahren geben, unbewußte von bewußten Vorgängen zu unterscheiden, und gerade dies leistet die Psychologie in Wirklichkeit ganz gut. Bewußtsein kann man haben und verlieren. Es gibt objektive Aktivitätsunterschiede zwischen Wachen und Schlaf. Normalerweise wissen wir, ob wir etwas sehen und was wir sehen; Menschen mit bestimmten Hirnschädigungen dagegen sehen etwas, ohne sich dessen bewußt zu sein. Bewußtes Erleben ist dadurch charakterisiert, daß es sehr verschiedene Aspekte von etwas Wahrgenommenem «bindet» – im einfachen Fall eines Sehvorgangs etwa Farbe, Form, Größe und andere Merkmale ein und derselben Gegebenheit. Bewußtsein hat aber nicht nur viel mit Bindung zusammengehöriger Merkmale, sondern auch mit Auswahl zu tun, die durch Aufmerksamkeit auf bestimmte unter sehr vielen möglichen Vorgängen geleistet wird. Es gibt einen Strom bewußten Erlebens in der Zeit, bei dem sehr verschiedene, aber eben doch auch streng ausgewählte Wahrnehmungen, Gedanken und Gefühle miteinander verknüpft sind.

Diese und andere Erkenntnisse zeigen den wissenschaftlichen Sinn und einige wissenschaftliche Kriterien der Unterscheidung zwischen bewußten und unbewußten Vorgängen, aber ein vollständiges Verständnis von Bewußtsein ist auf diesem Wege nicht zu erlangen. Große Schwierigkeiten bereiten die Psychologie des Zeiterlebens, aber auch der Zusammenhang von Wissen und Wollen, Wissen und Gefühlen, und nicht zuletzt die Rolle, die übergeordnete, integrierende Formen des Wissens bei unserem bewußten Erleben spielen: Wir wissen

160

nicht nur etwas, wir wissen auch, *daß* wir etwas wissen; es gibt nicht nur eine Art von Registern im Gedächtnis, sondern vermutlich auch Register von Registern; es gibt nicht nur eine Repräsentation der Außenwelt, sondern auch Repräsentationen des eigenen Zustands, und an dem wiederum sind Merkmale wie Emotionen und Motivationen beteiligt, die im Gehirn selbst verankert sind... Solche «Metarepräsentationen» – Repräsentationen von Repräsentationen – werfen viel schwierigere logische und neurobiologische Probleme auf als zum Beispiel die bloße Bindung von Form, Farbe und Größe eines bewußt gesehenen Objekts.

Ein wesentlicher Zugang zur bewußtseinsnahen Hirnforschung ist ganz konkret und physikalisch: die Suche nach elektrophysiologischen Aktivitätsmustern in Netzen von Nervenzellen. Möchte man Bewußtseinsvorgänge mit neuronalen Prozessen in Verbindung bringen, so denkt man zunächst an Funktionen, die lokalisierbar sind. Sinnliche Wahrnehmung und Sprache ebenso wie die Vorbereitung und Ausführung willentlicher Handlungen sind jeweils mit hoher Aktivität in bestimmten Hirnbereichen verbunden. Andere Merkmale, wie Arbeitsgedächtnis, Langzeitgedächtnis und Denkprozesse, sind wohl über weitere Bereiche, aber keineswegs unspezifisch verteilt – sie sind durchaus nicht sozusagen überall und nirgends.

Die neuesten Techniken der Hirnforschung ermöglichen es, die Aktivität von Hirnbereichen zu messen, ohne äußere Eingriffe vorzunehmen. Dabei lassen sich immer mehr Zusammenhänge zwischen Leistungen – wie Wahrnehmung, Rechnen oder Sprechen – und Bereichen der Aktivität im Gehirn feststellen. Besonders faszinierend sind die Forschungen über die

Aufmerksamkeit. Ob jemand einem Gespräch aufmerksam zuhört oder nicht, entscheidet über die Aktivität oder Inaktivität in einem bestimmten Bereich seines Gehirns, dem Hippocampus; dieser Bereich hat unter anderem mit dem Übergang vom Kurz- ins Langzeitgedächtnis zu tun. Konzentriert man die Aufmerksamkeit auf die Farbe gesehener Objekte, ergibt sich ein bestimmtes Muster der Gehirnaktivitäten; ein anderes Muster wird aktiviert, wenn sich die Aufmerksamkeit auf die Form bezieht. Richtet man sie auf Farbe *und* Form, so überlagern sich nicht einfach die beiden genannten Aktivitäten, sondern es entsteht ein drittes Muster. Muster von Aktivitäten im Gehirn hängen also von der Absicht der Person ab, ihre Aufmerksamkeit auf dieses oder jenes zu lenken; aber schon für einfache Absichten sind die Muster komplex, und bei komplexen Ausrichtungen unserer Aufmerksamkeit ist die Entschlüsselung der Aktivitätsmuster im Gehirn sicherlich schwierig. Darüber hinaus gibt es Hirnaktivitäten, die sehr große Bereiche umfassen; die am besten erforschten betreffen Wachen und Schlaf.

Insgesamt sprechen die Ergebnisse der modernen Hirnforschung dagegen, daß sich bewußte Vorgänge in ganz bestimmten Teilbereichen des Gehirns lokalisieren lassen, in denen sozusagen das Theater der Erinnerungen, Vorstellungen, Pläne und Wünsche stattfindet; vielmehr handelt es sich wohl um eine Systemeigenschaft, die zwar nicht alle, aber jeweils weite Bereiche des Gehirns integrierend umfaßt. Damit stellt sich das genannte Bindungsproblem in neurobiologischer Form: Wodurch werden die verschiedenen Aspekte eines bestimmten Bewußtseinsvorgangs verknüpft, wenn ihm elektrische Aktivitäten zugrunde liegen, die gleichzeitig in sehr verschiedenen

Hirnbereichen stattfinden? Was bindet Farbe, Form, Geruch eines Gegenstandes, aber auch die Assoziationen, die damit zum Beispiel in unserer Erinnerung verbunden sind? Ich habe schon auf die Möglichkeit hingewiesen, daß es mehr oder weniger komplizierte Ordnungen der zeitlichen Aufeinanderfolge elektrischer Signale sein könnten, die zusammengehörige Prozesse in verschiedenen Hirnbereichen miteinander verknüpfen – ein in raffinierter Weise verallgemeinertes Konzept von Synchronisation.

Computersimulationen von Hirnleistungen, psychologische Untersuchungen von Bewußtseinsvorgängen und die Erforschung von Mechanismen der Informationsverarbeitung in Nervennetzen haben sehr interessante Beiträge zum Problem des Bewußtseins erbracht und werden unser Wissen in dieser für das menschliche Selbstverständnis so wichtigen Frage weiterhin bereichern. Die Protagonisten dieser Forschungsrichtungen wollen allerdings in der Regel mehr: nämlich eine in wesentlichen Zügen vollständige wissenschaftliche Erklärung von Bewußtsein. In Wirklichkeit aber sind die verschiedenen Zugänge komplementär zueinander. Von jedem können wir etwas lernen – doch selbst von allen zusammen können wir nicht alles lernen. Sie gestatten es uns prinzipiell nicht, die uns bekannten notwendigen Bedingungen für Bewußtsein zu hinreichenden Bedingungen zu erweitern, und ergeben deshalb auch keine vollständigen Kriterien, um zu entscheiden, wer oder was Bewußtsein hat; zudem zeigen sie keinen Weg auf, um aus physikalischen Gehirndaten die psychischen Zustände in ihren wesentlichen Zügen wirklich zu ermitteln, sondern betreffen immer nur partielle Aspekte des Bewußtseins.

Jeder der erwähnten Zugänge steht seinerseits in einem intuitiven Zusammenhang mit Hauptströmungen der Geschichte der Philosophie: künstliche Intelligenz mit der platonischen, die dem menschlichen Geist zutraut, sich die Wirklichkeit in wesentlichen Zügen auszudenken; die allgemeine Psychologie mit der aristotelischen, mit ihrem Faible für ganzheitliche, organismische Begriffe; die Theorie der Neuronennetze mit der reduktionistisch-materialistischen Philosophie im Sinne Demokrits, welche die komplexe Wirklichkeit auf die elementaren Eigenschaften materieller Grundbestandteile zurückzuführen sucht. Vielfach spürt man in veröffentlichten Texten, wie stark die Autoren motiviert sind, durch ihre Forschungen auch einer bestimmten philosophischen Grundströmung Geltung zu verschaffen.

So interessant die Einsichten bewußtseinsnaher Hirnforschung sind und zu werden versprechen – es stellt sich doch die Frage, ob eine Lösung des psychophysischen Problems im Ganzen in der Reichweite naturwissenschaftlichen Denkens liegt. Meine Vermutung lautet «nein». Kein Zweifel, daß die Prozesse im Gehirn den Gesetzen der Physik entsprechen; aber daraus allein folgt keineswegs, daß wir die unüberschaubar komplizierten raumzeitlichen Aktivitäten im Netz der Milliarden von Nervenzellen auch verstehen, daß wir aus ihnen alle verborgenen Merkmale erschließen können, und dies betrifft nicht zuletzt den Zusammenhang zwischen Prozessen im Gehirn und bewußtem Erleben. Entscheidungstheoretische Gründe sprechen für prinzipielle und nicht nur praktische Grenzen, die einer vollständigen Entschlüsselung der Beziehung von Körper und Seele entgegenstehen. Dies soll im folgenden begründet werden – allerdings nicht mit dem Unterton, der in der Diskussion um dieses Thema so oft zu hören ist, nämlich daß frühere Denker alles falsch gesehen hätten. Es ist vielmehr anzuerkennen, daß verschiedene Annäherungen an das psychophysische Problem erhellend sind. Dennoch gibt es gute Gründe für die Annahme, daß eine *vollständige* Theorie auch bei großen Anstrengungen nicht einmal näherungsweise erreichbar ist. Diese Gründe aufzuzeigen erfordert nun aber eine Erweiterung der Perspektive: Nicht mehr einzelne psychophysische Zusammenhänge gilt es zu thematisieren, sondern Fragen nach Reichweite und Grenzen eines *allgemeinen* Verständnisses der Beziehung von «Körper» und «Seele».

Leib-Seele-Beziehung – Gründe für Grenzen der Entschlüsselung

Zu der Grundsatzfrage nach der Beziehung zwischen Gehirn- und Bewußtseinszuständen gibt es hauptsächlich zwei Klassen von Theorien: zum einen Thesen der Seele-Leib-Interaktion – oft auch Dualismus genannt – und zum anderen Thesen der Seele-Leib-Entsprechung, zu denen der «Monismus» gehört. Die Interaktionstheorien von Descartes bis Eccles nehmen eine Einwirkung seelischer Prozesse auf physikalische Vorgänge im Gehirn an, die dann unser Verhalten bestimmen oder mitbestimmen. Diese Annahme rettet sozusagen unsere Intuition der Willensfreiheit – das «Ich» bestimme unser Verhalten –, aber mit der vollständigen Gültigkeit der Physik im Gehirn ist sie unvereinbar. Rein logisch ist eine Seele-Leib-Interaktion nicht auszuschließen, sie ist aber aufgrund unserer neurophysiologischen Kenntnisse doch sehr unwahrscheinlich. *Wenn* die Physik überall im Gehirn gilt, *kann* es keine außerphysikalischen Einflüsse auf Hirnprozesse geben.

Die Entsprechungstheorien besagen, daß jedem physikalischen Zustand des Gehirns jeweils ein seelischer Zustand eindeutig zugeordnet ist. Dann stellt sich aber die Frage, ob seelische Ereignisse «nichts anderes» als Gehirnprozesse sind, ob damit nicht ein ganz materialistisch-mechanistisches Menschenbild bestätigt wird. Entsprechungstheorien gibt es in verschiedenen Varianten, die sich in erster Linie in ihrer Begrifflichkeit unterscheiden. Als exemplarisch kann der Monismus angesehen werden, der ein und demselben Zustand beziehungsweise Vorgang jeweils einen psychischen und einen physischen Aspekt zuordnet – im Gegensatz zum Dualismus, der die Beeinflussung physischer durch psychische Vorgänge postuliert. Eine intuitive Entscheidung zwischen den beiden Denkmöglichkeiten kann nicht leichtfallen, weil doch beide Ismen vieles für sich haben: der Monismus die Einheit der Natur in den uneingeschränkt gültigen Grundgesetzen der Physik, der Dualismus die Grundverschiedenheit der Erkenntnis physikalischer und der Erlebnisweisen psychischer Vorgänge.

An dieser Stelle möchte ich mit einer Überlegung einsetzen, die zeigen soll: Monismus und Dualismus sind nicht die Alternativen, zwischen denen es zu wählen gilt. Aus der vollständigen Gültigkeit der Physik im Gehirn und dem eindeutigen Zusammenhang seelischer mit physikalischen Zuständen folgt nämlich noch lange nicht, es müsse eine vollständige Theorie der Leib-Seele-Beziehung geben.

Um dies zu erläutern, beginne ich mit einem Gedankenexperiment: Ist es möglich, einen Computer zu programmie-

166

ren, der aus physikalischen Gehirnzuständen die entsprechenden seelischen Zustände vollständig errechnen könnte? Wir
stellen uns eine Analogmaschine vor, deren Bauelemente, Verschaltungen und Aktivierungsmechanismen ein perfektes Abbild eines bestimmten menschlichen Gehirns zu einem bestimmten Zeitpunkt darstellen. Diesem gedachten Computer
können wir Fragen stellen wie einem Menschen; er kann allerdings auch lügen, in Rätseln sprechen oder schweigen wie ein
Mensch.

Können wir nun im Gedankenexperiment mit Hilfe der
Analogmaschine im Prinzip Verhaltensdispositionen des entsprechenden Gehirns ermitteln, also die gegenwärtige Disposition einer bestimmten Person errechnen, diese oder jene
Verhaltensweisen in der Zukunft zu bevorzugen, und zwar
abhängig von noch unbekannten zukünftigen Umständen?
Beispiel: Wenn sich meine wirtschaftliche Lage verbessert,
baue ich ein Haus. Verhaltensdispositionen dieser Art beruhen
auf Erinnerung an Vergangenes und auf strategischem Denken
in eine offene Zukunft; sie sind im gegenwärtigen Zustand des
Gehirns gespeichert, sie sind dem Bewußtsein zugänglich, und
sie sind selbstbezogen – in solchen Verhaltensdispositionen
kommen wir selbst vor, wie wir zu sein glauben, wie wir werden wollen, in dem, was wir für uns vermeiden möchten. Weil
Verhaltensdispositionen die Bewußtseinsmerkmale Abstraktion, Zeitintegration und Selbstbezug umfassen, eignen sie sich
für allgemeine Überlegungen zur Leib-Seele-Beziehung besser
als zum Beispiel das Thema Schmerz.

Wir setzen voraus, daß Verhaltensdispositionen im physikalischen Zustand des Gehirns enthalten sind. Lassen sie sich
aber auch von außen durch objektive Analyse ermitteln? Um

die allgemeine Gültigkeit einer bestimmten Verhaltensdisposition zu bestätigen, müßten wir entweder alle physikalisch denkbaren Anwendungsfälle in verschiedenen möglichen Situationen der Zukunft mit Hilfe der Analogmaschine einzeln hintereinander durchspielen oder mit Hilfe mathematischer Ideen einen Beweis für ihre allgemeine Gültigkeit in allen denkbaren Fällen erbringen oder aber durch Befragung die richtige Antwort herausfinden. Die beiden letzten Verfahrensweisen würden oft zum Erfolg führen, dafür gibt es aber keine Garantie in jedem Fall, denn sie erfordern auch Glück und Intuition. Das erstgenannte Verfahren, alle in einer offenen Zukunft physikalisch denkbaren Einzelfälle nacheinander zu prüfen, erfordert zwar weder Geist noch Glück, doch sind ihm dafür unüberwindliche quantitative Grenzen gesetzt. Zwar ist die Zahl der Möglichkeiten im mathematischen Sinne endlich, aber sie übersteigt doch jede realisierbare Anzahl von analytischen Vorgängen.

Dieses Argument läßt sich auf der Basis der bereits skizzierten finitistischen Erkenntnistheorie präzisieren, die besagt, daß die Endlichkeit der Welt auch die Entscheidbarkeit von Problemen einschränkt: Ein Problem ist nicht nur dann unentscheidbar, wenn ein Entscheidungsprozeß unendlich viele Schritte erfordern würde – es ist auch unentscheidbar, wenn mehr Schritte nötig wären, als selbst ein Computer ausführen könnte, der so groß ist wie die Welt und der seit ihrem Anbeginn ununterbrochen rechnete. Wie unsere Abschätzung ergab, sind innerkosmisch prinzipiell nur weit unter 10^{120} Rechen- oder Prüfschritte ausführbar.

Noch viel größer ist aber die Anzahl physikalisch verschiedener, in einer offenen Zukunft möglicher Ereignisfolgen, die in den Geltungsbereich einer Verhaltensdisposition fallen. All die Fälle kann man nicht einzeln nacheinander prüfen: Selbst eine Maschine, die den ganzen Kosmos umfaßt, müßte dafür länger rechnen, als die Welt besteht. Es gibt also kein finitistisches Verfahren, mit dem man für jede Verhaltensdisposition entscheiden kann, ob sie bei einem bestimmten Gehirnzustand nun vorliegt oder nicht.

Das finitistische Prinzip führt aber noch darüber hinaus: Selbst wenn wir unterstellen, daß wir zum Beispiel durch raffiniertes Fragen in der Regel herausfinden können, ob bei einer Person eine *bestimmte* Verhaltensdisposition gegeben ist, so könnten wir doch nicht *jede denkbare* Verhaltensdisposition daraufhin prüfen, ob sie nun gilt oder nicht, ob sie also im Zustand des betreffenden Gehirns enthalten ist; auch die Zahl denkbarer Verhaltensdispositionen ist ja viel größer als 10^{120}, sofern sie nur so komplex sind, daß man eine Reihe von Sätzen für ihre sprachliche Formulierung bräuchte. Unter dem Aspekt finitistischer Erkenntnistheorie – was nur ein superkosmischer Computer bestimmen könnte, ist unbestimmt – ergibt sich somit: Aus der Gültigkeit der Physik im Gehirn folgt nicht zwangsläufig, daß man alle oder auch nur alle wichtigen Verhaltensdispositionen aus dem physikalischen Zustand des Gehirns im Prinzip ableiten könnte. Vermutlich ist der Leib-Seele-Zusammenhang bezüglich wesentlicher Aspekte in einer innerkosmisch möglichen Zahl von Schritten nicht dekodierbar, wie ja auch ein Geheimcode so raffiniert gemacht sein kann, daß er sich mit begrenzten Mitteln nicht entziffern läßt.

Zwar wissen wir nicht, welche Aspekte des Bewußtseins sich einer Entschlüsselung aus physikalischen Gehirnzuständen entziehen könnten, aber Analogien zur mathematischen Entscheidungstheorie weisen in eine interessante Richtung: Für einigermaßen leistungsfähige, mathematisch logische Systeme ist die Frage nach der eigenen Widerspruchsfreiheit unentscheidbar – eine typisch selbstbezogene Fragestellung. Selbstbezogen sind aber auch Bewußtseinsmerkmale, in denen wir selbst vorkommen, «selbst» einschließlich unserer Gedanken und Gefühlswelt: Erinnerungen, Befürchtungen und Hoffnungen, Wünsche und Pläne, unsere Vorstellungen, wie wir sind oder zu sein glauben oder von anderen gesehen werden möchten, wie wir unsere Vergangenheit und unsere Möglichkeiten in der Zukunft einschätzen. Wir können von multiplen Selbstbildern sprechen, womit natürlich nicht konkrete räumliche Bilder, sondern abstrakte Repräsentationen von Merkmalen in Form von Verschaltungen und raumzeitlichen Aktivitätsmustern im Gehirn gemeint sind. Sie sind oft widersprüchlich und können nie vollständig sein, denn keine materielle Struktur kann genaue Abbilder ihrer selbst enthalten, auch das Gehirn nicht. Unvollkommene und widerspruchsanfällige, aber dennoch das Verhalten mitbestimmende Selbstbilder könnten zu den Aspekten von Bewußtsein gehören, die aus dem physikalischen Gehirnzustand nicht wirklich zu erschließen sind.

Wie fügt sich menschliches Bewußtsein in die Gesamtheit der Merkmale, die die Sonderstellung des Menschen in der Natur begründen? Bei unserer Analyse der Leib-Seele-Beziehung haben wir Verhaltensdispositionen in den Mittelpunkt der Überlegungen gestellt, und die Bildung solcher Dispositionen ist ihrerseits essentielle Voraussetzung des strategischen Denkens. Dieses wiederum beruht auf den «höheren» Fähigkeiten des menschlichen Gehirns, ganz besonders auf der Selbstrepräsentation. Da die Entstehung des strategischen

Denkens ein ganz wesentlicher Faktor in der Evolution des Homo sapiens gewesen sein muß, ist auch die Entwicklung der selbstbezogenen Fähigkeiten des menschlichen Gehirns evolutionsbiologisch einsichtig. Eine hinreichende Erklärung aller Eigenschaften des Seelischen kann diese Betrachtung dennoch nicht hergeben, denn die Grenzen der Dekodierbarkeit werden damit nicht überwunden. Wenngleich keine Eigenschaft des Gehirns im Gegensatz zu Naturgesetzen und Evolutionsprinzipien steht, können wir doch nicht umgekehrt das Seelische vollständig und philosophisch befriedigend aus Prinzipien der Naturwissenschaft ableiten.

Zwar gelten im Gehirn die gleichen physikalischen Gesetze wie in einer Maschine; aber eine Maschine, die wir verstehen, würde kaum alle unsere Gehirnleistungen erbringen, und eine Maschine, die alles könnte wie ein Mensch, würden wir auch bei größten Anstrengungen nicht vollständig begreifen. In anderen Worten: Keine noch so umfassende rein physikalische Analyse eines Gehirns könnte all das an Information ergeben, was sich durch Selbstaussagen über seelische Zustände vermitteln läßt.

«Der Mensch erlebt sich in seiner Tat»: Worin besteht die Freiheit des Willens?

Wir empfinden uns in gewissem Maße als frei in der Wahl unserer Handlungen und verantwortlich für deren Folgen. Zwar läßt sich Wahlfreiheit mit soziologischen, psychologischen und philosophischen Argumenten anzweifeln, doch ändert dies nichts an dem Bewußtsein des einzelnen dafür, daß er Entscheidungsalternativen hat und wahrnimmt. Weitgehend unabhängig von theoretischen Auffassungen unterstellen wir lebenspraktisch eine Willensfreiheit des Menschen; ohne diese gäbe es kein wertbestimmtes soziales Verhalten. Gibt es Willensfreiheit wirklich und wenn ja, in welchem Sinne? Wieweit können wir überhaupt verantwortlich handeln? Wie vertragen sich das subjektive Empfinden, zwischen verschiedenen Handlungsalternativen frei wählen zu können, und der Anspruch der Gesellschaft, Rechenschaft für eine bestimmte Handlung zu verlangen, mit dem streng naturgesetzlichen Ablauf der Ereignisse im Menschen einschließlich seines Gehirns?

In den dreißiger Jahren wurde der Gedanke diskutiert, die Willensfreiheit des Menschen mit der Unbestimmtheit der Quantenphysik in Verbindung zu bringen: Der scheinbare Widerspruch zwischen «Freiheit» und «Determinismus», hieß es, werde durch die Quantenunschärfe der modernen Physik aufgehoben. Man dachte an Zufallsgeneratoren im Gehirn, an die Möglichkeit, daß der Quantenunbestimmtheit unterliegende Vorgänge an einzelnen Molekülen durch Verstärkereffekte ganze Verhaltensketten auslösen, die prinzipiell nicht vorherberechenbar sind. Solche Vorgänge kann es durchaus geben, zum Beispiel im Zusammenhang mit spontanem Erkundungs- oder Fluchtverhalten, aber sie betreffen doch nicht den Kern der Willensfreiheit. Eine Willensentscheidung besteht in der Regel nicht in einer Zufallswahl mit unvorhersehbarem Ausgang, wie man sie zum Beispiel durch Auswürfeln treffen könnte, sondern in der selbstbestimmten Wahrnehmung strategischer Optionen. Willensfreiheit bedeutet in erster Linie: Unser Verhalten ist nicht nur durch Außeneinflüsse, sondern

172

wesentlich durch Vorgänge in uns selbst – Denken und Fühlen eingeschlossen – bestimmt. Physikalischer Determinismus in unserem Kopf widerspricht keineswegs der Auffassung, daß unsere Handlungen durch Vorgänge in uns selbst – und darum auch von uns selbst – gesteuert werden. Mehr als fraglich bleibt allerdings, ob diese Einsicht in sich eine befriedigende «Erklärung» von Willensfreiheit ergibt. Zwar verträgt sich das subjektive Empfinden, freie Entscheidungen zu treffen, mit objektivem Determinismus von Gehirnvorgängen, aber von außen betrachtet erscheint dann eben doch die Entscheidung des einzelnen, in der er sich selbst frei fühlt, durch seinen jeweiligen Gehirnzustand so festgelegt, daß das Verhalten als objektiv determiniert angesehen werden könnte. Wie wäre aber dann noch das Prinzip der Verantwortung philosophisch zu rechtfertigen?

In diesem Zusammenhang zeigen nun Grenzen der Dekodierbarkeit einen weiteren Aspekt der Willensfreiheit auf: Es ist eben gerade nicht zu erwarten, daß der Wille eines Menschen durch objektive Analyse von außen umfassend und verläßlich entschlüsselt werden kann, steht der Wille doch in enger Beziehung zu Verhaltensdispositionen, die sich aus einsichtigen Gründen wahrscheinlich nicht vollständig dekodieren lassen. Damit sind aber auch der Kenntnis, der Manipulation und der Beurteilung fremden Willens prinzipielle Grenzen gezogen. Diese Überlegung könnte zu einem besseren Verständnis der subjektiv erlebten Freiheit beitragen, wenn auch hier nicht behauptet werden soll, daß sich dadurch das philosophisch so schwierige Problem der Willensfreiheit auflösen würde. Der Wille erscheint als eine nicht vollständig und finitistisch aus dem physikalischen Gehirnzustand deduzierbare

Eigenschaft des Individuums. Deswegen ist auch willensbestimmtes Verhalten des einzelnen nicht vollkommen prognostizierbar und erklärbar – nicht für die Mitmenschen, nicht einmal für den Handelnden selbst; in diesem Sinne bleibt der Mensch sich und anderen oft ein Rätsel.

Bisher war von zwei Zugängen die Rede, welche – jeweils begrenztes – Wissen von uns selbst ermöglichen: Introspektion und Hirnphysiologie. Es gibt noch einen dritten Zugang, von dem seltener die Rede ist: Wir erfahren uns selbst in erheblichem Umfang erst durch die Auswirkungen unseres Willens in unseren Handlungen und deren Wahrnehmung. Es gibt, das zeigt diese Betrachtung, nicht nur das Erkenntnisproblem «Leib-Seele-Beziehung», sondern auch eine enge Wechselbeziehung von seelischen Zuständen und willentlichen Handlungen.

Der Mensch, schrieb Schopenhauer, erlebt sich in seinen Taten. Wir seien, meinte er, immer schon das, was wir wollen, und in diesem transzendenten Sinne gebe es Willensfreiheit, während tatsächliche Handlungsweisen durch die charakterliche Konstitution eines Menschen vorgegeben seien. In Übereinstimmung mit der Gedankenwelt der deterministischen Mechanik seiner Zeit und ohne Kenntnis moderner Hirnforschung und Psychologie hielt Schopenhauer den Charakter für unveränderlich. Dieser deterministische Aspekt seiner Thesen ist sicher und glücklicherweise falsch; eigene Taten wirken im Zusammenhang mit anderen Erfahrungen des Lebens durchaus auf den seelischen Zustand zurück und bewirken eine neue, manchmal bessere Disposition für künftiges Verhalten. Sinnvoll und einleuchtend bleibt aber der vom Determinismusproblem unabhängige Teil der Theorie Schopenhauers: Bewußtsein steht in enger Wechselwirkung mit Handlungen; die begrenzte Kenntnis von uns selbst, über die wir verfügen, ist ebenso durch unsere willentlichen Entscheidungen und Taten vermittelt wie durch Einsichten, die durch Versenkung ins Innenleben zutage gefördert werden können. Deshalb gehört es zur Lebenskunst, für sich das richtige Maß von Extro- und Introvertierung zu finden – zum einen, um richtig zu handeln, zum anderen, um sich selbst zu erkennen.

Dies ist auch ein Thema des vielleicht hintergründigsten Werks, das Goethe geschrieben hat: In seinem «Torquato Tasso» stellt er den Dichter als einen nach innen gewendeten Menschen dar; sein Gegenspieler, der Staatssekretär Antonio, betont dagegen die Notwendigkeit des Handelns, und zwar auch, um sich selbst zu erleben und in seinen eigenen Möglichkeiten und Grenzen zu erfahren. Goethe war in Weimar beides, Dichter und Politiker; ebendeswegen konnte er beiden Gegenpolen gerecht werden. So läßt er Antonio zum Thema «Handeln und Selbsterkenntnis» sagen:

«Es ist wohl angenehm, sich mit sich selbst
Beschäft'gen, wenn es nur so nützlich wäre.
Inwendig lernt kein Mensch sein Innerstes
Erkennen, denn er mißt nach eignem Maß
Sich bald zu klein und leider oft zu groß.
Der Mensch erkennt sich nur im Menschen, nur
das Leben lehret jedem, was er sei.»

Das Gehirn verstehen – ein Königsweg zum «Ich»?

Wie stellt sich uns die Leib-Seele-Frage insgesamt gegenwärtig dar? Sie ist mit Sicherheit kein Scheinproblem; während sie lange Zeit ein Schattendasein führte, als leicht unseriös galt und aus dem wissenschaftlichen Diskurs eher verdrängt wurde, gerät sie seit kurzem immer mehr ins Rampenlicht der Aufmerksamkeit – und dies zu Recht; für ein philosophisches Selbstverständnis des Menschen bildet die Beziehung zwischen Objekt und Subjekt, Gehirn und Geist eine Art Weltknoten, wie Schopenhauer das genannt hat.

Dies zeigt sich in der gegenwärtigen wissenschaftlichen Diskussion oder deutet sich zumindest an: Nicht Reaktionen auf äußere Reize, sondern innere Vorgänge, die äußere Handlungen bestimmen, werden von Psychologen und Neurobiologen bevorzugt beachtet. Sie studieren innere Zeitmaße, die Grenzbereiche zwischen bewußten und unbewußten Vorgängen, Lernen, Gedächtnis und Erinnerung, die Neurobiologie der Gefühle und Befindlichkeiten, nicht zuletzt die Aktivierungsmuster, die sich mit nichtinvasiven Techniken, also unblutig und schmerzlos, im vollaktiven menschlichen Gehirn nachweisen lassen. Untersuchungen über das Thema «Gehirn und Aufmerksamkeit» finden großes Interesse; nur ein Teil der Wissenschaftler thematisiert dabei ausdrücklich das Leib-Seele-Problem – aber um was sonst als dieses handelt es sich denn bei all der Aufmerksamkeit auf die Aufmerksamkeit? Das Tabu aus vergangenen Blütezeiten vollformalisierter Wissenschaftstheorien ist gebrochen. Selbst in amerikanischen Denkschulen analytischer Philosophie, die ursprünglich mit dem Leib-Seele-Problem gar nichts im Sinn hatten, ist Subjektivität en vogue.

Manche Wissenschaftler fallen nun allerdings in das andere Extrem und meinen, das Leib-Seele-Problem sei eine naturwissenschaftliche Fragestellung wie andere auch und werde deshalb schließlich gewöhnliche naturwissenschaftliche Lösungen finden. So wie man zum Beispiel die Supraleitung als Eigenschaft von Metallatomsystemen bei niedrigen Temperaturen auf physikalischer Basis zu verstehen gelernt habe, müßte sich prinzipiell auch Bewußtsein als Eigenschaft bestimmter Systeme von Nervenzellen erklären lassen. Logisch auszuschließen ist das beim gegenwärtigen Forschungsstand nicht, aber man kann es auch nicht als die einzig vernünftige Position ausgeben, die sich nur noch gegen Reste irrationaler Ideen von einer Sonderstellung des menschlichen Geistes durchzusetzen hätte. Supraleitung ist objektiv definiert – der elektrische Widerstand ist null –, Bewußtsein aber nicht; und aus der wissenschaftlichen Entscheidbarkeit bestimmter Fragen folgt keineswegs die wissenschaftliche Entscheidbarkeit aller Fragen. Da hilft es auch nicht, Bewußtsein als «emergente», sozusagen von selbst entstehende Eigenschaft des Gehirns zu bezeichnen, denn solche Begriffe haben geringen Erklärungswert.

Die Hirnforschung muß sich naturgemäß auf formal wohldefinierte Aspekte von Bewußtsein beschränken. Die Aufklärung der neurobiologischen Grundlagen von objektiv definierbaren Bewußtseinsmerkmalen ist hochinteressant, kann aber die Grenzen der Formalisierbarkeit keineswegs aufheben und eben darum auch zu keinem vollständigen Verständnis führen. Was formalisierbar ist, ließe sich im Prinzip auch in einem Computer realisieren – ein nichtformalisierbarer Überschuß bewußten Erlebens zeigt sich aber gerade darin, daß wir auch einen perfekten Computer mit allen formal definierten Eigenschaften, die wir Bewußtsein zuschreiben, nicht als Spiegel und Partner unseres eigenen Bewußtseins akzeptieren würden. Wir würden niemanden des Mordes bezichtigen, der einen solchen Computer, wie eindrucksvoll auch immer seine holistischen und selbstbezogenen Eigenschaften sein mögen, zerschlägt. Die Geschichte des Studenten Nathanael, die E.T.A. Hoffmann in seiner von Offenbach vertonten Novelle «Der Sandmann» erzählt, ist phantastisch und lehrreich zugleich. Der Held verliebt sich in Olimpia, eine von einem Physiker konstruierte Puppe. Die Entdeckung, daß die Geliebte ein Automat ist, treibt ihn in den Wahnsinn. Mehr und mehr Erkenntnisse der Neurobiologie über die formalisierbaren, also automatisierbaren Aspekte des Bewußtseins – das wäre viel, aber es kann nicht alles sein; es löst nicht den «Weltknoten» der Leib-Seele-Beziehung.

Ein Problem bei der Entwicklung einer naturwissenschaftlich begründeten Theorie der Leib-Seele-Beziehung besteht darin, daß Begriffe des Mentalen in der gegenwärtigen Naturwissenschaft zumindest nicht unmittelbar vorkommen. Könnte es eine erweiterte Physik geben, die zu einer Lösung führt? Diese Hoffnung blieb schon einmal – in den dreißiger Jahren – unerfüllt, als man, wie schon erwähnt, die Unbestimmtheit der Quantenphysik mit dem Problem der Willensfreiheit in Zusammenhang zu bringen suchte. Tiefgründiger ist da der Hinweis, daß die moderne Quantenphysik im Gegensatz zur anschaulichen materialistischen Physik des neunzehnten Jahrhunderts eine Theorie des möglichen Wissens ist. «Wissen» aber verweist unmittelbar auf «Bewußtsein» zurück; deshalb sei, so wird manchmal behauptet, Bewußtsein die eigentliche Wirklichkeit und «objektive» Realität nur Schein. Überzeugend ist eine solche Argumentation aber auch nicht. Zwar setzt Physik – wie alles, was mit Denken zusammenhängt – Bewußtsein voraus, aber diese Erkenntnis ergibt noch lange nicht eine wissenschaftliche Theorie des Bewußtseins als *Gegenstand* der Forschung. Denkbar wäre es, daß eine zukünftige, begrifflich erweiterte Quantenphysik einmal das Bewußtsein erklären wird – eine umfassendere Physik, die sich zur heutigen Quantentheorie etwa so verhält wie diese zur alten anschaulichen Mechanik. Es wäre schön, wenn das ginge, und es ist logisch nicht ausgeschlossen – sehr wahrscheinlich aber ist das Gelingen nach Lage der Dinge nicht.

Sowenig man die Zukunft der Erkenntnismöglichkeiten hinsichtlich der Leib-Seele-Beziehung vorhersagen kann, so möchte ich doch in einer zusammenfassenden Betrachtung die entscheidungstheoretische Dimension des Problems hervorheben: Bei der Erforschung von Eigenschaften komplexer Nervennetze hat man mit Grenzen mathematisch-logischer Entscheidbarkeit zu rechnen. Sie begründen die Vermutung, daß die Beziehung zwischen Gehirnzustand und seelischem Zustand prinzipiell nicht vollständig zu entschlüsseln ist, jedenfalls nicht mit innerweltlichen, endlichen Mitteln. Die Leib-Seele-Beziehung ist kein gewöhnliches naturwissenschaftliches Problem, dessen Lösbarkeit außer Frage steht und dessen Lösung nur von unseren Anstrengungen abhängt. Es sieht eher danach aus, daß es prinzipielle – eben auch entscheidungstheoretisch bedingte – Grenzen der Entschlüsselung gibt. Informationstheoretisch ausgedrückt, kann die objektive Analyse von Gehirnvorgängen nur einen Teil der Information über Bewußtseinszustände und -vorgänge ergeben; die intersubjektive Vermittlung bewußten Erlebens durch die Sprache erschließt mehr, die willentliche Handlung noch einmal mehr. In gewissem Maße sind alle drei Zugänge zueinander komplementär, aber auch zusammen ergeben sie noch kein vollständiges Bild.

Die Naturwissenschaft als Kulturleistung zeigt in ihrer Geschichte und in ihrer inneren Struktur eine Konvergenz von Denken und Wirklichkeit, die den menschlichen Verstand mit der verborgenen Ordnung der Natur verbindet; sie zeigt aber auch die Grenzen wissenschaftsimmanenten Denkens auf und verweist uns auf nichtformale Voraussetzungen des Wissens über Natur und Mensch. Zu diesen «makrokosmischen», universellen Aspekten der Beziehung von menschlicher Erkenntnis und natürlicher Wirklichkeit bildet die Leib-Seele-Beziehung beim einzelnen Menschen ein «mikrokosmisches» Äquivalent: Einerseits zeigt uns die Biologie eindrucksvoll, daß der Mensch Teil der Natur ist und daß die den Ereignissen in Raum und Zeit zugrundeliegenden allgemeinen Gesetze auch für sein Gehirn als Organ des Denkens gelten. Die naturwissenschaftlichen Erklärungen von Eigenschaften und Fähigkeiten des menschlichen Gehirns reichen weit. Andererseits finden sie aber auch ihre Grenzen, nicht zuletzt in unseren Bemühungen, zu einem umfassenden wissenschaftlichen Verständnis bewußten Erlebens zu gelangen. Notwendige Bedingungen für Bewußtsein zu finden erweist sich als leicht, eine vollständige Definition dagegen scheint eher unmöglich zu sein. Die Frage, ob irgendein künstliches System der Informationsverarbeitung Bewußtsein im menschlichen Sinne hat, ist wohl auf keine verbindliche Weise zu entscheiden und macht deshalb erkenntnistheoretisch wenig Sinn. Fremdes Bewußtsein wird durch Sprache und Gestik vermittelt, die an die biologische Ausstattung des Menschen gebunden sind und auf dem Vertrauen aufbauen, daß der Kommunikationspartner wirklich ein Mensch ist. Die Kommunikation ist nicht immer klar und eindeutig, sondern zuweilen rätselhaft, irrtums- und betrugsanfällig. Die unüberwindliche Unvollständigkeit begrifflicher und inhaltlicher Erfassung des «Fremdseelischen» verweist uns darauf, daß es für Bewußtsein nichtformalisierbare Voraussetzungen jenseits des objektivierbaren Wissens gibt. Dies zu erkennen ist kein Rückfall in Irrationalität; es bestätigt sich vielmehr die alte Einsicht rationaler Erkenntniskritik, daß Erkenntnisfähigkeit vom Erkenntnisapparat abhängt. Und das zeigt sich im besonderen bei der Erkenntnis von Menschen über Menschen, die durch die biologische Ausstattung der Spezies Mensch erst ermöglicht, aber eben auch begrenzt wird.

Evolution, Empathie und altruistisches Verhalten

Woher kommen menschliche Werte – sind sie biologisch angelegt, sind sie Kulturprodukt, sind sie gar Ergebnisse moralischer Belehrungen? Die Evolution begünstigt in der Regel egoistische Verhaltensanlagen; in Grenzen kann sich aber auch Altruismus entwickeln – als Hilfe unter biologisch Verwandten und Vertrauten, als Leistung für erwartete Gegenleistung. Beim Menschen spielt zudem die Fähigkeit der Empathie eine wesentliche Rolle – des Mitempfindens mit anderen, und zwar auch in bezug auf Erwartungen, Hoffnungen und Ängste hinsichtlich der Zukunft. Vermutlich ist diese Fähigkeit in Zusammenhang mit der Evolution des strategischen Denkens entstanden. Mitempfinden erleichtert es, das Verhalten anderer zu prognostizieren und zu verstehen, ist aber auch ein Motiv für Kooperation und Solidarität. Genetisch angelegt im Menschen sind jedoch nur Grund- und Randbedingungen des Verhaltens; die Wertsetzungen und Verhaltensmuster im einzelnen sind eine Kulturleistung. Dies spricht für eine Ethik, welche die natürlichen Verhaltensanlagen des Menschen einbezieht – in erstaunlicher Übereinstimmung mit älteren Ideen von Philosophen wie Epikur, Ibn Chaldun und Schopenhauer.

Menschenbilder im Spannungsfeld
von Biologie und Sozialwissenschaft

Moralisten, die die Schlechtigkeit der Menschen beklagen und das Gute fordern, vertragen sich in der Regel nicht besonders gut mit Soziobiologen, welche menschliches Verhalten aus evolutionsbiologisch einsichtigen Gründen als primär egoistisch ansehen, mit einigen ebenfalls biologisch erklärbaren Ausnahmen. Sozialwissenschaftler wiederum beschuldigen die Soziobiologen gern, sie propagierten ein biologisch-mechanistisches und dabei ziemlich konservatives Menschenbild, während der Vorwurf in umgekehrter Richtung lautet, die «Soft Sciences» seien wenig geeignet, mit naturwissenschaftlichen Fakten und Analysen ernsthaft zu konkurrieren. Solche stereotypen Kontroversen, die viel mit imaginären Trennlinien zwischen Natur- und Geisteswissenschaften zu tun haben, können jedoch nur in begrenztem Maße zur Erhellung der Probleme beitragen.

Wenn man aber versucht, natur- und geisteswissenschaftlichen Perspektiven zugleich gerecht zu werden, so erkennt man, daß dieser Typ von Kontroversen im Grunde überholt ist. Menschliches Verhalten ist ohne Zweifel an biologische Grund- und Randbedingungen gebunden; ebenso deutlich ist die Vielfalt verschiedener soziokultureller Entwicklungen menschlicher Gesellschaften. Solange man sich nicht einem radikalen kulturellen und historischen Relativismus verschreibt, ist es unübersehbar, daß sich verschiedene Kulturen und Phasen der Geschichte sehr in ihrer Lebensqualität für die Menschen unterscheiden; in der Regel lebte und lebt es sich um so angenehmer, je umfassender eine Gesellschaft die Freiheit des einzelnen respektiert und zugleich bestimmte Formen von Gemeinsinn aktiviert.

Zum menschlichen Bewußtsein gehört das Wissen um verschiedene Handlungsmöglichkeiten in einer gegebenen Situation. Zwar können wir die Verhaltenswahl dem Zufall überlassen, aber die Regel ist eher die strategische Entscheidung. Wir bewerten die verschiedenen Möglichkeiten, um die beste zu wählen. Wie geschieht das, und welche Maßstäbe legen wir dabei an? Vorrangig lassen wir uns von unserem Interesse leiten, unser Leben zu erhalten und möglichst angenehm zu gestalten. Vielfach werden Interessen von Familienmitgliedern, aber auch von größeren Sozialverbänden berücksichtigt, denen sich der einzelne zugehörig fühlt, selbst wenn dies seinen persönlichen Bedürfnissen widerspricht. Manche sind zu sehr uneigennützigen Handlungen bis hin zur Selbstaufopferung bereit. Mitgefühl und Mitleid spielen dabei eine Rolle, aber auch Werte, die aus Erziehung und Umfeld unreflektiert übernommen worden sind. Insgesamt können wir also auf die Frage «Was sind handlungsbestimmende menschliche Werte, und woher kommen sie?» nicht mit einer einfachen Antwort rechnen.

Kann uns Naturwissenschaft dabei helfen, sie zu finden? In Grenzen ja, aber nur dann, wenn man von ihr nicht mehr erwartet, als ihre Voraussetzungen zulassen. Wissenschaftstheoretiker weisen uns zu Recht darauf hin, daß es logisch nicht möglich ist, von Tatsachen allein auf Werte zu schließen: Jedes «Soll» in den Schlußfolgerungen erfordert schon ein «Soll» in den Prämissen. Biologisch, so lehrt uns die Verhaltensforschung, ist die Spezies Mensch verwandt mit höheren Tieren, mit denen sie viele Verhaltensmerkmale gemeinsam hat; sie verfügt außerdem über Eigenschaften, die sie von Tieren unterscheiden, deren Entstehung sich aber ebenfalls mittels evolutionsbiologischer Gesetzmäßigkeiten erklären läßt oder ihnen doch zumindest nicht widerspricht. In der Folge einer Evolution, die die Spezies Mensch in die Eigendynamik der Kulturgeschichte sozusagen entlassen hat, entwickelt sie drittens aber auch Verhaltensmerkmale, die in wesentlichen Zügen kulturbedingt sind.

Rein biologische Erklärungsversuche greifen deshalb zu kurz, aber auch eine vorurteilsbeladene Abwertung biologischer Aspekte der Natur des Menschen muß zu falschen Schlüssen führen. Um wertbestimmtes menschliches Verhalten zu verstehen, müssen wir biologische *und* nichtbiologische Aspekte verbinden: zum einen Eigenschaften, die Menschen und höhere Tiere gemeinsam haben – Beispiel: Kooperation unter Verwandten; sodann die Evolution der Anlagen, die über sporadische Ansätze in der Tierwelt hinaus spezifisch menschliche Fähigkeiten begründet haben – Beispiel: Sprachfähigkeit, Beispiel: Mitempfinden; und nicht zuletzt die kulturellen Faktoren, die sich eindrucksvoll in der sehr großen kulturellen Vielfalt der Menschheit bei annähernd gleichen genetischen Anlagen zeigen.

Diese verschiedenen Aspekte sind Gegenstand intensiver und interessanter Spezialforschungen, die eine Fülle wissenschaftlicher Erkenntnisse erbracht haben; aber mit ihrer Integration, mit dem Versuch einer Verknüpfung zu einem wissenschaftlich gestützten Menschenbild steht es noch nicht zum besten. Wenn sich auch in der Gegenwart Soziobiologen und Geisteswissenschaftler vielfach nicht gut verstehen, so gibt es doch Stränge der Philosophiegeschichte, die, oft mehr implizit als ausgesprochen, biologisch angelegte Randbedingungen menschlichen Verhaltens gelten ließen, ohne sie zu vorherrschenden oder gar allein maßgebenden Eigenschaften zu erklären. Als Beispiele werden uns Epikurs Philosophie des Glücks, Ibn Chalduns Thesen zu Gemeinsinn und Solidarität und Schopenhauers Philosophie des Mitgefühls dienen.

Evolution der Kooperation

Wie wirken evolutionsbiologische und soziokulturelle Faktoren zusammen, die den einzelnen zu nichtegoistischem Verhalten motivieren? Der Gegensatz zum Egoismus ist Altruismus, aber dieser nicht sehr klare Begriff verführt leicht zu unfruchtbaren Auseinandersetzungen. Altruismus läßt sich sehr weit fassen, so daß der Begriff auch noch ziemlich listige Freundlichkeiten einschließt, die eigentlich auf den eigenen Vorteil ausgerichtet sind, oder auch so eng, daß selbst ein Verhalten, das definitiv anderen auf eigene Kosten hilft, dann doch noch wegen des erstrebten angenehmen Gefühls eines guten Gewissens als letztlich egoistisch eingestuft werden kann.

Nun ist das Wort «Altruismus», das für «gutes» Verhalten steht, zunächst ein ähnlich mehrdeutiger Begriff wie «Leben» und «Seele», aber wie für diese gilt auch für Altruismus, daß

188

wir uns von unserem intuitiven Vorverständnis des im moralischen Sinne «Guten» nicht zu weit entfernen dürfen, sollen
die Überlegungen dazu noch eine erklärende Funktion haben.
Dem kommt eine Auffassung nahe, die Altruismus als Disposition ansieht, anderen auf eigene Kosten auch ohne absichtliche Ausrichtung auf Gegenleistung zu helfen; indirekte positive Rückwirkungen der altruistischen Handlungen auf soziale
Beziehungen und emotionale Zufriedenheit sind aber nicht
ausgeschlossen. Dies gilt für die Hilfe aus Mitleid, besonders
aber auch für die Bereitschaft zu Formen der Kooperation, die
nicht primär auf das eigene Wohl, sondern auf das aller Partner
abzielt. Nicht jeder Altruismus hat die Form von Kooperation,
aber Kooperativität kann doch im Rahmen grundsätzlicher
Überlegungen als exemplarisch für menschlichen Altruismus
angesehen werden.

Kooperationsfähigkeit ist – neben dem Denk- und Sprachvermögen – eine sehr ausgeprägte Eigenschaft der Spezies
Mensch und führt in vieler Hinsicht über Formen der Kooperation unter Tieren hinaus. Diese hohe Kompetenz für Kooperation muß im Menschen genetisch angelegt sein. Ihre Ausprägung ist allerdings nach Grad und Richtung in unterschiedlichen Gesellschaften und Phasen der Geschichte außerordentlich verschieden – sie ist kulturabhängig. Dabei sind nun nicht
etwa bestimmte Arten kooperativen Verhaltens rein genetisch,
andere ausschließlich kulturell geprägt. Vielmehr baut die ganze kulturelle Bestimmung sozialen Verhaltens auf mehr oder
weniger verborgenen biologischen Voraussetzungen auf. Genetik legt Verhalten als solches nicht fest, wohl aber die
Verhaltensspielräume, die überhaupt kulturell realisierbar
sind.

Im Inhalt recht, in der Bewertung unrecht haben Sozialforscher, wenn sie den Vorrang kulturellen Einflusses mit der Bemerkung untermauern, altruistisches Verhalten sei erlernt, und die Biologie begründe «nur» die Fähigkeit, es zu erlernen. Richtig, aber das ist doch in Wirklichkeit sehr viel. Auch Sprache wird erlernt, und auch bei der Sprache begründet die Biologie des Menschen «nur» die Fähigkeit, eine – irgendeine – Sprache zu lernen, und dennoch ist dieses genetisch angelegte Lernvermögen konstitutiv für den Menschen und sein Sozialverhalten. Entsprechendes gilt für Kooperativität, nur daß in diesem Zusammenhang unsere Emotionen noch stärker angesprochen sind als etwa bei dem Problem der Sprachfähigkeit. Irgendwie wirken beim Phänomen «Kooperativität» Genetik *und* Kultur zusammen, aber wie? Antworten auf diese schwierige Frage sind von großer Bedeutung für das Menschenbild wie auch für Reichweite und Grenzen politischer Optionen in der Gesellschaft.

Kooperationsbereitschaft bedeutet, daß Menschen in der Gruppe ihre individuellen Eigeninteressen in gewissen Grenzen hinter die Interessen anderer – oder aller – Mitglieder der Gruppe zurückstellen, indem sie sich an gemeinsamen Unternehmen beteiligen, Hilfe leisten und Konkurrenzvorteile innerhalb der Gruppe nicht ausnutzen. Häufig dient Kooperation innerhalb einer Gruppe zur aggressiven Auseinandersetzung mit anderen Gruppen, aber in vielen Fällen wird auch Kooperativität in Unternehmungen investiert, die nicht zu Lasten anderer gehen. Forderungen nach altruistischem im Gegensatz zu egoistischem Verhalten gehören in der Regel zur Sozialisation im Kindes- und Jugendalter. Erst die Einsicht in die Relativität von Normen, die sich aus dem Kulturvergleich ergibt, das Verlangen nach Erkenntnis und die Auseinandersetzung mit alternativen Gesellschaftsentwürfen rücken ethische Fragen in den Bereich rational-wissenschaftlicher Erörterungen.

Im Tierreich erzeugte die Evolution unzählige Verhaltensanlagen, die der Lebenserhaltung und Fortpflanzung dienen. Evolution durch Mutation, Neukombination und Selektion von Genen und Genbereichen gemäß den Kriterien erhöhter «Fitness» der Organismen beeinflußt nicht zuletzt *quantitative* Verhaltensparameter; so ist nachgewiesen, daß Vögel ihr «Zeitbudget» optimieren, indem sie die verfügbare Zeit für verschiedene Tätigkeiten optimal einteilen, zum Beispiel für Nestbau, Partner- und Futtersuche – optimal in bezug auf den Fortpflanzungserfolg. Nun suggeriert das Prinzip der Selektion nach «Fitness» keineswegs eine Evolution zur Kooperationsbereitschaft, sondern vielmehr zu einem gnadenlosen Konkurrenzkampf in der belebten Natur, den es in vielen Bereichen ja auch offenkundig gibt. Um so bemerkenswerter sind daher die Beispiele kooperativen Verhaltens im Tierreich, und am erstaunlichsten ist – aus der Sicht der biologischen Evolutionstheorie – die ausgeprägte Kooperationsfähigkeit von Menschen. Wie sind diese Eigenschaften mit den Prinzipien biologischer Evolution zu vereinbaren? Eine naheliegende Idee ist die Vorstellung von einer Gruppenselektion: Kooperative Verhaltensweisen sind nicht immer gut für das Individuum, aber sie sind gut für die Erhaltung der Art, und deswegen – so diese Auffassung – ergebe sich kooperatives Verhalten als Folge der Konkurrenz zwischen Arten im Kampf ums Dasein. Auch Teilpopulationen innerhalb einer Art würden sich gerade dann durchsetzen, wenn sie eine genetische Veranlagung zu besonders umfassender Kooperation untereinander aufweisen.

Dieses Erklärungsmuster allerdings hält einer kritischen Prüfung nicht stand, denn Selektion setzt nicht an Gruppen, sondern an den Individuen an. Tritt nämlich innerhalb einer Gruppe aus lauter genetisch zur Kooperation veranlagten Tieren in einem einzelnen Tier eine Mutation in Richtung einer Verhaltensanlage auf, die die Kooperation der anderen ausnutzt, um sich eigene Vorteile zu sichern, so wird dieses Tier besonders *viele* überlebens- und fortpflanzungsfähige Nachkommen erzeugen. Dabei vermehren sich aber auch die Gene, die das Verhaltensmerkmal «Sei *nicht* kooperativ» festlegen, und somit setzt sich die egoistische Mutante innerhalb der Population rasch durch, während die Gene der Kooperationsbereiten verschwinden. Ich bin mir nicht ganz sicher, ob dieses Standardargument gegen Gruppenselektivität immer und in allen denkbaren Fällen sticht, aber die meisten Fachleute bestehen darauf, und vermutlich haben sie recht: Daß Kooperation einer Art beziehungsweise einer Gruppe nützt, erklärt nicht, wie Kooperationsfähigkeit auf Kosten eigener «Fitness» in der Evolution entsteht und warum sie Bestand haben kann.

Statt dessen steht eine andere Erklärung bereit, die einen großen Teil des beobachteten kooperativen Verhaltens von Tieren verständlich macht. Es hat sich nämlich ergeben, daß es sich sehr häufig um Kooperation zwischen genetisch Verwandten handelt. Genetische Anlagen zu altruistischem Verhalten unter Verwandten können sich aber durchaus in der Population durchsetzen und stabilisieren. Dies liegt daran, daß Verwandte einen Teil der Gene gemeinsam haben, Brüder zum Beispiel zu fünfzig Prozent. Helfe ich aufgrund einer genetischen Anlage «Hilf deinen Verwandten» meinem Bruder, so befördere ich, statistisch gesehen, die Vermehrung *meiner* genetischen Anlagen in *seinen* Nachkommen. Hat er nun hinsichtlich unser beider «Fitness» doppelt so viele Vorteile von meiner Kooperationswilligkeit wie ich Nachteile, so vermehrt sich die genetische Anlage «Hilf deinen Verwandten» in der Population und wird sich durch solche Mechanismen im Lauf der Generationen durchsetzen beziehungsweise, soweit sie schon besteht, weiterhin behaupten. Aufgrund dieser Prinzipien werden genetisch verankerte Dispositionen zur Kooperation unter Verwandten evolutionsbiologisch nicht nur qualitativ verständlich; sie lassen sich zudem mit Hilfe des Begriffs einer erweiterten «inklusiven Fitness», die das Vorkommen eigener Gene auch bei entfernteren Verwandten mitberücksichtigt, quantitativ analysieren.

Kooperation innerhalb von Gruppen muß dabei nicht strikt auf Verwandte beschränkt bleiben. Junge Affen erfahren Verwandtschaft nicht unmittelbar, sie erleben Vertrautheit, die meist – statistisch und nicht im Einzelfall – mit Verwandtschaft korreliert ist. Dementsprechend führte die Evolution auch zu Verhaltensanlagen der Kooperationsbereitschaft unter sozial Vertrauten – also statistisch gesehen bevorzugt zur Kooperation mit Verwandten, aber doch auch in beträchtlichem Umfang mit Nichtverwandten. In menschlichen Gesellschaften scheint gemeinsame Sozialisation in besonderem Maße Kooperation zu begünstigen; es erscheint plausibel, daß es sich zumindest zum Teil um eine aus der Verwandtenkooperation heraus verallgemeinerte Kooperation unter Vertrauten handelt.

Es gibt weitere Ursachen altruistischen Verhaltens gegenüber Nichtverwandten. Für den zwischenmenschlichen Umgang spielt eine Form der Kooperation eine große Rolle, bei der ein Partner einem anderen in der Hoffnung auf Gegenleistung hilft: «Wie du mir, so ich dir» – dieses Verhalten nennt man «reziproken Altruismus», auch wenn dabei der Begriff Altruismus reichlich strapaziert wird. Sind Tiere ebenfalls zu Reziprozität fähig? Darf man «Wie du mir, so ich dir» im Ansatz als biologisch angelegt betrachten? Wenn es auch oft schwer ist, reziproken Altruismus von Verwandtenhilfe klar zu unterscheiden, so liegen doch gewichtige Hinweise darauf vor, daß es diese Form von Reziprozität unter Affen gibt – aufbauend auf den sehr differenzierten sozialen Beziehungen innerhalb der Gruppe. Nicht nur, daß sich verschiedene Individuen wechselseitig kraulen; es kommt auch zu Koalitionen zweier Individuen gegenüber einem dritten, und zwar selbst in Fällen, in denen die Zusammenarbeit nur einem der beiden Koalitionspartner Vorteile bringt – etwa wenn sich zwei Männchen verbünden, um ein drittes als Mitbewerber um ein Weibchen abzuschrecken. Erklärung: Der leer ausgehende Partner erwartet bei künftigen Bemühungen um ein Weibchen dann reziprok die Hilfe seines Kumpels, und so kommt schließlich auch der zum Zuge, der beim ersten Mal das Nachsehen hatte. Die mathematische Spieltheorie erlaubt es, zu testen, ob derartige «Wie du mir, so ich dir»-Strategien zwischen zwei Partnern evolutionsbiologisch stabil sind – ob sich also ein Anfangsvertrauen im Schnitt auf lange Sicht lohnt, was die eigene «Fitness» angeht –, und die Antwort ist «ja». Dabei gilt es, sich so zu verhalten, daß man mit einem Partner, der einen bei dem ersten Versuch zur Kooperation hintergangen hat, bei nächsten Zusammentreffen in der Regel nicht mehr zusammenarbeitet. Die spieltheoretische Analyse ergibt, daß es eine gute Strategie ist, zu Anfang Kooperationsbereitschaft zu zeigen, und daß man bei erstmaligem Versagen des Partners nicht zu lange und zu streng nachtragend sein sollte.

Die Evolutionstheorie erklärt also nicht nur Altruismus zwischen Verwandten, sondern auch bei Kooperation mit einem Partner in Erwartung künftiger Gegenleistungen. Für menschliches Sozialverhalten läßt sich die Theorie der Reziprozität von zwei auf viele Partner ausweiten. In einer Gruppe von Menschen muß nicht jeder jedem über die Schulter schauen, um festzustellen, wie kooperativ er oder sie sich verhält, weil sich Mitteilungen über individuelles Verhalten sehr schnell – mittels der Sprache – verbreiten; und so kann ich mein eigenes kooperatives Verhalten mit irgendwem von der Information über dessen früheres kooperatives Verhalten abhängig machen. Auf Dauer trägt solche Reputation, die Koalitions- und Kooperationsfähigkeit signalisiert, positiv zur eigenen «Fitness» bei. Evolutionsbiologisch gesehen können sich somit Gene für eine kooperationsbereite Verhaltensweise durchsetzen, wenn Gewinne an Reputation statistisch und auf Dauer die Verluste aufwiegen, die dadurch entstehen, daß der Kooperationsbereite nicht in jedem Fall seinen eigenen Vorteil wahrnimmt.

Dieser Erklärungstyp ist durchaus charakteristisch für die Fälle, in denen sich Soziobiologie mit menschlichem Verhalten beschäftigt: Auch wenn das tatsächliche Verhalten naiven Konzepten des «Gen-Egoismus» nicht entspricht, läßt sich oft über kompliziertere Gedankengänge dann doch noch eine einleuchtende Erklärung finden. Dabei spielt eine Art Pauschalierung von Verhaltensanlagen eine wesentliche Rolle: Sie können nicht für zahllose Einzelfälle genetisch festgelegt sein, sie müssen sich bewähren, selbst wenn nicht viel Zeit für langwierige

Überlegungen bleibt; und so kann ein allgemeines Verhaltensziel wie «Reputationsgewinn» auch dann biologisch verankert sein, wenn es im Einzelfall selbst langfristig keine Reziprozität gibt, so daß eine Handlungsweise durchaus uneigennützig sein kann.

Insgesamt führen die beiden soziobiologisch begründeten Erklärungstypen – «Solidarität unter Verwandten» und «Kooperation in der Erwartung von Gegenleistung» – schon eine ganze Strecke weit hin zur Erklärung beobachteter Kooperation in menschlichen Gesellschaften auf einer evolutionsbiologisch einsichtigen Grundlage. Nun gibt es aber bei Menschen in Grenzen auch genuinen, auf Reziprozität verzichtenden Altruismus. In militanten Männerbünden findet sich sogar vielfach die Bereitschaft, für andere zu kämpfen und zu sterben. Nichtreziproker Altruismus ist keineswegs auf Kooperation innerhalb einer Gruppe bei Auseinandersetzungen mit anderen Gruppen beschränkt. Viele Menschen, die in Pflegeberufen arbeiten, bringen große persönliche Opfer ohne adäquate Gegenleistung. Es gibt echte Gastfreundschaft gegenüber Fremden. Der Alltag bietet zahlreiche Beispiele nichtreziproken Sozialverhaltens.

Solcher nichtreziproker Altruismus unter Menschen, der auch Nichtverwandte einschließt, beruht in erheblichem Maße auf der Fähigkeit zum Mitfühlen mit anderen, auf Empathie. Wenn Empathie zu altruistischen Handlungen gegenüber Nichtverwandten auch ohne Reziprozität führen kann, so reduziert sie damit individuelle «Fitness». Da die Evolution des Menschen dennoch empathisches Einfühlungsvermögen hervorgebracht hat, sollte es als ein *Neben*produkt einer Entwicklung zu verstehen sein, die *im ganzen* individuelle «Fitness» positiv beeinflußt. Dem entspricht die These, die ich im folgenden begründen möchte: Empathische Fähigkeiten des Menschen sind als Nebenprodukt der Evolution strategischen Denkens entstanden.

Empathie, strategisches Denken und soziales Verhalten

Um strategisch denken zu können, ist es erforderlich, sich verschiedene Szenarien der Zukunft vorzustellen – und darin müssen wir selbst vorkommen, müssen also in unserem eigenen Gehirn repräsentiert sein. Repräsentationen unserer eigenen wirklichen und denkbaren Zustände haben uns schon im Zusammenhang mit der Evolution des Menschen und dem Leib-Seele-Problem beschäftigt. Solche Selbstrepräsentationen ermöglichen es, denkbare künftige Situationen, in die wir bei dem einen oder anderen Verhalten geraten würden, daraufhin zu prüfen, ob sie mit Wohlbefinden oder Unlustgefühlen verbunden sind, um davon unsere Handlungsdispositionen abhängig zu machen. Dabei wird, wie bei vielen anderen Denkprozessen, oft nur das Ergebnis dieser Vorausschau und dessen emotionale Färbung ins Bewußtsein gehoben, während der Denkweg, der zu ihm geführt hat, in wesentlichen Teilen unbewußt bleibt. Ob bewußt oder nicht, in jedem Fall laufen in unserem eigenen Gehirn Prozesse ab, in denen verschiedene *Repräsentationen möglicher zukünftiger Zustände unserer eigenen Person* durch Lust- und Unlustgefühle *bewertet* werden. Strategisches Denken und soziales Verhalten erfordern aber darüber hinaus, die Handlungen *anderer* vorherzusehen, insbesondere soweit sie vom eigenen Tun abhängen. Es müssen in unserem Kopf auch andere Personen repräsentiert sein. Dabei tragen die Erfahrungen, die wir mit ihnen in der Vergangenheit gemacht haben – also gewöhnliche Lernvorgänge – zu unserer Prognosefähigkeit bei.

Es gibt jedoch in vielen Zusammenhängen eine noch viel wirksamere Art, das Verhalten anderer vorherzusagen, die selbst dann effektiv ist, wenn wir die betreffenden Menschen nicht persönlich kennen: Wir versuchen uns in ihre Lage zu versetzen und zu entscheiden, wie wir uns selbst darin verhalten würden. Dabei ist es in gewissem Maße möglich, auch Voraussetzungen einfließen zu lassen, in denen sich andere von uns unterscheiden – Voraussetzungen der Erziehung, der Vorgeschichte, des sozialen Umfeldes, des Vorwissens und – allerdings in engeren Grenzen – auch anderer Temperamente. Das «Sichhineinversetzen» in wirkliche und mögliche Lebenslagen und Befindlichkeiten von Mitmenschen erlaubt es uns, zu beurteilen, welche Situationen sie zu meiden trachten, welche sie herbeiführen möchten. Wir versuchen ganz selbstverständlich im alltäglichen, zwischenmenschlichen Verhalten, uns jeweils in die Lage, die Zukunftshoffnungen und Ängste anderer hineinzudenken und einzufühlen, zum Beispiel bei Vereinbarungen und Verhandlungen, bei der Aufteilung anfallender Arbeiten und Aufgaben, besonders aber bei wichtigen langfristigen Entscheidungen, deren Ergebnisse von der Handlungsweise unserer Mitmenschen abhängen. Wer sich in andere nicht gut einfühlen kann, tut sich mit der Prognose ihrer Handlungen und Reaktionen schwer und trifft deshalb für sich selbst oft die falsche Wahl. Empathie erhöht die eigene «Fitness».

198

Deshalb liegt es in der Logik der Evolution des Menschen, daß sie Repräsentationen *anderer* Personen im *eigenen* Gehirn ermöglicht – Repräsentationen, die mit dem neuronalen System der Lust- und Unlustbewertung verknüpft sind: Dazu mußte die Evolution nicht erst im Gehirn ein besonderes System – «Gefühle anderer» – erzeugen, sondern konnte für die Bewertung der wirklichen und möglichen Situationen anderer auf das jeweils eigene Gefühlssystem zurückgreifen. Daß Einfühlung möglich ist, indem Information über den Zustand von Mitmenschen *stellvertretende* «eigene» Gefühle auslöst, wird durch die schlichte Erfahrung gestützt, daß es Mitfreude und Mitleid, daß es Empathie gibt.

Eine altruistische Wirkung wird dabei aber von der Evolution mitgeliefert: Fremdes Leid erzeugt bei uns selbst Unlust, die wir vermeiden können, indem wir es lindern. Die Verknüpfung von Fremdrepräsentationen und eigenen Gefühlen muß variabel und darf im Mittel nicht allzu stark sein, denn sie muß es uns erlauben, auch Eigeninteressen gegen andere durchzusetzen, sonst wäre die Anlage zum Mitgefühl nach den Regeln der Evolutionsbiologie nicht entwicklungs- und bestandsfähig; aber wenn uns nicht starke Gegeninteressen, Feindbilder oder die Abstumpfung durch Gewohnheit daran hindern, wird die Grundtendenz eigenen Verhaltens doch vielfach positiv sein, in Richtung uneigennütziger Hilfe und Solidarität. Der Grad der Bereitschaft zu sozialen Handlungen wird, wie viele andere quantitativ variable Merkmale auch, in der Population variieren, abhängig von genetischen wie auch von sozialen Faktoren.

Psychologische und neurobiologische Aspekte des Mitempfindens

Psychologische Untersuchungen zeigen, wie Kinder im Laufe ihrer Entwicklung jeweils Stufen der Empathie erreichen, die mit zunehmenden kognitiven Fähigkeiten verknüpft sind. Sehr junge Kinder scheinen Laute und Gesten anderer, die Schmerz signalisieren, unmittelbar selbst als schmerzhaft zu erleben. In späteren Stadien ist das Kind imstande zu erkennen, daß im Innern von Mitmenschen nicht das gleiche vorgeht wie in ihm selbst, besonders, daß sie nicht über dasselbe Wissen verfügen; auch eröffnen sich mit wachsenden Fähigkeiten, eine fremde Perspektive zur eigenen zu machen, weitere Möglichkeiten für ein zeitintegrierendes Mitgefühl, zum Beispiel für zukunftsorientierte Anteilnahme an Hoffnungen und Ängsten anderer.

Es ist allerdings keineswegs selbstverständlich, daß Empathie auch zu sozialen Handlungen führt. Schon bei Kindern wird deutlich, daß starkes Mitleid nicht unbedingt tätigen Beistand hervorruft, wie Trösten, Helfen oder Teilen; aber Mitgefühl *kann* doch solche Handlungen auslösen. Die Verhaltensforschung am Menschen hat gezeigt, daß Hilfsbereitschaft im allgemeinen größer ist, wenn es kein Ausweichen vor dem Hilfsbedürftigen gibt, so daß der Verdacht naheliegt, Hilfe diene jeweils nur dazu, das eigene Mißbehagen zu reduzieren, werde also letztlich in egoistischer Absicht geleistet; aber abgesehen davon, daß man das Gewicht solcher moralisch rigoroser Einwände in Frage stellen kann – es gibt ohne Zweifel auch Hilfe zugunsten Unbekannter, denen man nicht begegnet und nie begegnen wird. Fazit: Empathie *muß* nicht, aber sie *kann* altruistische Handlungen auslösen.

Die Evolution biologischer Grundlagen der Empathie, jedenfalls in ihrer ausgeprägten, auf kognitiven Fähigkeiten
aufbauenden Form, muß während der Menschwerdung – vermutlich in ihren jüngeren Phasen – erfolgt sein. Schimpansen
teilen Nahrung und versöhnen sich nach Streit, aber es bleibt
zweifelhaft, ob es sich dabei um Empathie im menschlichen
Sinne handelt, Empathie, die auf der Repräsentation fremder
mentaler Zustände – und damit fremden Wissens, Wollens und
Fühlens – im eigenen Gehirn beruht. Unter Wissenschaftlern
gibt es recht verschiedene Auffassungen darüber, wie weit Ansätze zur Empathie bei Tieren reichen. Die Unterschiede zwischen Menschen und Affen erscheinen aber doch groß; in einer
Untersuchung von Cheney und Seyfarth heißt es zusammenfassend: «Schimpansen, vielleicht auch andere Affen, erkennen, daß andere Individuen etwas wissen; aber es spricht wenig
dafür, daß Schimpansen zwischen eigenem Wissen und dem
anderer Individuen unterscheiden. Sie zeigen wenig Empathie
füreinander, und sie belehren einander nicht.»

Noch wissen wir wenig über die Strukturen und Funktionen
des menschlichen Gehirns, die der Empathiefähigkeit zugrunde liegen. Ein neurobiologisches Äquivalent der Selbst- und
Fremdrepräsentationen und ihrer Verbindungen mit Gefühlszentren im zentralen Nervensystem ist bislang nicht im einzelnen bekannt. Beteiligt ist vermutlich der vordere Bereich der
Großhirnrinde, der frontale Cortex, der besonders für Planung, Abwägen und Bewerten von Handlungsalternativen,
zielgerichtetes Verhalten und andere Funktionen wesentlich
ist, die sich durch Neuheit, Komplexität und zeitliche Ordnung auszeichnen. Beteiligt sein dürften zudem limbische
Strukturen des Gehirns, zentrale Schaltstellen für Emotionen,

die ihrerseits durch zahlreiche Nervenverbindungen mit dem frontalen Cortex verbunden sind. Vermutlich sind Selbst- und Fremdrepräsentationen über weite Bereiche des Nervensystems verteilt und nicht räumlich voneinander getrennt. Die Fähigkeit, sie zu erzeugen und zu speichern, muß – wie verschlüsselt und indirekt auch immer – auf dem genetisch kodierten Bau- und Entwicklungsplan des neuralen Netzes beruhen. Offen bleibt, ob Selbst- und Fremdrepräsentationen in der Evolution des menschlichen Gehirns nacheinander oder zeitlich parallel zueinander entwickelt wurden. Unabhängig von allen Details ihrer Entstehung können Fremdrepräsentationen, die mit dem eigenen Gefühlssystem verbunden sind, nicht nur dazu beitragen, das künftige Verhalten anderer gut einzuschätzen; sie können zudem die Möglichkeiten verbessern, ganz allgemein aus den Erfahrungen anderer zu lernen.

Im Kapitel «Evolution – zum Menschen hin?» habe ich die Vermutung begründet, daß die Evolution allgemeiner Fähigkeiten des menschlichen Gehirns durch spezifische, eher seltene genetische Veränderungen eingeleitet wurde, die in eine innovative Richtung führten. Dieses Argument gilt nicht zuletzt für die Evolution der spezifisch menschlichen Gehirnfähigkeit «kognitionsgestützte Empathie». Duplikationen und Neukombinationen von Abschnitten des Genoms, die in der oberen Hierarchieebene der Genregulation die Entwicklung des Nervennetzes im Gehirn lenken, könnten die Erweiterung von Selbst- auf Fremdrepräsentation initiiert haben, wobei die Repräsentationen anderer mit den eigenen Gefühlszentren des Gehirns verknüpft blieben oder wurden. Der Initiation konnten dann viele weitere Schritte zur vollen Entfaltung der Fähigkeit kognitionsgestützter Empathie folgen.

202

Diese neurobiologischen Vorstellungen sind beim gegenwärtigen Kenntnisstand noch hypothetisch. Unabhängig von Details sprechen aber linguistische und anthropologische Argumente für die dabei zugrunde gelegte Annahme, daß sich überhaupt bestimmte genetisch verankerte Fähigkeiten von Mensch und Tier *qualitativ* und nicht nur quantitativ unterscheiden. Dies gilt schon für die menschliche Sprache. Sie läßt sich eben nicht einfach als graduelle Verbesserung der Urlautkommunikation von Tieren verstehen. Eine ihrer zahlreichen Voraussetzungen ist die Fähigkeit zu grammatischer Strukturierung; ohne sie wäre keine Sprache möglich, in der mit Zehntausenden von Begriffen fast alles ausgedrückt werden kann. Und was empathisches Verhalten angeht, so sind neue Untersuchungen von Povinelli und Preuss über kognitive Aspekte besonders interessant, die die beteiligten Wissenschaftler zu der Annahme geführt haben, es gebe genetisch angelegte spezifisch menschliche Fähigkeiten, die «das Verhältnis zum sozialen Universum grundlegend und für immer verändert haben». Die Auffassung der Empathie als Nebenprodukt strategischen Denkens fügt sich in diese Argumentationslinie, auch wenn sie nicht Mainstream in der wissenschaftlichen Diskussion ist, der eher dazu tendiert, spezifische Qualitäten der Spezies Mensch als Ergebnis ziemlich diffuser Mechanismen der Gehirnvergrößerung und Selbstorganisation anzusehen.

Da Empathiefähigkeit zwar die eigene «Fitness» erhöht, indem sie das Verhalten anderer besser zu prognostizieren erlaubt, dann aber wiederum verringert, weil sie ja aus Mitgefühl altruistische Handlungen induziert, stellt sich die Frage nach ihrer «evolutionären Stabilität»: Warum wird nicht im Laufe der Evolution die Intensität der Verknüpfung von Fremdrepräsentation und eigenem Gefühlszentrum immer weiter reduziert oder gar ins Negative verkehrt, damit Individuen zwar immer noch in der Lage sind, das Verhalten anderer zu prognostizieren, aber zugleich mitleidlos ihre eigenen Vorteile wahrnehmen und dadurch ihre «Fitness» verbessern? Vermutlich kann die Intensität von Mitempfinden nur in Grenzen herabgesetzt werden, wenn es überhaupt zur Prognose des Verhaltens anderer beitragen soll. Sodann ist es denkbar, daß einfach die Zeit seit der Entstehung des modernen Menschen für derartige evolutive Veränderungen nicht ausreichte. Zudem könnte die Evolution eines Merkmals, das seinerseits mit vielen anderen Merkmalen im Zuge der Evolution verbunden wird – und dies gilt für Mitgefühl als wesentliche Determinante sozialen Verhaltens –, relativ schwer rückgängig zu machen sein. Und schließlich könnten genetische Anlagen für Empathie auch durch kulturelle Faktoren stabilisiert worden sein.

Gene, Kultur und Altruismus

Besonders in späten Phasen der Menschwerdung verlief die Evolution in Wechselbeziehung zu soziokulturellen Faktoren, wie sie nur in menschlichen Sozialverbänden, nicht aber im Tierreich wirken. Dies könnte zum Beispiel die verbreitete Neigung von Menschen erklären, sich an das beobachtete Verhalten einer neuen Umwelt konformistisch anzupassen. Konformismus ist einerseits in Grenzen eine Disposition zu Kooperation, die für das kooperierende Individuum durchaus «Fitness»-Nachteile mit sich bringen kann, andererseits aber auch eine Art pauschalen soziokulturellen Lernens von anderen, deren Erfahrungen über die eigenen hinausgehen. Wenn die Vorteile die Nachteile überwiegen, wird die Evolution konformistische – und damit indirekt auch kooperative – Verhaltensanlagen begünstigen; dies wiederum wirkt sich so aus, *als ob* bei der Evolution das Interesse der Gruppe über dem Interesse des Individuums steht.

Für menschliche Gesellschaften sind zudem bestimmte Formen sozialer Differenzierung charakteristisch, welche das Kriterium rein biologischer «Fitness», möglichst viele eigene Nachkommen zu erzeugen, relativieren oder gar außer Kraft setzen. Ein Beispiel ist die Aufteilung in Stadt- und Landbevölkerung. Differenzierungen solcher Art beruhen wesentlich auf der Wechselbeziehung von Gruppen, die sich gegenseitig stützen und erhalten, und sind erstaunlich unabhängig von effizienter biologischer Reproduktion. Stadtbevölkerungen ergänzen sich seit eh und je nicht durch hohe Vermehrungszahlen, sondern durch Zuwanderung aus dem Umfeld. Ein anderes Beispiel – zugegeben, eher die seltene Ausnahme als die Regel – bieten gesellschaftliche Hierarchien, die eine systematische Rekrutierung Nichtverwandter eingeführt haben, wie der katholische Klerus, die Mamelucken und die Janitscharen.

Eine Warnung vor der Überschätzung rein genetischer Mechanismen und eine begrenzte Rehabilitation von Merkmalen der Gruppenselektion bei der Entwicklung des Menschen ändern allerdings nichts daran, daß biologische Evolution doch in erster Linie auf der Selektion von Genen basiert. Es ist aber *außerdem* zu berücksichtigen, daß die Evolution des Menschen in ihren späten Phasen wohl auch in Form einer Ko-

Evolution von Kultur und genetischen Veränderungen vor sich ging und daß für Veränderungen in einem kulturellen Kontext andere Bedingungen gelten als für rein genetische Evolution; dies betrifft nicht zuletzt die Stabilisierung und Weiterentwicklung von zunächst biologisch verankerten Anlagen. Unsere Überlegungen zur Evolution der menschlichen Empathie als Nebenprodukt strategischen Denkens beruhen im Ansatz streng auf Genselektion bei Individuen und nicht auf Gruppenselektion, denn die Vorteile effektiven planerischen Denkens kommen dem Individuum und seinen Nachkommen zugute. Für die Evolution strategischen Denkens muß es vorteilhaft gewesen sein, Menschen untereinander und andere mit sich selbst als ähnlich zu betrachten und dies auch biologisch durch Verknüpfung von Repräsentationen einzelner Personen mit unserer eigenen Gefühlswelt im Gehirn zu verankern.

Für die Erklärung, warum die biologischen Anlagen zur Empathie Bestand haben und sich entfalten können, spielen dann aber auch kulturelle Faktoren eine Rolle – die große Geschwindigkeit kultureller im Vergleich zu genetischer Entwicklung, die Gruppendynamik kultureller Prozesse und die hohen Reflexions- und Generalisierungsfähigkeiten der beteiligten Menschen.

Das Beispiel Empathie weist einmal mehr darauf hin, daß menschliches Sozialverhalten nicht nur, aber auch auf biologischen Anlagen beruht, die für unsere Spezies charakteristisch sind. Allerdings «entläßt» die Evolution den Menschen in und nach der Zeit der Jäger- und Sammlerhorden in die Eigendynamik der Kulturgeschichte, die die vielfältigsten und weitestgehenden Möglichkeiten der Entwicklung, Wertsetzungen eingeschlossen, bei immer noch sehr ähnlicher genetischer Veranlagung bietet. Handlungsbestimmende Werte können verinnerlicht, dann aber auch wieder in Frage gestellt werden – durch Reflexion, widersprüchliche Erfahrungen, Kontakte mit alternativen Wertungssystemen. Nicht zuletzt aus solchen Gründen unterscheidet sich menschliches so stark von tierischem Sozialverhalten, was Grad und Qualität, Diversität und Entwicklungspotential der Kooperationsfähigkeit angeht.

Alte Gedanken zur Natur des Menschen: Epikur, Ibn Chaldun, Schopenhauer

Es ist für uns wesentlich zu erkennen, inwiefern das Verhalten des Menschen in seiner biologischen Natur verankert ist. Die Verschiedenheit der Kulturen, die in ein und derselben Spezies Mensch entstehen konnten, zeigt die große Bedeutung kultureller Determinanten außerhalb der Biologie; aber alle Eigenschaften der Menschen haben biologische Voraussetzungen, die zu leugnen oder zu mißachten auch gesellschaftlich schädliche Konsequenzen hätte. Dennoch sind in der Geistesgeschichte die Philosophen, die eine Anbindung von ethischen Forderungen und Regeln sozialen Verhaltens an die *Natur* des Menschen anstrebten, sehr in der Minderzahl. Um so wichtiger sind die Gedanken, die sie uns überliefert haben. Sie zeigen uns – dies sollen die folgenden Beispiele demonstrieren – in oft verfremdeter Form, wie die Zusammenhänge von natürlicher Veranlagung, Individualität und Kultur beim Menschen zu sehen sind, und bieten interessante Deutungsmuster für das Menschenbild der Gegenwart. Ich möchte im Rückblick auf drei Denker besonders eingehen: auf *Epikur* (341 bis 271 vor Christus), *Ibn Chaldun* (1332 bis 1406) und *Schopenhauer* (1788 bis 1860).

Epikur war der große Theoretiker des Glücks im Altertum. Seine philosophische Schule wetteiferte besonders mit der Stoa, die den Gegensatz zwischen Pflicht und Neigung, Tugend und Affekten betonte. Epikurs Grundgedanke hingegen war, das Streben des Menschen nach Glück sei eine zeitübergreifende Verallgemeinerung des Strebens nach unmittelbarer Lust, und dieses Streben sei angeboren: «Darum behaupten wir, daß die Lust das A und O eines glückselig gestalteten Lebens ist. Sie kennen wir als unser erstes angeborenes Gut; von ihr lassen wir uns bei unserem Streben und Meiden leiten, und nach ihr richten wir uns, alles andere Gut mit ihrem Maßstab messend.»

Der Mensch denkt zeitintegrierend in die Zukunft, und erhofftes Glück kompensiert vorübergehenden Schmerz: «Viele Schmerzen bewerten wir sogar höher als Freuden, nämlich dann, wenn auf eine längere Schmerzenszeit eine um so größere Freude folgt.»

Das Streben nach langfristigem Glück basiert auf strategischem Denken: «Das Dasein des Weisen wird nur in nebensächlichen Dingen vom Zufall gestört, denn die wichtigen, wirklich bedeutenden hat seine Überlegung im voraus geregelt und hält sie auch im Lauf der Zeit in Ordnung.»

Das langfristig angestrebte Glück schließt auch das Streben ein, sowohl mit anderen als auch mit sich selbst in Übereinstimmung zu leben: «Die Natur hat uns zur Gemeinschaft geschaffen.» – «Die schönste Frucht der Gerechtigkeit ist der Seelenfriede.»

Epikurs Ethik unterscheidet sich in ihren Konsequenzen nicht stark von der der Stoiker, denn auch bei diesen ist Tugend Voraussetzung wirklicher Glückseligkeit. Aber Epikur läßt eben der unmittelbaren natürlichen Lust ihr Eigenrecht und sieht sie nicht als Gegenpol, sondern als Basis der höheren, geistigen Formen des Glücks an. Was Epikurs Glückstheorie heute interessant macht, ist nicht nur ihre realitätsnahe Menschlichkeit, die sich gegen moralische Überforderung wendet; es ist vor allem ihre Vereinbarkeit mit Grundgedanken der modernen Evolutionsbiologie und Verhaltenspsychologie: Es leuchtet ein, das Streben nach Glück als zeitintegrierende Verallgemeinerung des biologisch angelegten Strebens nach unmittelbarer Lust zu betrachten; und das Streben nach eigenem Glück vermag auch – wenngleich nicht unbegrenzt – das Glück anderer empathisch einzubeziehen.

Der zweite Denker, über den ich erzählen will, ist Ibn Chaldun, ein islamischer Historiker und Soziologe des vierzehnten Jahrhunderts. Sein Thema war die emotional angelegte Kooperationsbereitschaft in der Gruppe, von ihm «Assabya» genannt, was vielleicht am besten mit «Gemeinsinn» oder «Solidarität» zu übersetzen ist. Diese Kooperationsbereitschaft bildet sich spontan in kleineren Gruppen von Blutsverwandten, hat also – modern gesprochen – eine biologische Basis; aber auch Untergebene und Alliierte und in gewissem Maße viele andere, nicht verwandte Menschen, die untereinander vertraut sind oder werden, sind eines Gruppenzusammengehörigkeitsgefühls fähig. Allerdings ist diese erweiterte «Assabya» gesellschaftlich labil – und zwar nicht nur, weil Kooperation unter Nichtverwandten schwieriger ist als unter Stammesverwandten, sondern vor allem auch, weil sich primär auf Blutsverwandtschaft gegründete politische Eliten in größeren entwickelten Gesellschaften leicht korrumpieren lassen.

Die wesentlichen Faktoren in Ibn Chalduns Theorie der «Assabya» sind angeborene Solidarität mit Verwandten und Vertrauten, Kooperation auf der Basis von Gegenseitigkeit und Einfühlung in Mitmenschen. Eben diese Faktoren liegen aber auch den zuvor geschilderten modernen Konzepten der evolutionsbiologischen Basis von Altruismus und Kooperativität zugrunde, die Ibn Chaldun natürlich nicht kannte; seine Leistung zeigt, daß man zu wesentlichen Schlüssen auf diesem Gebiet auch auf ganz anderem Wege kommen konnte, nämlich durch eine Verbindung von Welterfahrung, Intelligenz und *common sense*. Darüber verfügte er reichlich, wie sein Leben zeigt: Seine Zeit fällt in die Spätphase der Blüte islamischer Wissenschaft im Mittelalter, etwa zweihundert Jahre nach Ibn Ruschd (Averroes). Der einer ursprünglich spanisch-moslemischen Familie entstammende, in Tunis geborene und aufgewachsene Gelehrte wurde Regierungsbeamter in verschiedenen Dynastien bei wechselndem Geschick, das die Rollen des Aufsteigers, des Opfers von Intrigen und des Gefängnisinsassen einschloß. Im Alter von fünfundvierzig Jahren konnte er sich drei Jahre lang an einen kleinen Ort in der Nähe von Oran zurückziehen, um beschützt unter angenehmen Bedingungen sein Lebenswerk zu verfassen: eine Weltgeschichte mit einer Einleitung über die Methode der Geschichtswissenschaft und vor allem über die soziologischen Gesetze historischer Veränderungen, die «Muqaddimah». Später finden wir ihn in hohen Führungspositionen und als Richter in Kairo, das ihn zugleich fasziniert («Wer Kairo nicht kennt, weiß nichts von der Kraft des Islam») und irritiert («Die Leute leben, als würde das Jüngste Gericht niemals kommen»). In die Mitte seines Lebens fiel der Ausbruch der Pest. Am Anfang und am Ende seiner Laufbahn standen Erfahrungen mit den weltpolitisch bedeutsamen Mächten, die die nordafrikanisch-islamische Kultur im Westen und im Osten bedrohten: Als Zweiunddreißigjähriger verhandelte er in Sevilla mit dem katholischen König «Peter dem Grausamen» über einen Friedensvertrag mit Kastilien. Mit achtundsechzig Jahren fand er sich auf einer Reise, die er als Begleiter seines ägyptischen Herrschers unternehmen mußte, von diesem überraschend zurückgelassen in der von dem Tataren Timur-Leng (Tamerlan) belagerten Stadt Damaskus. Der brutalste der zentralasiatischen Eroberer arrangierte eine Begegnung mit dem berühmten Gelehrten aus dem anderen Lager. Ibn Chaldun sagte ihm, was er hören wollte, erlebte den Sturm auf Damaskus unter dem Schutz der Feinde, wurde in Gnaden entlassen und erreichte, ausgeraubt, aber gesund, schließlich Kairo, wo er einige Jahren später starb. Es ist die Einleitung zur Weltgeschichte, die «Muqaddimah», auf der sich sein wissenschaftlicher Ruhm gründet. Toynbee nannte sie «das größte Werk dieser Art, das jemals (von irgendwem, irgendwann, irgendwo) geschaffen wurde», und auch bei etwas weniger Enthusiasmus ist nicht zu übersehen, daß wir es mit einer genialen neuen Sicht sozialer Verhältnisse zu tun haben, ebenbürtig den bedeutendsten soziologischen Werken Europas.

Ibn Chaldun suchte nach allgemeinen Gesetzmäßigkeiten historischer und sozialer Vorgänge auf der Basis menschlicher Grundeigenschaften. Er erkannte aber auch, daß es singuläre, kontingente geschichtliche Großereignisse gibt, für die man keine generelle Erklärung beibringen kann: «große Veränderungen in der Welt, wie eine Änderung der Religion, oder der Untergang einer Zivilisation, oder noch anderes gemäß Gottes Willen und Macht».

Viele dynamische Prozesse in normalen Zeiten folgen jedoch soziologischen Regeln, denen Ibn Chaldun nachspürte. Ganz besonders galt sein Interesse den zeitlichen Zyklen des Aufstiegs und Verfalls von Dynastien, womit durch Loyalität verbundene Machteliten gemeint sind, die, ursprünglich einem Stammesverband zugehörig, in einer Region das Sagen haben. Der Aufstieg eines Regimes beruht auf der «Assabya», dem Gemeinschaftsgefühl oder Gemeinsinn. Assabya entsteht ursprünglich in nicht allzu großen politischen Einheiten, etwa den Wüstenstämmen der Beduinen, und ihre Basis ist zunächst die Blutsverwandtschaft der Mitglieder, denn «man schämt sich, wenn Verwandte angegriffen oder ungerecht behandelt werden, und man möchte intervenieren».

Da aber Blutsverwandtschaft nicht unmittelbar, sondern auf dem Weg der Vertrautheit erfahren wird, gehören Blutsverwandte ohne gemeinsame Lebensgeschichte, die nur nachträglich ihren Stammbaum darlegen, nicht dazu, während umgekehrt vertraute Abhängige und Verbündete in die Gruppensolidarität einbezogen sind. Solche Assabya, wie sie sich in überschaubaren Gruppen von Wüstennomaden findet, basiert auf «Freundlichkeit, Ehrfurcht, Bescheidenheit, Respekt vor dem Eigentum anderer»; «man schämt sich, wenn ein Nachbar oder Verwandter in irgendeiner Weise erniedrigt wird».

Assabya kann ziemlich weit gehen; Ibn Chaldun stellt fest, daß auch sozialrevolutionäre Bewegungen – von denen er wenig hält – in der sozialen Unterschicht unter einer charismati-

212

schen Führung Solidarität erzeugen: «Manchmal geht die Führung auf jemanden aus der Unterklasse über; er erwirbt Gemeinsinn und enge Beziehungen zum Pöbel aus Gründen, die das Schicksal für ihn bereit hat. Dann gewinnt er die Übermacht über die Führer und Leute der Oberklasse, wenn diese ihre Assabya verloren haben.»

Blutsverwandtschaft ist also Ursprung der Solidarität, zugleich ist sie aber erweiterbar auf vertraute Nichtverwandte und kann so Grundlage politischer Macht im Staat sein.

Der Niedergang politischer Systeme, ein Hauptthema Ibn Chalduns, vollzieht sich im Wechselspiel psychischer und materieller Faktoren, wobei die Assabya eine wesentliche Rolle spielt. Die Systemdynamik, die er darstellt, zeigt ausgesprochen moderne Züge, sie ist genauer und zugleich vielseitiger als eine rein materialistische Ökonomie. Sie kombiniert ökonomische und psychologische mit altruismustheoretischen Aspekten, denn für Kooperationsbereitschaft spielen Verwandtschaft und Vertrautheit ebenso eine Rolle wie die Schaffung und Erhaltung von Vertrauen durch gerechtes Regieren in einer von einer politischen Klasse gelenkten Gesellschaft. Ihr Niedergang wird in erster Linie auf den Verfall des Gemeinsinns als Folgeerscheinung des Wohllebens der Gesellschaft und nicht zuletzt der politischen Klasse selbst zurückgeführt, und zwar in einem sich selbst verstärkenden Prozeß des Abstiegs bis zur Ablösung durch das nächste Regime.

Ein kleiner Auszug aus dem Kapitel über die Besteuerung soll Ibn Chalduns Denk- und Argumentationsstil beispielhaft charakterisieren. Am Anfang eines Regimes gibt es viel Solidarität innerhalb des Gemeinwesens, die Wirtschaft floriert bei niedrigen Steuersätzen, die Steuereinnahmen sind aber trotzdem erheblich und werden weitgehend zweckgebunden zur Linderung sozialer Nöte verwendet. «Am Anfang gibt die Besteuerung hohe Erträge bei niedrigen Steuersätzen; am Ende stehen geringe Erträge bei hohen Steuersätzen... Im Laufe des weiteren Bestehens des Regimes... verlieren sich die ‹Beduineneigenschaften› der Mäßigung und Zurückhaltung... Die Gewohnheiten und Bedürfnisse werden immer vielfältiger wegen des Wohlstandes und des Luxus, in dem sie verankert sind. Als Folge davon... werden die Steuersätze immer mehr erhöht, um größere Steuereinnahmen zu erreichen... Schließlich drücken die Steuern schwer und überlasten die Leute... Im Ergebnis schwindet das Interesse der Leute, etwas zu unternehmen... Das Ergebnis ist, daß die Steuereinnahmen sinken... Schließlich geht die Zivilisation zugrunde, weil der Anreiz, etwas zu machen, verlorengegangen ist... Wenn man das verstanden hat, dann sieht man, daß der stärkste Anreiz für Aktivitäten in möglichst niedrigen Steuersätzen besteht.»

Man soll, darauf laufen Ibn Chalduns Thesen hinaus, Menschen nicht überfordern. Die Grenzen zur Überforderung zeigen sich, wenn man sich gefühlsmäßig in die Beteiligten hineinversetzt. Dieser Sinn für Empathie, für das Mitfühlen mit anderen, durchzieht sein Werk, ohne in der Regel explizit thematisiert zu werden. Ein Beispiel ist seine These, gute politische Führer dürften weder zu dumm noch zu klug sein. Übergroße Klugheit und Schlauheit mache sie nämlich unfähig, Normalkluge zu verstehen; ein Defizit an Empathie verführe dazu, ihnen Dinge abzuverlangen, die sie nicht begreifen und bewältigen könnten:

«Herrschaft ist gut und wohltuend, wenn sie den Interessen der Beherrschten dient. Gute Herrschaft beruht auf Milde [mo-

214

deraten Methoden]... Wenn ein Herrscher auf Dauer eine starke Hand über die Beherrschten zeigt, wird er deren Assabya zerstören. Wenn der Herrscher milde ist und über die schlechten Seiten der Beherrschten hinwegsieht, werden sie ihm trauen. Dann ist der Staat in Ordnung... Eine alerte und sehr schlaue Person ist selten milde... Sie belastet Leute mit Aufgaben, die jenseits ihrer Fähigkeiten sind, denn [diese schlaue Person] erkennt Dinge, die [andere] nicht begreifen... Das kann die Leute ruinieren... Darum stellte Mohammed die Forderung auf, daß Herrscher nicht zu klug sein sollten; denn diese Eigenschaft ist mit tyrannischen und schlechten Regimen verbunden und mit einer Tendenz, die Leute Dinge machen zu lassen, die sie ihrer Natur nach nicht machen würden. Klugheit und Schlauheit implizieren, daß jemand zuviel denkt, ebenso wie Dummheit impliziert, daß er zu starr ist. Wie bei allen menschlichen Qualitäten, sind auch hier die Extreme schlecht, während der Mittelweg gut ist.»

Die gewohnten Spannungen zwischen Politikern und Intellektuellen werden hier aus einer recht ungewöhnlichen Perspektive beleuchtet. Philosophen zu Königen machen? Lieber nicht.

Der dritte Philosoph, dessen Gedanken ich skizzieren möchte, ist Arthur Schopenhauer, der große Theoretiker des Mitgefühls. Das Mitleid ist wichtigste Grundlage ethischen Verhaltens. Im Grad des Mitleids unterscheiden sich Gute und Schlechte. Schopenhauer hatte – teils in Übereinstimmung mit der Philosophie Kants und des deutschen Idealismus, teils in Widerspruch zu ihr – «Die Welt als Wille und Vorstellung» geschrieben. Die Hauptlinie seiner originellen Philosophie liegt außerhalb unseres Themenkreises, doch seine Analysen zur Willensfreiheit – von der schon bei der Diskussion der Leib-Seele-Beziehung die Rede war – und zur Moral sind in unseren Zusammenhängen von großem Interesse. Diese Fragen hat Schopenhauer in zwei kleineren Abhandlungen zusammenfassend erörtert. Besonders die zweite, «Über die Grundlage der Moral» von 1840 mit dem schönen Untertitel «Moral predigen ist leicht, Moral begründen ist schwer», ist für das Altruismusproblem von Bedeutung. Schopenhauer hatte sie als Preisschrift für die dänische Akademie der Wissenschaften verfaßt; aber obwohl sie die einzige zum Wettbewerb eingereichte Arbeit war, wurde sie von der Akademie mit der Begründung abgelehnt, sie habe das Thema verfehlt, sei inhaltlich falsch, und im übrigen «werden mehrere hervorragende Philosophen der Neuzeit so unziemlich erwähnt, daß sie gerechten und schweren Anstoß erregt».

Moral ist für Schopenhauer die Art von Altruismus, die weder auf Verwandtschaftsbeziehungen noch auf der Erwartung von Gegenleistungen beruht, sondern auf Mitleid. Moralische Handlungen sind solche, die nur das Befinden eines anderen im Sinn haben, nicht aber das eigene. Basis derartiger Handlungen, so Schopenhauer, ist das Mitgefühl. Der Mitmensch ist so in meinem Kopf repräsentiert, daß *sein* Zustand mit *meinem* Gefühl verbunden ist:

«Wenn nun aber meine Handlung ganz allein des Andern wegen geschehen soll, so muß *sein* Wohl und Wehe unmittelbar *mein* Motiv sein: so wie bei allen andern Handlungen das *meinige* es ist... Dies aber setzt nothwendig voraus, daß ich bei *seinem* Wehe als solchem geradezu mit leide, *sein* Wehe fühle, wie sonst nur meines, und deshalb sein Wohl unmittelbar will,

wie sonst nur meines. Dies erfordert aber, daß ich auf irgend
eine Weise *mit ihm identificirt sei*, d.h. daß jener gänzliche
Unterschied zwischen mir und jedem Andern, auf welchem
gerade mein Egoismus beruht, wenigstens in einem gewissen
Grade aufgehoben sei. Da ich nun aber doch nicht *in der Haut*
des Andern stecke, so kann allein vermittelst der Erkenntnis,
die ich von ihm habe, d.h. *der Vorstellung von ihm in meinem
Kopf, ich mich soweit mit ihm identificiren*, daß meine That
jeden Unterschied als aufgehoben ankündigt. Der hier analy-
sirte Vorgang aber ist kein erträumter, oder aus der Luft
gegriffener, sondern ein ganz wirklicher, ja, keineswegs seltener: es ist das alltägliche Phänomen des *Mitleids*, d.h. der ganz
unmittelbaren, von allen anderweitigen Rücksichten unab-
hängigen *Theilnahme*, zunächst am *Leiden* eines Andern und
dadurch an der Verhinderung oder Aufhebung dieses Leidens,
als worin zuletzt alle Befriedigung und alles Wohlseyn und
Glück besteht. Dieses Mitleid ganz allein ist die wirkliche Basis
aller *freien* Gerechtigkeit und aller *ächten* Menschenliebe. *Nur
sofern eine Handlung aus ihm entsprungen ist, hat sie moralischen Werth.*»

Eine Erklärung für Mitgefühl sieht Schopenhauer nicht:
«Allerdings ist dieser Vorgang erstaunenswürdig, ja, myste-
riös. Er ist, in Wahrheit, das große Mysterium der Ethik, ihr
Urphänomen und der Gränzstein, über welchen hinaus nur
noch die metaphysische Spekulation einen Schritt wagen kann.
Wir sehn, in jenem Vorgang, die Scheidewand, welche nach
dem Lichte der Natur ... Wesen von Wesen durchaus trennt,
aufgehoben und das Nicht-Ich gewissermaßen zum Ich geworden ...»

Auf dem Unterschied, den wir zwischen uns und anderen

machen, beruht letztlich der unterschiedliche Grad moralischen beziehungsweise unmoralischen Verhaltens verschiedener Menschen; der einzelne erfährt sich nicht – jedenfalls nicht
in erster Linie – durch Introspektion, sondern in seiner Tat:
«Die immer vollständiger werdende Bekanntschaft mit uns
selbst, das immer mehr sich füllende *Protokoll der Thaten*, ist
das *Gewissen.*»

«Die immer reicher werdende Erinnerung der in dieser Hinsicht bedeutsamen Handlungen vollendet mehr und mehr das
Bild unsers Charakters, die wahre Bekanntschaft mit uns
selbst. Aus dieser aber erwächst Zufriedenheit, oder Unzufriedenheit mit uns, mit dem, was wir *sind*, d.h. je nachdem
Egoismus, Bosheit, oder Mitleid vorgewaltet haben, d.h. je
nachdem der Unterschied, den wir zwischen unserer Person
und den übrigen gemacht haben, größer, oder kleiner gewesen
ist. Nach dem selben Maaßstabe beurtheilen wir ebenfalls die
Andern, deren Charakter wir eben so empirisch, wie den eigenen, nur unvollkommener, kennen lernen.»

In dieser Theorie des Mitleids finden sich wesentliche Elemente, die auch der besprochenen evolutions- und neurobiologisch begründeten Auffassung von Empathie als Quelle
menschlichen Altruismus zugrunde liegen. Die Repräsentation von Mitmenschen im eigenen Kopf und die Verknüpfung
von deren Erleben mit unserer Gefühlswelt sind bei Schopenhauer unmittelbar angesprochen. Natürlich konnte er nicht
auf Argumente moderner Biologie zurückgreifen. Mitleidsfähigkeit ist ihm eine eher verwunderliche Eigenschaft des Menschen, die auf metaphysische Voraussetzungen verweist, womit er in letzter Konsequenz vielleicht auch nicht ganz unrecht
hat.

Nach meiner Auffassung verträgt sich die Begründung der Moral im Gefühl des Mitleids durchaus mit biologischen Voraussetzungen menschlichen Verhaltens. Diese wiederum sprechen gegen Dogmatisierungen der Ethik im Rahmen rein rationaler Gedankengebäude, die keine Beziehung zum wirklichen Leben haben und gegen die sich Schopenhauer mit starken Worten wehrt. So polemisiert er zum Beispiel heftig gegen Kants gnadenlose Verurteilung jeder Lüge; nicht nur die Notlüge, so Schopenhauer, sei erlaubt, lügen dürfe und solle man auch zum Schutze der Privatsphäre, wenn es die einzige Möglichkeit sei, unzulässige Fragen abzuwehren. Schopenhauer erkennt, daß die Qualität «Mitleidsfähigkeit» sehr ungleich unter Menschen verteilt ist, es gibt eben gute und schlechte Menschen. Nicht mehr begründbar und heute sozialwissenschaftlich sicher nicht mehr akzeptierbar ist allerdings sein schon in Zusammenhang mit der Willensfreiheit erwähnter, sehr stark deterministischer Denkansatz. Ihm zufolge ist auch die Mitleidsfähigkeit des Individuums von Anfang an festgelegt, so daß sie durch Lernen, Reue und Belehrung im Grunde nicht mehr zu verändern wäre; aber diesen Teil seiner philosophischen Thesen muß man ja nicht akzeptieren, wenn man seine Hauptargumente über die Beziehung von Mitleid und Moral, von Mitgefühl und Altruismus in einen modernen – auch Hirnforschung, Evolution und Psychologie umfassenden – Begründungszusammenhang einbringt.

Zwischen Forderung und Überforderung:
Spielräume der Ethik

Die drei hier ausgewählten Denker haben – jeder auf seine Weise – an biologisch verankerte Voraussetzungen menschlichen Verhaltens angeknüpft: Epikur an das angeborene Streben nach Lust, um es zu einem zeitintegrierenden Streben nach Glück zu verallgemeinern, das auch soziale Beziehungen einschließt; Ibn Chaldun an Solidarität unter Verwandten, die sich über nichtverwandte Vertraute in die Gesellschaft hinein erweitern läßt; Schopenhauer an die empathische Fähigkeit zur gefühlsmäßigen Identifizierung mit den Interessen anderer.

Menschliches Verhalten ist kulturell bestimmt, allerdings im Rahmen und in den Grenzen biologischer Voraussetzungen und Randbedingungen. Nicht alles, was sich Philosophen, Politikwissenschaftler und Psychologen an ethischen Forderungen ausdenken, wird auch den realen Möglichkeiten und Bedürfnissen der Menschen gerecht. Einstellungen zu diesen Fragen sind stark von Emotionen mitgeprägt, und die Richtung ethischer Forderungen selbst wird von gesellschaftlichen Interessen beeinflußt. Eine starke Betonung biologischer Determinanten sozialen Verhaltens gilt als konservativ, das Insistieren auf weitgehender Formbarkeit durch Erziehung dagegen als Ausdruck eines eher progressiven Denkens. Da progressive beziehungsweise neokonservative Subkulturen ihrerseits Gruppenzusammengehörigkeitsgefühl – Assabya – im Sinne Ibn Chalduns entwickeln, ist es nicht ganz einfach, die Karten neu zu mischen, wie es die Problemlage eigentlich erfordert: Es gibt verborgene genetische Faktoren, die für die Kooperationsfähigkeit von Menschen weite Spielräume zulassen, aber ihr auch Grenzen setzen; auf diesen biologischen Grundbedingungen baut die kulturelle Entwicklung auf. Ihre Spielräume und Grenzen auszuloten ist von erheblicher Bedeutung, wenn man eine Gesellschaft mit hoher Lebensqualität und friedlichen Konfliktlösungen anstrebt.

Naturphilosophie als Querdenken: Suche nach Weisheit unter der Wissensflut

Während Wissenschaftsentwicklung kulturspezifisch verläuft, ist die Geltung naturwissenschaftlicher Erkenntnis kulturübergreifend. Die Grundlage dafür bilden die gemeinsamen kognitiven Fähigkeiten der Spezies Mensch. Es gibt Grenzen der Erkenntnis, weil wir als Teil der Welt diese nur von innen und nicht von außen erfahren und weil wir uns selbst nicht vollständig zum Gegenstand objektiven Wissens machen können. Dem steht aber eine erstaunliche Tragweite naturwissenschaftlicher Erkenntnis gegenüber, welche nicht als selbstverständliche Konsequenz der Evolution des Menschen und seines Gehirns unter Lebensbedingungen von Jägern und Sammlern zu verstehen ist. Sie spricht naturphilosophisch eher für «objektiven Idealismus», für eine Entsprechung von «Natur» und – menschlichem – «Geist». Naturwissenschaftliche Tatsachen und logisches Denken ergeben nicht aus sich heraus ein eindeutiges Welt- und Menschenbild. Beliebig ist die Wahl aber nicht. Naturphilosophische Optionen sollten lebensfreundlich und alltagstauglich sein und Sinnfragen nicht als sinnlos ansehen.

Naturphilosophie und Lebenskunst

Wie weit reichen die Möglichkeiten unseres Gehirns, die große Welt zu verstehen? Was können wir über die Beziehung von Natur und Geist sagen – und was schließlich durch Reflexion über die Natur des Menschen und seines wissenschaftlichen Denkens über uns selbst erfahren?

Dies sind nicht im engeren Sinne naturwissenschaftliche, sondern naturphilosophische Fragen; Fragen, auf die mehr oder weniger vernünftige und weise, aber doch keine eindeutigen Antworten zu erhalten sind. Wie sollen wir mit den philosophischen Mehrdeutigkeiten umgehen? Am liebsten würden wir uns durch ein übergeordnetes Prinzip absichern, aber auch dabei sind wir schließlich auf unsere Intuitionen angewiesen – eine logisch zwingende Deduktion ist nicht möglich. Und doch gibt es eine Prämisse, die vernünftig erscheint und sich als Voraussetzung naturphilosophischer Interpretation eignet: daß es nämlich Sinn der Naturphilosophie ist, zur Lebenskunst beizutragen.

Diese Prämisse macht es leichter, sich zwischen verschiedenen logisch vertretbaren Denkmöglichkeiten zu entscheiden. Zwar kann Naturphilosophie auch ungewöhnliche, abstrakte und der Intuition zunächst widersprechende Antworten auf ganzheitliche Fragen geben. Sie erschöpfen sich nicht im empirisch Nachprüfbaren, aber soweit sie überhaupt Konsequenzen hinsichtlich des *engeren* Bereiches der *Alltags*erfahrung haben, sollten diese Konsequenzen auch *alltagstauglich* sein; denn ein philosophischer Denkansatz, der in der Praxis versagt, ist in den theoretischen Prämissen nicht glaubwürdig. Allein mit diesem Argument sind vieldiskutierte modische Richtungen der Erkenntniskritik ausgeschlossen. Intellektuell nicht ohne Reiz, dafür aber beliebig lebensfern ist insbesondere der radikale Konstruktivismus, der jede Realität bestreitet und behauptet, den Apfel auf dem Teller gebe es nur in meiner inneren Welt, und ein Tiger, der mich anspringt, fresse mich nicht wirklich, sondern nur in meiner Vorstellung. Positiv stützt das Postulat der Alltagstauglichkeit die Auffassung, die von den meisten Naturwissenschaftlern bewußt oder unbewußt akzeptiert ist – daß nämlich wissenschaftliche Erkenntnis *sowohl* eine Konstruktion des Denkens *als auch* wirklichkeitsgerecht ist.

Aus der Prämisse, Naturphilosophie solle zur Lebenskunst beitragen, ergibt sich als weitere Forderung die Offenheit für Sinnfragen – im Gegensatz zu erkenntniskritischen Argumentationslinien, die darauf abzielen, Sinnfragen als sinnlos zu entlarven; im Gegensatz auch zu radikal pessimistischen Positionen wie der von Monod, der die «radikale Fremdheit» des Menschen im Universum behauptet hat, das «gleichgültig ist gegen seine Hoffnungen, Leiden und Verbrechen». So eindrucksvoll, manchmal sogar reizvoll die Enthüllung dunkler Wahrheiten in intellektuellen Diskussionen sein mag – lebensfreundlich ist eher eine optimistischere philosophische Denkweise. Man kann sie nicht einfach als Wunschdenken abtun, solange man nicht wirkliche Gründe für eine Bevorzugung der pessimistischen Alternativen vorweist. Zwar gibt es keine rational ableitbare Garantie für die Richtigkeit von Ideen, die unseren Wünschen entsprechen; es gibt aber auch keine Gewähr dafür, daß sie falsch sind.

Kriterien der Lebenskunst sind darüber hinaus für ein naturphilosophisches Verständnis menschlichen Sozialverhaltens von Bedeutung. Sie sprechen gegen Definitionen von «wahrem Altruismus», die derart restriktiv sind, daß es ihn schon rein theoretisch kaum geben kann. Sie widersprechen zudem solchen Theorien des Bewußtseins, denen zufolge wir nur von eigenen, nicht von fremden Schmerzen etwas wissen. Vielmehr ist Fremdseelisches trotz aller erkenntnistheoretischen Schwierigkeiten als ebenso wirklich anzusehen wie eigene Empfindungen. Zwischenmenschliche Beziehungen beruhen nicht zuletzt auf biologischen Grundlagen, die uns Menschen gemeinsam sind und die es uns ermöglichen, Empfindungen anderer empathisch nachzuvollziehen.

Schließlich impliziert eine lebensfreundliche Naturphilosophie, daß die wesentlichen Erkenntnisse der Wissenschaft im Prinzip jedermann zugänglich sein sollten, der sich dafür interessiert; dies spricht gegen esoterische Betrachtungsweisen ebenso wie gegen extrem formalisierte Abstraktionen. Man wird im Gegenteil in Übereinstimmung mit Heraklit «dem Gemeinsamen folgen», also den allgemein nachvollziehbaren Gedanken bevorzugen und in Übereinstimmung mit Heisenberg der umgangssprachlichen Diktion ein großes Gewicht beimessen.

Verschiedene Wege über die Natur zum «Ich» und zum «Wir» führten uns – jeder für sich – zu Teilantworten auf eine

227

Reihe naturphilosophischer Fragen: Die geistigen Strukturen der Wissenschaft, wie sie sich besonders in den «schönen» mathematischen Grundgesetzen der Physik zeigen, weisen auf eine erstaunliche Konvergenz von menschlichem Denken und äußerer Wirklichkeit hin, lassen aber auch wenig Zweifel daran, daß es wissenschaftlich interessante Fragen gibt, auf die wir keine wissenschaftliche Antwort finden. Die Anwendung des wissenschaftlichen Denkens auf seine eigenen Voraussetzungen führt zu Einsichten in die Grenzen der Erkenntnis; diese wiederum lassen auf der metatheoretischen Ebene verschiedene Deutungen zu. Die Physik erweist sich als Erklärungsgrundlage für alle Erscheinungen in Raum und Zeit – Prozesse des Lebens eingeschlossen. Dennoch erfordert die Biologie auch biologische und nicht nur physikalische Begriffe, und nicht alle biologisch interessanten Fragen sind naturwissenschaftlich entscheidbar. Das Bewußtsein des Menschen ist Eigenschaft des Nervensystems; daraus folgt jedoch, wie wir gesehen haben, keineswegs, daß Bewußtseinszustände aus Gehirnzuständen vollständig ableitbar sein müßten. Die Kulturfähigkeit des Menschen ist Ergebnis der biologischen Evolution; die Differenzierung in verschiedene Kulturen hingegen hat nicht genetische, sondern kulturdynamische Ursachen.

Es gibt aber auch übergeordnete Themen, die eine integrierte Betrachtung, ein naturphilosophisches Querdenken erfordern: Themen wie der Wahrheitsanspruch der Wissenschaft, ihre kulturabhängigen und kulturübergreifenden Züge, die Beziehung von Wissenschaft und Weisheit, von Wissenschaft und menschlichen Werten. Diesen besonders anspruchsvollen Fragen sollten wir uns allerdings mit nicht allzu unbescheidenen Erwartungen nähern. In der Suche nach Antworten werde ich versuchen, Einsichten, die auf verschiedenen Zugängen zum «Ich» und zum «Wir» gewonnen sind, zusammenzufassen und zu verknüpfen.

Anspruch auf Wahrheit, Anspruch auf Sinn?

Von alters her gibt es ein intensives Interesse an einem Verständnis der Natur mit dem Ziel, die Stellung des Menschen in der Welt besser zu begreifen. Die biblische Schöpfungsgeschichte erklärt die Entstehung der Welt und des Lebens als Werk Gottes und versteht den Menschen als «Ebenbild» des Schöpfers. Die altgriechischen Naturphilosophen sahen Erkenntnisse über die Natur in engem Zusammenhang mit der Selbsterkenntnis des Menschen und seinen Werten. Im frühen Mittelalter postulierten sowohl Eriugena in Europa als auch Al Kindi in der arabischen Welt, die Fähigkeit des Menschen, die natürliche Wirklichkeit zu ergründen, sei gottgewollt und das Streben nach solchem Wissen göttlicher Auftrag. Als sich die Menschen der europäischen Renaissance in besonderem Maße auf ihre eigenen schöpferischen Kräfte besannen, erklärte Nikolaus von Kues das Erkenntnisvermögen als gottgewolltes Abbild der göttlichen Kreativität. Wissenschaftliche Bemühungen – darauf laufen all diese Gedankenlinien hinaus – tragen zum menschlichen Selbstverständnis bei.

Ebenso alt sind Zweifel an Reichweite und Sicherheit der Erkenntnis – «nur Wähnen ist uns beschieden», so Heraklit; «ich weiß, daß ich nichts weiß», lehrte Sokrates. Wir wissen, daß uns unsere Sinne täuschen, unsere Gedanken in die Irre führen können, und es ist nicht zuletzt die Geschichte der Wissenschaft selbst, die uns auf die Irrtumsanfälligkeit vieler Bemühungen verweist. So verwundert es nicht, daß sich im Meinungsspektrum der Philosophie auch extreme Reizthesen finden, die dem menschlichen Denken jeden Anspruch auf Wahrheit bestreiten. «Es gibt nichts; und auch wenn es etwas gäbe, wäre es doch für den Menschen unerkennbar; wenn es aber erkennbar wäre, wäre es doch unseren Mitmenschen nicht mitteilbar und nicht verständlich zu machen», erklärte bereits der altgriechische Sophist Gorgias vor zweitausendvierhundert Jahren. Der erwähnte radikale Konstruktivismus mit seiner Behauptung, es gebe nur Konstruktionen des Denkens, nicht aber eine vom Denken erfaßbare Wirklichkeit, kann also nicht so sehr viel Originalität beanspruchen, dafür aber auf eine lange Vorgeschichte zurückblicken.

In einer verwandten Linie radikaler Erkenntniskritik liegt das Postulat zeitgenössischer relativistischer Historiker, die Wissenschaft sei lediglich ein zeitbezogenes und gesellschaftsspezifisches Produkt der Kulturgeschichte – nicht viel anders als Begrüßungs-, Eß- und Kleidersitten – und könne keine Ansprüche auf universelle Wahrheiten stellen. Nun macht es durchaus Sinn, allzu naive Auffassungen zu kritisieren, die den Wissensstand der Gegenwart verabsolutieren und die Wissenschaftsgeschichte geradlinig auf den jeweiligen Lehrbuchkanon auszurichten suchen. Allzu ernst zu nehmen ist ein radikaler historischer Relativismus aber doch nicht. Derartige modische Ismen helfen wenig, weil mit Absagen an alle Wahrheitsansprüche der Wissenschaft die interessantesten Fragen der Naturphilosophie nicht gelöst, sondern verdrängt werden: Fragen, zum Beispiel, nach der *Beziehung* zwischen menschli-

230

chem Denken und äußerer Wirklichkeit. Die Hauptquellen für Erkenntnisse in dieser Hinsicht sind die tatsächlichen Erklärungsleistungen der Wissenschaft und ihre naturgesetzlichen Grundlagen; es sind vor allem auch historische Einsichten über den Wissenschaftsprozeß, über kulturspezifische ebenso wie transkulturelle Aspekte einer zweieinhalbtausendjährigen Wissenschaftsgeschichte.

Wie kam die Wissenschaft zu weltweiter Geltung?

Die Langzeitretrospektive, auf die ich in geraffter Form noch einmal zurückkomme, macht deutlich, wie unstetig, erratisch und gewunden die Geschichte des Wissens oft verlief; sie zeigt aber auch, daß im Laufe der Zeit ein wachsendes Repertoire bestandsfähiger Erkenntnisse geschaffen wurde, so daß der Begriff «Fortschritt» doch nicht unangebracht ist. Und der Kulturvergleich ergibt, daß die Erzeugung von Wissenschaft zwar jeweils auf spezifischen historisch-gesellschaftlichen Voraussetzungen beruht, ihre Ergebnisse aber transkulturelle Geltung erreichen.

Fragen wir nach den Gründen: Die kulturübergreifende Geltung hat vermutlich mit den kognitiven Hirnfähigkeiten zu tun, die allen Menschen gemeinsam sind. Die kulturspezifische Entwicklung hingegen ist wesentlich von religiösen und weltanschaulichen Vorstellungen einer bestimmten Gesellschaft in einer bestimmten Phase mitbestimmt, oft in einer kreativen Verbindung von Widerspruch und Inspiration. Dies gilt schon für die altgriechische Entwicklung des theoretischen Denkens über die Natur: Es war mit Absagen an überlieferte religiöse Vorstellungen verbunden, nicht aber mit einer Ablehnung von Religion als solcher. Im Gegenteil, die altgriechischen Philosophen haben spezifische Merkmale ihrer eigenen Kultur einschließlich ihrer religiösen Vorstellungen eingebracht, wenn auch in abstrakter, umgedeuteter Form. Die Kulturspezifität der Entwicklung von Wissenschaft zeigt sich darin, daß in anderen Regionen der Welt mit anderen kulturellen Voraussetzungen keine vergleichbare Naturerklärung in theoretischen Begriffen entstanden ist.

Mit dem Siegeszug der Erlösungsreligionen in der Spätantike wurde der Wert irdischen Wissens generell in Frage gestellt: Wissenschaftliche Neugier, so lehrte man, trage nichts zum Seelenheil bei. Zwar brachten solche Auffassungen die Entwicklung der Naturwissenschaft und Naturphilosophie mehr als ein halbes Jahrtausend weitgehend zum Erliegen und behinderten sie noch weitere Jahrhunderte stark, doch gelang dies den wissenschaftskritischen Denklinien seit dem Spätmittelalter nicht mehr. Man verstand das «Buch der Natur» in zunehmendem Maße als Ergänzung zum Buch der Offenbarung Gottes. Mit der Betonung der schöpferischen Fähigkeiten des Menschen in der Renaissance verloren dann ältere Traditionen an Bedeutung und mit ihnen schließlich auch das aristotelische Weltbild und die aristotelische Physik. Nun wurde eine neue Mechanik zur Leitwissenschaft, eine experimentell begründete, mathematisch formulierte Physik der Bewegungen von Körpern im Raum.

Dieser neuzeitliche Ansatz der Naturwissenschaft brachte immer mehr Erkenntnisse von Bestand und eine dramatische Ausweitung der Anwendungsbereiche hervor. Newtons Me-

232

chanik verband die Himmelsphysik mit der irdischen Physik zu einem einheitlichen System und stellte Gesetze der Bewegung unter dem Einfluß von Kräften auf, mit sehr allgemeinem Geltungsanspruch, der sich letztlich auf *alle* Vorgänge in Raum und Zeit bezog. Damit aber wurde das Problem, ob und wie chemische Prozesse, vor allem auch Lebensvorgänge, mit der neuen Mechanik in Beziehung zu bringen seien, überhaupt erst erzeugt. In Chemie und Biologie war die Entwicklung zwar lange Zeit eher erratisch, doch als sich um 1800 die Integration dieser Wissenschaften in eine erweiterte Mechanik als eine realistische Zielvorstellung abzeichnete, setzte mit der immer enger werdenden Verflechtung der Wissenschaften untereinander – zum Beispiel der Geologie mit der Evolutionsbiologie – ein schneller, fast stetiger Zuwachs an vielfältigen Erkenntnissen ein, die sich in der Folge bestätigten und bewährten; damit wurde die Fortschrittsideologie eben dieses neunzehnten Jahrhunderts auch faktisch gestützt. Falsch war dann deren Extrapolation in die Zukunft: Im zwanzigsten Jahrhundert erkannte die Wissenschaft – zuerst im Rahmen der Physik, dann der Mathematik – ihre eigenen Grenzen.

Im letzten Drittel des zwanzigsten Jahrhunderts nun haben sich Struktur, Stil und Ziele des Forschungsbetriebes wesentlich geändert. Die Zahl der Wissenschaftler hat in diesem Zeitraum außerordentlich zugenommen. Zahl und Gewicht allgemeiner Erkenntnisse über die Natur, die Bestandteil der Allgemeinbildung wurden oder zu werden versprechen, sind wohl eher gesunken. Erst recht ging das Maß an erzieltem Fortschritt im Verhältnis zum Aufwand an Arbeitszeit und Geld zurück.

In den gleichen Zeitraum aber fielen auch wissenschaftliche Entwicklungen mit immensen praktischen Auswirkungen wie die Mikroelektronik und die Gentechnik. Zukunftsprognosen für die Wissenschaft sind schwierig. Problematisch erscheinen einseitige Denkweisen und Zielvorgaben durch «vested interests», zumal in Großprojekten; nicht alles, was gemacht wird, ist interessant, und manches von dem, was interessant wäre, wird nicht genügend unterstützt. Dennoch gibt es auch in der Gegenwart eine wesentliche Zunahme grundlegender und wertvoller Erkenntnisse in verschiedensten Fachgebieten. Wissenschaft ist nach wie vor eine Basis und Hauptquelle für gesellschaftlichen Wohlstand, wie dies im Grundzug schon im siebzehnten Jahrhundert Johann Rudolph Glauber in seiner Schrift «Des Teutschlands Wolfahrt» postuliert hat. Die Naturwissenschaft bleibt eine Kulturleistung, die unser Verhältnis zur Natur und indirekt auch zu uns selbst bestimmt.

Wie kommt es, daß ein so kulturabhängiges Produkt wie die Naturwissenschaft schließlich fast weltweite Geltung erreichen konnte? In den verschiedenen Phasen ihrer Geschichte zeigte sich immer wieder das kulturübergreifende Potential wissenschaftlichen Denkens, denn es wurde ja, ausgehend von den Griechen, später von den Römern, dann von Arabern und Persern, schließlich von den Mittel- und Westeuropäern, jeweils übernommen und weiterentwickelt. Wissenschaftliches Denken hat die beteiligten Kulturen verändert, aber nicht eingeebnet. Erst recht beeindrucken die transkulturellen Potentiale der Naturwissenschaft bei der weltweiten Verbreitung ihrer Erkenntnisse im zwanzigsten Jahrhundert. Dies gilt in besonderem Maße für Ostasien, weil von dort auch für die Fortentwicklung der Wissenschaft wesentliche Beiträge ausgehen. In den Bildungssystemen erfaßt die Wissenschaft sogar flächendeckend den größten Teil der Welt. Dies als Folge imperialistischer, kolonialistischer und nachkolonialistischer Machtausbreitung zu sehen würde keine hinreichende Erklärung bieten – schließlich haben alle politischen Systeme, die sich der Entwicklung verschrieben haben, moderne Wissenschaft und Technik akzeptiert.

Mir scheint, die transkulturelle Akzeptanz der Wissenschaft hat eben doch etwas damit zu tun, daß ihr Anspruch auf Wahrheit gerechtfertigt ist, auch wenn diese Auffassung dem Zeitgeist nicht zu entsprechen scheint; dabei soll nicht bestritten werden, daß die Deutung, der Gebrauch und Mißbrauch und auch die Richtung geförderter Forschung durchaus politisch beeinflußt sind, daß diese politischen Zielsetzungen wohlgeleitet oder fehlgeleitet verlaufen können und deshalb kritischer Reflexion bedürfen. Es würde aber in die Irre führen, wegen der gesellschaftlichen Bedingtheit von Interpretationen und Zielen den eigentlichen Erkenntnissen der Naturwissenschaft den Wahrheitsanspruch abzusprechen. Zwar kann man in zweiter Näherung an jeder Erkenntnis verschiedene Fragezeichen anbringen, aber in erster Näherung sind die Grunderkenntnisse der Physik, Chemie und Biologie doch richtig. Daß sie weltweit akzeptiert und über Generationen hinweg Bestand haben, läßt sich kaum auf politische – zum Beispiel eurozentrische – Machtausübung zurückführen, sobald man konkret wird: Die Erde *ist* annähernd kugelförmig, das Gehirn enthält wirklich Milliarden von Nervenzellen, die miteinander verknüpft sind, Erbsubstanz der Organismen *ist* DNS... Dies alles zu relativieren wäre eine reichlich künstliche Gedankenkonstruktion. Die Deutung unseres Wissens allerdings – und die kann vielschichtig und kontrovers sein – bleibt eine Herausforderung an Philosophie, Kultur und Religion, und auf der metaphysischen Ebene bleibt uns auch die Wahrheitsfrage durchaus erhalten: Wir wissen nicht, was wir alles nicht wissen. Aber die Erklärung dafür, daß die wissenschaftliche Behauptung «DNS ist Erbsubstanz» allgemein akzeptiert wird, ist eher einfach: Sie wird akzeptiert, weil DNS Erbsubstanz *ist*.

Für Universalität und dauerhafte Geltung naturwissenschaftlicher Erkenntnisse läßt sich darüber hinaus auch ein biologisches Argument anführen: Alle Menschen sind untereinander hinsichtlich des Aufbaus ihres Gehirns und des darin begründeten Erkenntnisvermögens sehr ähnlich, und dies gilt auch für die Kommunikationsfähigkeit. Jeder Mensch kann jede Sprache erlernen – warum soll nicht auch im Prinzip jeder Mensch jede Erklärung der Natur gegen jede andere Erklärung der Natur abwägen können, wenn der Kulturkontakt Vergleichsmöglichkeiten eröffnet? Warum sollen verschiedene Gesellschaften schließlich nicht zu ähnlichen Ergebnissen kommen, wenn es um die Erklärung von Himmel und Erde, Wolken und Wind, Pflanzen und Tieren geht, die von allen in ähnlicher Weise wahrgenommen werden? Wissenschaftsgeschichte ist zwar kulturspezifisch: Die Behauptung «Was einige in einem bestimmten kulturellen Umfeld erfinden, können alle in jedem kulturellen Kontext erfinden», ist sicher falsch. Aber für das Erlernen und Begreifen von Ergebnissen der Wissenschaft gilt: Was einige verstehen, können letztlich viele verstehen – und zwar ohne die kulturelle Differenzierung dabei einzuebnen. Das Gemeinsame an der auf dem Aufbau des Gehirns beruhenden Erkenntnisfähigkeit innerhalb unserer Spezies ist vielleicht der tiefere Grund dafür, daß die Erkenntnisse der Naturwissenschaft über Grenzen der Kulturen hinweg akzeptiert werden.

236

Die Kritik von Philosophen und Historikern an der naiven Einstellung vieler Wissenschaftler zu Fortschritt und Wahrheitsanspruch ihrer Arbeit war heilsam; aber die Behauptung, Wissenschaft sei insgesamt nichts als eine willkürliche Gedankenkonstruktion, verkennt die erstaunliche und keineswegs erwartete Entsprechung von Denken und Wirklichkeit ebenso wie die transkulturelle, fast universelle Geltung wissenschaftlicher Erkenntnisse. Kulturspezifisch ist die Entstehung der Wissenschaft, kulturspezifisch ist ihre metatheoretische Deutung, aber nicht das Wissen selbst, das im Prinzip jedermann zugänglich ist, der sich darum bemüht – es ist in diesem Sinne Eigentum der Menschheit. Zugegeben, die Unterscheidung von inhaltlichem Wissen und metatheoretischer Deutung ist in manchen Grenzfällen schwierig; bei den meisten Fragestellungen ist sie aber ziemlich eindeutig zu treffen.

In letzter Konsequenz können wir natürlich mit dem Gedanken spielen, daß wir uns alle – alle Menschen – mit unserem Erkenntnisapparat selbst betrügen – ein uraltes Thema der Philosophie. Logisch läßt sich das nicht ausschließen; ein übertriebenes Maß an Lebenskunst allerdings verrät ein solcher totaler Mangel an «Urvertrauen» auch nicht.

Blick von innen in eine endliche Welt: Selbstbezug, Endophysik und finitistische Erkenntnis

Neben der Tragweite sind die Grenzen wissenschaftlichen Denkens von Bedeutung für das Menschenbild. Die Erkenntnis der Gründe für die Grenzen der Erkenntnis sind selbst eine positive Einsicht, mit der sich sehr tiefgreifende philosophische Fragen und Konsequenzen verbinden. Darum ist es ein naturphilosophisch besonders interessantes Merkmal der modernen Wissenschaft, daß gerade die Anwendung wissenschaftlichen Denkens auf ihre eigenen Voraussetzungen tatsächlich prinzipielle Grenzen wissenschaftlicher Erkenntnis aufzeigt.

Dazu gehören die Unbestimmtheit der Quantenphysik, die Gesetze mathematischer Entscheidbarkeit, aber auch erkenntniskritische Folgerungen aus der Endlichkeit der Welt sowie Gründe für Grenzen einer Dekodierbarkeit der Leib-Seele-Beziehung. Haben diese Erkenntnisgrenzen etwas gemeinsam? Es gibt ein altes logisches Paradoxon, die Geschichte vom Kreter, der behauptet: «Alle Kreter lügen.» Lügt er nun, oder lügt er nicht? Mit dieser Problematik begrifflichen und logischen Selbstbezugs hängen aber auch die prinzipiellen Beschränkungen mathematisch-naturwissenschaftlichen Denkens zusammen. Dies gilt für Heisenbergs Unbestimmtheitsrelation in der Physik, denn die unvermeidliche Unschärfe physikalischer Vorherberechnung im Bereich der Atome und Moleküle zeigt sich, wenn man in Gedanken versucht, den Meßvorgang selbst zu vermessen. Man gerät dabei an Grenzen, auf die man bei jeder Analyse stößt, welche ihre eigenen Voraussetzungen zu ihrem Gegenstand macht. Grenzen mathematischer Entscheidbarkeit sind letztlich Grenzen einer Logik der Logik; kein einigermaßen leistungsfähiges logisches System kann sich selbst mit seinen eigenen Mitteln dagegen absichern, widersprüchliche Aussagen zu produzieren. Das Bewußtsein kann nicht vollständig Gegenstand von Bewußtsein werden. In allen diesen Zusammenhängen, die mit Selbstbezug verbunden sind, führt wissenschaftliches Erkennen von Grenzen der Erkenntnis zu Deutungsfragen, die sich nicht mehr wissenschaftlich eindeutig entscheiden lassen. Eine verbindliche Wissenschaft der Wissenschaften ist logisch unmöglich – und zwar wiederum aus Gründen, die mit Selbstbezug zu tun haben: Das Programm einer Metawissenschaft ist nur in Grenzen durchführbar, denn es kann keine Methode geben, um alle Methoden kritisch zu beurteilen – sie müßte sich ja selbst beurteilen.

Die logische Problematik der Selbstanwendung von Methoden und Begriffen – Messen des Messens, Logik der Logik, Bewußtsein von Bewußtsein – hat eine materielle Entsprechung. Für die Quantenunbestimmtheit ist es ohnehin selbstverständlich, daß sie primär mit physikalischen Argumenten zu begründen ist: Nichts wäre meßbar ohne Wechselwirkung, sei es direkt mit dem Beobachter, sei es mit einem Meßinstrument; diese Wechselwirkung läßt sich nicht beliebig genau in Berechnungen einbeziehen, da man ja nicht alles über den Beobachter beziehungsweise das Meßinstrument bis ins atomare Detail hinein wissen kann – deshalb die Unschärferelation der Quantenphysik. Damit wird die gedankliche Trennung des Objekts vom Beobachtungs- beziehungsweise Meßvorgang, also das Ideal Objektivität zum Problem. Strenggenommen ist Physik immer eine *Innensicht* auf das Objekt innerhalb des *Gesamtsystems* «Beobachter plus Objekt» (beziehungsweise «Meßinstrument plus Objekt»), und diese Innensicht – von Rössler treffend als «Endophysik» bezeichnet – ist mit einer Konzeption der vollständigen Trennung von Beobachter und Objekt nicht vereinbar, die eine – in Wirklichkeit unmögliche – «exophysikalische» Außensicht erfordern würde.

Natürlich kann man nun im Prinzip das System «Beobachter plus Objekt» seinerseits von außen analysieren, um die Unsicherheiten der Innensicht zu überwinden, aber auch dieses erweiterte System ist schließlich doch wieder endophysikalisch – als System «Objekt plus Beobachter plus Beobachter des Beobachters». Da ein Regreß dieser Art nicht unendlich fortgeführt werden kann, sondern spätestens an den Grenzen des endlichen Kosmos abbrechen muß, ist schließlich jede Physik in letzter Konsequenz endophysikalisch eingeschränkt, auch wenn die exophysikalische Denkweise der klassischen Physik, die die Wechselwirkung von Meßvorgang und Objekt völlig außer acht läßt, oft eine gute Näherung darstellt – zum Beispiel für die Berechnung der Bahnen von Planeten, die sich durch die Fernrohre, die wir auf sie richten, wirklich nicht stören lassen. Wollte man hingegen zum Beispiel Mutationen, also Einzelprozesse an Atomen und Molekülen der Erbsubstanz, aufgrund von Meßdaten vorherberechnen, so würde man an der unvermeidlichen Unschärfe scheitern.

Für das Verständnis der Quantenphysik ergibt die endophysikalische Betrachtungsweise zunächst nur eine – wenn auch erhellende – Umschreibung bekannter Sachverhalte in anderen Begriffen. Darüber hinaus aber stellt sich die Frage, ob sich die endophysikalische Sicht auch auf weitere prinzipielle Grenzen der Erkenntnis anwenden läßt, zumal auf Grenzen mathematischer Entscheidbarkeit. Können wir auch dort anstelle der logischen Problematik der Selbstanwendung der Logik auf die Logik von physikalischen Grenzen der Analyse eines Systems «von innen» sprechen? Dies scheint in der Tat möglich, nämlich indem wir logische Entscheidungsprozesse als physikalische Vorgänge in einer Rechenmaschine auffassen. Einer der Begründer der mathematischen Entscheidungstheorie, Alan Turing, hat im Gedankenexperiment eine bestimmte Art von

240

Computern, die «Turing-Maschine», konzipiert und mit deren Funktion seine mathematischen Sätze begründet. Unentscheidbar ist ein Satz nach Turing dann, wenn dieser Computer – beauftragt zu entscheiden, ob der Satz wahr ist oder nicht – unendlich lange rechnet. Indem man auf diese Weise logische Operationen einem physikalischen Instrument überträgt, zeigt sich eine endophysikalische Entsprechung zu den mathematischen Grenzen der Entscheidbarkeit: Der Computer käme mit dem Rechnen nie zu einem Ende, wenn er sich mit der Frage nach seiner eigenen Widerspruchsfreiheit selbst zum Objekt seiner Rechenkünste machte.

Besonders interessant ist der endophysikalische Denkansatz in seiner Beziehung zur finitistischen Erkenntnistheorie: Wir selbst sind Teil dieser Welt und keine extrakosmischen Beobachter. Die Zahl einigermaßen stabiler Partikel im Universum ist endlich, die Zahl der unterscheidbaren physikalischen Prozesse und damit der möglichen Operationen pro Partikel und Zeiteinheit ebenfalls; daraus ergibt sich, daß auch die Zahl der Prozesse, die ein innerweltliches System der Informationsverarbeitung überhaupt ausführen könnte, zwar sehr groß, aber doch endlich ist.

Folglich – so der Grundgedanke finitistischer Erkenntnistheorie – begrenzt die Endlichkeit des Universums auch die Entscheidbarkeit von Problemen, und zwar im Prinzip und nicht nur in der Praxis. Im Gegensatz zur physikalischen Unbestimmtheit und mathematischen Unentscheidbarkeit ist die Anerkennung der finitistischen Sehweise noch alles andere als «Mainstream». Derartige Überlegungen tauchen eher selten auf, und die meisten tun sich schwer, ihnen prinzipielle, philosophisch tragfähige Geltung zuzusprechen. Sie wenden ein, «in Wirklichkeit» müsse eine Aussage doch wahr oder nicht wahr sein, unabhängig davon, ob sie innerweltlich entscheidbar ist. Diese an unserer naiven Anschauung orientierte Auffassung von Wirklichkeit hat aber die moderne Physik widerlegt, und das zeigt sich ganz besonders in den skizzierten endophysikalischen Aspekten der Quantenphysik. Nur was in der Welt von innen erkennbar ist, kann als Aussage über die natürliche Wirklichkeit gelten. Die Annahme von Realität hinter diesen Grenzen macht naturphilosophisch wenig Sinn. Wir werden sehen, daß eine solche endophysikalische Auffassung nicht nur für das Weltverständnis, sondern auch für das menschliche Selbstverständnis von Bedeutung ist, besonders in Zusammenhang mit der Gehirn-Geist-Beziehung und der anthropischen Frage.

Wissenschaft und Weisheit:
Immanenz ist gut, Transzendenz ist besser

Aus dem historischen Prozeß der Erkenntnisgewinnung geht hervor, daß sinnvoll gestellte Fragen an die Natur in der Regel erst durch theoriegeleitetes Denken ermöglicht werden, daß dann aber die Erfahrung dazu führt, Theorien zu spezifizieren, zu korrigieren – und nicht selten auch ganz zu verwerfen, um völlig andere Denkansätze einzuführen. Wissenschaftliche Erkenntnis läßt sich nicht allein durch Nachdenken gewinnen oder gar konstruieren; aber auch die entgegengesetzte Auffassung, sinnliche Erfahrung führe schon durch mehr oder weniger triviale Begriffsbildungen fast von selbst zu wissenschaftlicher Erkenntnis, ist nicht aufrechtzuerhalten. Gegen die These von der Priorität des Denkens spricht, daß sich viel zuviel von dem, was sich Theoretiker ausgedacht haben, als falsch herausstellte. Gegen die These von der Vorherrschaft der Erfahrung spricht, daß sich von dem, was *zunächst* in theoretischen Begriffen erdacht wurde, doch vieles *nachträglich* empirisch bestätigen ließ. Wissenschaftliche Erklärungen entstammen dem Geist des Forschers, aber die Entscheidung, ob eine Hypothese zutrifft oder nicht, ergibt sich aus Beobachtungen und Experimenten. Tatsächliche Wissenschaftsentwicklung vollzieht sich in diesem Wechselspiel des hypothetischen Denkens mit selektiver, theoriegeleiteter Suche nach empirischer Evidenz. Die inhaltlichen Ergebnisse der Naturwissenschaft beantworten aber nicht aus sich selbst heraus die Frage, *wieso* dieses Wechselspiel weitgehende Erkenntnisse von Bestand zu erbringen vermochte, auf welchen Voraussetzungen dies beruhte, warum dem Grenzen gesetzt sind und was daraus für das menschliche Selbstverständnis folgt. Dies sind Fragen an die Philosophie.

Hierzu möchte ich bereits besprochene und begründete Argumente in drei naturphilosophischen Thesen zusammenfassen: 1. Die moderne Physik zeigt die enge Verbindung von Strukturen theoretischen Denkens mit der Ordnung der Natur, aber auch mit den Grenzen möglichen Wissens. 2. Die mathematische Entscheidungstheorie verweist darauf, daß das menschliche Denken auf nichtformalen, intuitiven Voraussetzungen beruht. 3. Bewußtsein ist eine Eigenschaft des Gehirns, aber entscheidungstheoretische Gründe sprechen gegen die Möglichkeit einer vollständigen naturwissenschaftlichen Theorie der Gehirn-Geist-Beziehung.

Alle drei Thesen betreffen das Verhältnis zwischen Denken und Wirklichkeit. Sie betonen dabei nicht nur den Erkenntnisanspruch, sondern auch erkenntniskritische Züge moderner Wissenschaft: Selbstbegrenzung, Selbstbescheidung. Die Konsequenzen, das soll nun erläutert werden, sind weitreichend: Die moderne Wissenschaft, die ihre eigenen Grenzen mit ihren jeweils eigenen Mitteln reflektiert, ist eben nicht die überlegene Alternative zu überkommenen Philosophien und Religionen. Sie ist vielmehr selbst offen für ein Spektrum von Interpretationen des Menschen und der Welt; sie ist offen für agnostische und religiöse Deutungen, offen für sehr verschiedene – wenn auch natürlich nicht für alle – kulturelle Traditionen und Entwicklungen.

Diese Öffnung wissenschaftlichen Denkens gehört zu den großen geistigen Revolutionen des zwanzigsten Jahrhunderts. Im Vergleich zu den schrillen Tönen des Streites um die Abstammung des Menschen vom Affen im neunzehnten Jahrhundert verlief sie eher in der Stille, aber doch mit tiefgehenden Folgen. Um 1900 war es nicht nur in marxistischen, sondern auch in bürgerlich-intellektuellen Kreisen gang und gäbe, in den Naturwissenschaften Antworten auf alle Fragen zu suchen. Ideologien schmückten sich mit dem Prädikat «wissenschaftlich», um sich Geltung zu verschaffen, und das Absterben der Religionen galt vielen als sicher. Solche Ansichten sind heute eher selten zu hören. Dieser Wandel kam aber nicht von selbst, er ist ein Ergebnis der stillen Revolution infolge der Einsicht, daß die Wissenschaft keineswegs Antworten auf alle Fragen bereithält.

Wie wollen wir mit den Grenzen objektiver Erkenntnis umgehen? Der Verzicht auf jede Interpretation, die sich der empirischen Verifizierung entzieht, die Bescheidung auf das, was die innerweltliche Erfahrung aufzeigt, ist durchaus möglich, nur kann sich diese Auffassung nicht als die wissenschaftsgemäße Haltung schlechthin ausgeben, sie ist eine neben anderen. Dabei gibt es Argumente, die *für* einen solchen Verzicht sprechen: Man behält recht festen Boden unter den Füßen; verschiedene Formen des Lebensgefühls, von handfestem lebensbejahendem Realismus bis zu Resignation und Nihilismus, sind mit dieser Grundeinstellung vereinbar, Wachsamkeit und Resistenz gegenüber menschenfeindlichen Ideologien zumindest möglich. Fazit: Ein immanentes Weltverständnis, das sich auf das Erfahrbare beruft und beschränkt, hat einiges für sich.

Mir scheint es allerdings erstrebenswert, objektive wissenschaftliche Erkenntnis und logisches Denken wieder stärker in die allgemeinen Sinn- und Wertfragen menschlichen Daseins einzubinden, und das geht nicht ohne Rekurs auf formal ungesicherte, aber doch intuitiv einsichtige Prämissen: Dies spricht für Aufgeschlossenheit gegenüber transzendenten Weltdeutungen. Es bleibt Ziel der Naturwissenschaft, die Welt so immanent wie möglich zu erklären; dazu gehört aber das Wissen, daß diesem Bestreben Grenzen gesetzt sind.

Immanenz ist gut, Transzendenz ist besser – eine solche Kurzformel darf man nicht mit der Last der ganzen Philosophiegeschichte befrachten; sie soll hier für eine eher einfache These stehen: Mir scheint, daß man die menschliche Einsichtsfähigkeit unterschätzt und unzureichend nutzt, wenn man auf philosophische Deutungen der Voraussetzungen und der geistigen Struktur des Wissens verzichtet. Immanente Welterklärungen nehmen ihre Grundbedingungen, zum Beispiel die Logik, entweder als selbstverständlich oder betrachten sie als

Funktionseigenschaften menschlicher Gehirne, also letztlich von Strukturen der materiellen Welt. Transzendente Erklärungen hingegen greifen ohne Scheu auf das Reich der Ideen zurück, wenn es um Voraussetzungen des Erkennens und Deutungen der Gesamtheit des Wissens geht. Dafür gibt es in der Regel mehr als eine Möglichkeit, aber beliebig ist die Wahl nicht, denn bei der lebenspraktischen Bewährung eines Konzepts stehen auch die zugrunde gelegten Ideen auf dem Prüfstand.

Eine aufgeschlossene Einstellung zu transzendenten Deutungen entspricht keineswegs einer irrationalen Absage an wissenschaftliches Denken, das es nach Ansicht von Esoterikern angeblich zu überwinden gelte; es geht vielmehr darum, die durch Beobachtung und Experiment bestätigten Grundeinsichten objektivierender Wissenschaft wirklich ernst zu nehmen und *dann* auf dieser Basis vor- und übergeordnete Interpretations-, Sinn- und Wertfragen zu stellen. Die metatheoretische Mehrdeutigkeit der Welt macht die Wahl und Begründung naturphilosophischer Deutungen zu einer kreativen Aufgabe, in die auch unsere mentalen Dispositionen und unser Lebensgefühl eingehen; es geht dabei nicht nur um Wissen, sondern auch um Weisheit.

Eine philosophische Herausforderung bildet schon das Grundmerkmal moderner Naturwissenschaft, ihre innere Einheit in den Gesetzen der Physik, die für alle Vorgänge in Raum und Zeit gelten. Die Naturgesetze sind einfach und formal schön, sie kommen mit wenigen Kräften und mit wenigen Typen stabiler Partikel als Grundbausteinen der Materie aus. In ihnen sind letztlich alle naturwissenschaftlichen Erklärungen verankert, und zwar für die belebte wie die unbelebte Natur –

ob es nun um die Frage «Warum schwimmt Eis auf Wasser?» oder «Wie wirkt die Erbsubstanz der Organismen?» geht. Daraus folgt aber nicht, daß in den allgemeinen Naturgesetzen schon alle Merkmale der wirklichen Natur implizit enthalten sind; wir könnten aus den Grundgesetzen allein niemals ableiten, daß es zum Beispiel Eisberge auf dem Ozean oder Elefanten in der Savanne gibt. Zum Verständnis der Natur sind zunächst die Anschauung der natürlichen Wirklichkeit und dazu ihre begriffliche Erfassung erforderlich, die von den Einzelwissenschaften – etwa Chemie und Biologie – zu erbringen sind: Dazu bedarf es des kreativen theoretischen, in vielen Fällen mathematischen Gedankens.

Erstaunlich ist der hohe Abstraktionsgrad von Naturgesetzen und Naturerklärungen, der das menschliche Denken fordert, aber nicht überfordert. Beispiel: Die mathematisch schöne, aber physikalisch sehr unanschauliche Symmetriebeziehung von Raum- und Zeitdimensionen im Rahmen der Relativitätstheorie führt zur Formel $e = mc^2$ – einer sehr realen Grundlage der modernen Physik von der Theorie der kleinsten Teilchen bis zur Kosmologie. Die Fähigkeit des Denkens, zu so abstrakten Erklärungen zu gelangen, unterstützt die metatheoretische These einer verborgenen Entsprechung von Strukturen menschlichen Denkens und der gesetzlichen Ordnung der Natur.

In dieselbe Richtung weisen sogar die Erkenntnisse über *Grenzen* der Erkenntnis – Grenzen physikalischer Vorherberechnung, Grenzen der formalen Absicherung des Denkens, Grenzen einer naturwissenschaftlichen Theorie des Bewußtseins: Die eigentlich erstaunliche Einsicht besteht darin, daß sich solche Grenzen *ihrerseits* durch die wissenschaftliche Vernunft erkennen und verstehen lassen. Sie sind untereinander verwandt, und diese Verwandtschaft ist aus einer logischen, letztlich entscheidungstheoretischen, ebenso wie aus einer physikalischen, nämlich endophysikalischen Perspektive zu erkennen. Die Erkenntnisgrenzen lassen verschiedene philosophische Interpretationen zu, wobei wir die Wahl haben, ob wir eher die Nähe zu immanenten oder zu transzendenten Weltdeutungen suchen. Wenn wir von der Interpretationsfreiheit Gebrauch machen, geht es nicht um Spekulationen über das Unberechenbare, sondern um die Aufgabe, die Gesamtheit des Wissens ebenso wie seine einsichtigen Grenzen im Kontext einer lebensfreundlichen Naturphilosophie zu verstehen.

Wie ist unter diesem Aspekt die Beziehung von menschlichem Denken und natürlicher Ordnung zu deuten? Theorie, Wahrnehmung und Interpretation dieser Beziehung haben eine lange Tradition in der Geschichte der Philosophie, die trotz aller Unterschiede in Voraussetzungen und Begrifflichkeiten einen gemeinsamen Kern erkennen läßt. Heraklit faßte die geistige Ordnung des Weltgeschehens in den Begriff des «Logos»: «Es ist weise, dem Logos gemäß zu sagen, alles sei Eines.» – «Der Seele ist der Logos eigen, der sich selbst mehrt.» – «Der Seele Grenzen kannst du nicht ausfindig machen – so tief ist ihr Logos.» In den «Sprüchen Salomos» des Alten Testaments, die in Wirklichkeit erst in hellenistischer Zeit – vermutlich im Kontakt jüdischer Denker mit griechischer Philosophie – entstanden sind, kommt die Weisheit selbst zu Wort: «Ich, Weisheit, wohne bei der Klugheit... Gott hat mich geschaffen als den Anfang seiner Wege, als das früheste seiner Werke vor den Zeiten... Da er den Grund der Erde legte, war ich der Werkmeister bei ihm... und meine Lust ist bei den Menschenkindern»; und in der «Weisheit Salomos» aus dem ersten vorchristlichen Jahrhundert heißt es, die Weisheit sei «der heimliche Rat in Gottes Erkenntnis und ein Angeber seiner Werke».

Die Verbindung von menschlichem Geist und natürlicher Wirklichkeit deuteten antike und mittelalterliche Konzepte als Entsprechung des – menschlichen – «Mikrokosmos» mit der Ordnung des «Makrokosmos» der Welt. Im fünfzehnten Jahrhundert, zur Zeit der Frührenaissance, postulierte Nikolaus von Kues das Schöpferische des menschlichen Denkens: «Indem der menschliche Geist, das hohe Abbild Gottes, an der Fruchtbarkeit der Schöpferin Natur, soweit er vermag, teil hat, faltet er aus sich... als Abbild der wirklichen Dinge die des Verstandes aus.» Ende des achtzehnten Jahrhunderts entwarf Schelling seine Naturphilosophie, in der die Einheit der Natur zentrales Thema ist: «Wir unterscheiden im Universum zwei Seiten, die, in welcher die Ideen auf reale, und die, in welcher sie auf ideale Weise geboren werden... Im Universum ist an und für sich kein Zwiespalt, sondern die vollkommene Einheit... Nicht, daß eine Erscheinung von der anderen abhängig, sondern daß alle aus einem gemeinschaftlichen Grund fließen, macht die Einheit der Natur aus.» Für die Erkenntnis der Natur traute er dann allerdings dem spekulativen philosophischen Denken allzuviel, der experimentellen Erfahrung zuwenig und der Mathematik gar nichts zu. Einige seiner Anhänger verschafften dem schönen Begriff «Naturphilosophie» für längere Zeit den Ruf, ernsthafte Naturforschung eher zu behindern. Ganz gerecht ist das nicht, denn es bleibt ein Verdienst seiner Philosophie, nach der Einheit der Natur und der Naturgesetzlichkeit zu forschen und die Verbindung des Physischen mit dem Psychischen im Menschen zu thematisieren.

Naturphilosophie als Querdenken

Dem modernen Wissenschaftsverständnis entspricht, wie mir scheint, am ehesten ein «objektiver Idealismus». Die Ordnung der natürlichen Wirklichkeit, die Gegenstand der Naturwissenschaft ist, gibt es auch ohne uns. Die Naturwissenschaft ist ein Produkt des menschlichen Denkens. Die Entscheidung über die Richtigkeit der Gedanken ergibt sich aus der Antwort der Natur auf die Fragen des forschenden Menschen. Die weitreichende, wenn auch nicht unbegrenzte Entsprechung der Strukturen menschlichen Denkens mit der Ordnung der natürlichen Wirklichkeit ist kein selbstverständliches Ergebnis der Evolution neuraler Netze im Gehirn. Sie ist vielmehr sowohl in ihrem Ausmaß als auch in ihrer geistigen Struktur selbst eine Erkenntnis, und zwar nicht zuletzt eine empirische wissenschaftshistorische Erkenntnis, über die wir uns wundern können und sollen und die – wenn ich mir eine zusammenfassende Kurzformulierung in sehr allgemeinen Begriffen erlauben darf – eine Verbindung von Natur und Geist aufzeigt.

Biologie, Menschenbild und die knappe Ressource Gemeinsinn

Fähigkeiten der Sprache, des begrifflichen und strategischen Denkens, der erkenntnisgestützten Empathie sind Ergebnisse der biologischen Evolution des menschlichen Gehirns. Das ganze Potential dieser sehr allgemeinen Fähigkeiten, ihre Entwicklungs- und Anwendungsmöglichkeiten lassen sich aber nicht vollständig auf Bedingungen ihrer Entstehung in der Evolution reduzieren, und dies gilt vermutlich auch für das Bewußtsein. Die Kulturfähigkeit des Menschen ist biologisch angelegt, die einzelnen Kulturen in ihrer ganzen Vielfalt sind es nicht. Biologisch verankert sind auch Grund- und Randbedingungen sozialen Verhaltens. Sie grenzen das Spektrum gesellschaftlicher Ordnungen ein, lassen aber – wie die Kulturgeschichte zeigt – immer noch eine sehr große Vielfalt von Möglichkeiten offen. Dabei hängt die Lebensqualität, die eine Gesellschaft zu bieten hat, in hohem Maße von Kooperations- und Vertrauensbereitschaft, von Empathie und – als übergeordnetem Merkmal – Gemeinsinn ab. Moralische Überforderungen sind kontraproduktiv. Gemeinsinn ist eine knappe und fragile Ressource, die nur mit Rücksicht auf die natürlichen Anlagen des Menschen sinnvoll zu aktivieren ist.

Natur und Menschenbild

Eine besondere Herausforderung für die Naturphilosophie liegt in den biologischen Erkenntnissen über den Menschen. Er ist Teil der Natur, und in dieser Natur gelten die Gesetze der Naturwissenschaften. Seine geistigen Leistungen sind Funktionen des Gehirns, und Gehirnprozesse folgen den Gesetzen der Physik. Deshalb sind Eigenschaften des Menschen naturwissenschaftlich zu erklären – aber wie weit geht ein solches Verständnis, und wo liegen seine Grenzen?

Als die Terminologie der Physik entwickelt wurde, konnte man umgangssprachliche Begriffe wie «Kraft» und «Energie» so erweitern, verengen, verändern, daß sie sich für die Formulierung allgemeiner Naturgesetze optimal eigneten; für die Lebenswissenschaften dagegen würde das wenig Sinn machen. Um die Biologie in den größeren Rahmen physikalisch begründeter Naturwissenschaften zu integrieren, darf man Grundbegriffe wie «Leben» und «Bewußtsein» nicht beliebig deformieren; vielmehr ist zu fragen, ob naturwissenschaftliche Erklärungen tatsächlich auch all das umfassen, was wir subjektiv unter «Leben» und «Bewußtsein» verstehen. Für «Leben» mit seinen Abstufungen von den einfachsten bis zu den höchsten Formen ist die Antwort wohl positiv: Die moderne Biologie, begründet in der molekularen Genetik, verbunden mit System- und Informationstheorie, erfüllt diesen Anspruch ganz gut.

Für die zentrale menschliche Eigenschaft Bewußtsein aber gilt das nicht in gleichem Maße. Die Gründe hierfür, die ich im Zusammenhang mit dem Leib-Seele-Problem ausführlich erörtert habe, zeigen exemplarisch, was wir überhaupt von Beiträgen der Biologie zu unserem «Bild vom Menschen» zu erwarten haben und was nicht. Biologische Erklärungen erfordern eine objektive Definition dessen, was erklärt werden soll. Eben dies aber ist im Falle des Bewußtseins nur für Teilaspekte möglich; notwendige Bedingungen für Bewußtsein zu finden ist leicht, hinreichende Bedingungen aufzustellen dagegen schwer. Wenn der Blick nach innen, ins eigene Bewußtsein, als letzte Instanz für die Entscheidung dient, ob eine Erklärung für Bewußtsein befriedigend ist oder nicht, so setzt die Erklärung das zu Erklärende doch immer schon in gewissem Umfang voraus. Zwar ist das Gehirn, das Organ des Bewußtseins, Objekt der Biologie, in ihm gilt die Physik; und doch sprechen entscheidungstheoretische Gründe dagegen, daß sich aus dem physikalischen Gehirnzustand auch der entsprechende seelische Zustand vollständig ableiten lassen muß. Selbst ein Computer, der so umfangreich wäre wie die Welt, müßte dafür unter Umständen länger rechnen, als die Welt alt ist: Dieses unser Gedankenexperiment führt an Grenzen der Erkenntnis, die wiederum «endophysikalisch» zu verstehen sind; denn sie beruhen letztlich darauf, daß wir selbst Teil einer endlichen Welt sind und keine extrakosmischen Beobachter. Im Rahmen der Atom- und Molekülphysik hat es sich gezeigt, daß es keinen Sinn macht, eine Realität hinter endophysikalischen Grenzen möglichen Wissens anzunehmen. Diese erkenntnistheoretische Einsicht betrifft auch das psychophysische Problem, selbst wenn die entsprechenden Folgerungen zunächst der Intuition widersprechen mögen: Endophysikalische Grenzen der Dekodierbarkeit der Beziehung zwischen physikalischem Gehirnzustand und bewußtem Erleben sind nicht nur praktischer Art; eine vollständige Reduktion psychischer auf physische Prozesse erscheint als prinzipiell unmöglich.

Dies hat nicht zuletzt auch Konsequenzen für eine klassische Streitfrage: Wenn unser Körper, besonders auch das Gehirn, den Gesetzen der Physik folgt, ist es dann nicht selbstverständlich, daß menschliches Verhalten physikalisch determiniert ist? Diese intuitive Vermutung beruht aber im Grunde auf dem exophysikalischen Mißverständnis. Zu den Determinanten menschlichen Verhaltens gehören psychische Zustände und Vorgänge. Determiniert heißt festgelegt, bestimmt. Bestimmt sein kann nur, was bestimmbar ist, und bestimmbar wiederum ist nur, was sich auf physikalischer Basis innerhalb der Welt, also endophysikalisch ermitteln läßt. Wenn es endophysikalische Grenzen der Dekodierbarkeit der Leib-Seele-Beziehung gibt, ist der Mensch nicht vollständig determiniert; und hinter derartigen prinzipiellen Grenzen des Wissens steht keine Realität mehr, die ein mechanistisch-reduktionistisches Menschenbild begründen könnte.

Diese Einsichten in Grenzen der Erkenntnis vertragen sich durchaus mit großer Aufgeschlossenheit und intensivem Interesse für neue naturwissenschaftliche Ergebnisse bewußtseinsnaher Hirn- und Verhaltensforschung; es wäre aber eine Illusion, bei jeder interessanten Entwicklung und Entdeckung dieser Art zu glauben, die «ganze» Wahrheit über Bewußtsein stehe kurz vor ihrer wissenschaftlichen Aufklärung. Derartige

Ansprüche, die eine Reduzierung des vollen Begriffs «Bewußtsein» in Kauf nehmen, sind nicht besonders wissenschaftlich, sondern eher geeignet, die Konsensfähigkeit der Naturwissenschaft innerhalb unserer Kultur zu verringern; sie erinnern an frühe Phasen der Wissenschaftsgeschichte, etwa nach der Entdeckung des Blutkreislaufs im siebzehnten Jahrhundert, als alle möglichen Lebenserscheinungen, wenn nicht gar das Leben selbst, durch Strömungen, Pumpen und Ventile erklärt werden sollten.

Es geht also darum, in bezug auf den Menschen das wissenschaftlich Erklärbare zu erklären, ohne damit den Anspruch auf ein vollständiges naturwissenschaftliches Menschenbild zu erheben. Dies setzt voraus, daß wir die besondere Stellung des Menschen in der Natur erkennen. Was ist an ihr einzigartig, was hat er mit höheren Tieren gemeinsam, besonders mit der nächstverwandten Art, den Schimpansen? Daß Menschen physiologische Funktionen mit Tieren gemeinsam haben, ist banal. Interessant sind erst die subtilen Verhaltensweisen, zumal solche, die wir beim Menschen mit Bewußtsein verbinden.

Schimpansen können – in engen Grenzen – mit Symbolen umgehen; Voraussetzungen der menschlichen Sprachfähigkeit, darunter die grammatische Strukturierung von Information, fehlen jedoch auch bei den höchstentwickelten Tieren. Schimpansen können sich selbst im Spiegel erkennen. Sie fassen sich an den eigenen Kopf, wenn sie an ihm einen roten Punkt im Spiegel sehen – ein Hinweis auf eine Selbstrepräsentation ihres Körpers im Gehirn? Besonders interessant sind Berichte über Täuschungsmanöver im Tierreich. Beispiel: Ein Pavian provoziert durch sein Verhalten zunächst eine Strafaktion eines Artgenossen. Um sie dann doch zu vermeiden, schaut er plötz-

lich in einer bestimmten Haltung in die Ferne, so als drohe ein
Löwe, und schon folgt der aggressiv gestimmte Gefährte seinem Beispiel. Experten streiten sich untereinander, ob solche
Beobachtungen an Tieren auf Repräsentationen mentaler Zustände von Artgenossen schließen lassen. Weiß dieser Pavian,
daß er etwas weiß, was der andere nicht weiß (nämlich daß gar
kein Löwe in der Nähe ist)? Gibt es im Gehirn des Pavians so
etwas wie eine Repräsentation fremden Wissens, das sich von
seinem eigenen unterscheidet? Hat er, wie manche das nennen,
eine «Theorie des Geistes»? Genauer gesagt: Kann er implizit
fremde Absichten und fremdes Wissen von Artgenossen erschließen und diese in seine eigenen Verhaltensstrategien einbeziehen?

Das entsprechende Verhalten der Tiere könnte im Prinzip
auch ein Ergebnis gewöhnlicher Lernvorgänge durch Versuch
und Irrtum sein: Wenn zum Beispiel gelegentlich ein zufälliger,
angestrengter Blick in die Ferne einen aggressiv gestimmten
Artgenossen abgelenkt hat – so, als wäre da ein Löwe –, könnte
auch in Zukunft dieses als erfolgreich erfahrene Verhalten ge-
nutzt werden, ohne daß es sich um eine im menschlichen Sinne
absichtliche Täuschung handeln muß. Man kann bei der gegenwärtigen Wissenslage für oder gegen die These sein, die
Tiere würden auch *innere* Zustände von Artgenossen, wie
deren Wissen und Absichten, erkennen und verwerten – die
Versuchung ist dabei groß, die derzeit nicht einlösbare Beweislast auf die jeweils ungeliebte Gegenposition zu verlagern.
Auch in diesem Kontext spielt in der wissenschaftlichen Diskussion die bewußte oder unbewußte naturphilosophische
Grundauffassung eine Rolle: Wie zum Beispiel möchte man
den Unterschied zwischen Mensch und Tier am liebsten sehen?

Es ist die evolutionsbiologische Denkweise, die die Vermutung begründet, es sollte bereits in höheren Tieren Ansätze derjenigen Fähigkeiten geben, die in ausgeprägter Form spezifisch menschlich sind; doch wäre es ein Fehler, deswegen die großen *qualitativen* Unterschiede in den geistigen Eigenschaften von Tieren und Menschen zu unterschätzen, die einem Übergang von eher begrenzten zu sehr allgemeinen Fähigkeiten entsprechen. Das zeitintegrierende Gedächtnis erfaßt beim Menschen fast die gesamte Lebenszeit in der Vergangenheit; es betrifft Pläne und Verhaltensdispositionen für die ganze eigene Zukunft und oft noch darüber hinaus. Die menschliche Sprache ermöglicht es, fast alles auszudrücken und mitzuteilen. Im symbolischen und abstrakten Denken bildet der Mensch Begriffe von Begebenheiten, aber auch Begriffe von Begriffen. Es ist der Sprung von sehr rudimentären Anlagen zu fast universellen geistigen Fähigkeiten, und es sind höhere, zusätzliche Ebenen der Abstraktion, die die Spezies Mensch charakterisieren.

Als schwierigstes Problem der Menschwerdung erscheint die Entstehung des menschlichen Bewußtseins – wie weit reicht dafür der Erklärungsrahmen der Evolutionstheorie? Kein Zweifel, die neurobiologische Basis von Bewußtsein im menschlichen Gehirn ist ein Ergebnis der Evolution, wobei in späteren Phasen vermutlich auch Ko-Evolution von genetischen und kulturellen Faktoren eine Rolle gespielt haben dürfte. Die Entstehung jeder einzelnen, formal bestimmbaren, wohldefinierten Eigenschaft von Bewußtsein läßt sich vermutlich mit den Prinzipien der Evolutionsbiologie erklären, doch einer Deduktion von Bewußtsein im vollen Wortsinn – also des ganzen Umfangs der Fähigkeit zu subjektivem menschlichem

Erleben – aus diesen Prinzipien steht wiederum entgegen, daß nicht vollständig objektiv erfaßbar ist, was eigentlich erklärt werden müßte.

Wohl aber läßt sich nachvollziehen, wieso die Evolution des Menschen überhaupt zu Eigenschaften führen konnte, die über das formal Ableitbare hinausgehen. Sprachvermögen mit einem Vokabular von Tausenden von Worten, Fähigkeiten zu hochgradiger Abstraktion und Symbolisierung, strategisches Denken durch weite Zeitintegration in Vergangenheit und Zukunft, Strukturierung großer Mengen an Information – all dies sind nicht spezialisierte, sondern sehr allgemein anwendbare Fähigkeiten, deren Spektrum weit über das hinausreicht, was in der Phase ihrer biologischen «Erfindungen» einem Jäger- und Sammlerleben zugute kam. Ein solches «mehr» steht nicht im Widerspruch zu Naturgesetzen und evolutionsbiologischen Prinzipien; ja, es ist sogar logisch einsichtig, daß die Ausbildung *allgemeiner* Fähigkeiten in der Regel einen *Überschuß* neuer Anwendungsmöglichkeiten generiert. Das gilt schon für die Erfindung des Rades, und die ganze Technikgeschichte demonstriert uns dieses Prinzip immer wieder sehr eindrucksvoll: So führten zum Beispiel die Neuerungen der Stromerzeugung und der Informationsverarbeitung in Computern jeweils zu einem ungeheuren Überschuß an Möglichkeiten, der allein aus der Entstehungsgeschichte der Erfindungen, aus der Motivation der Forscher, ihrer ersten Förderer und Anwender nicht erschöpfend abzuleiten wäre. Es ist einleuchtend, daß sich mit der biologischen Evolution generalisierender Fähigkeiten des Menschen ein Überschuß an Potentialen und Eigenschaften kreativen Denkens und Handelns eröffnete, ein «mehr», das in seinem ganzen Umfang einem vollständigen immanenten Verständnis durchaus nicht zugänglich sein muß. Darum widerspricht es auch keineswegs der Logik biologischer Evolution, daß sich Bewußtsein nicht in einer begrenzten Liste objektiv definierter Merkmale erschöpft und daß Bewußtseinszustände im allgemeinen und der menschliche Wille im besonderen nicht vollständig aus noch so umfangreichen physikalischen Meßdaten über Gehirnzustände deduzierbar sein müssen: Eine transzendente Deutung des Menschen, die Bewußtsein als Urgegebenheit ansieht und Freiheit des Willens annimmt, läßt sich aus wissenschaftlichen Tatsachen zwar nicht zwangsläufig ableiten, wohl aber mit ihnen logisch vereinbaren.

Wie kam der Geist in die Welt? –
Gehirnfähigkeiten und kosmische Ordnung

Geistige Vorgänge gibt es in der materiellen Welt als Funktionen des menschlichen Gehirns. Sie beruhen nicht zuletzt auf der schnellen, verläßlichen, umfassenden Verarbeitung von Information in Systemen von Nervenzellen, auf einer Art natürlicher Mikroelektronik, die einiges mit den künstlichen Schaltkreisen in Computern gemeinsam hat. In beiden Fällen spielt die Trennung elektrischer Ladungen eine Schlüsselrolle – in der Computertechnik über Schichten von Silicium, die mit kleinen Mengen verschiedener Fremdatome versehen sind, in der Biologie über Membranen, die den Innen- und den Außenbereich von Nervenzellen und ihren Fortsätzen voneinander trennen. Die Mikroelektronik der Computer ist technisches Menschenwerk und könnte ohne Menschen nicht entstehen; die Mikroelektronik der Nervenzellen hingegen, die besonders auf der spezifischen Wirkung von Proteinen in Zellmembranen beruht, ist ein Ergebnis biologischer Evolution.

Wesentliche Voraussetzung für die geistigen Fähigkeiten der Gehirne ist aber vor allem die Vernetzung der Nervenzellen zu einem funktionalen Gesamtsystem. Dieses Netzwerk entsteht in jeder Generation neu bei der Entwicklung des Organismus aus der Eizelle und wird – wenn auch auf sehr indirekte Weise – von Genen und ihrer Regulation bestimmt. Die Evolution des Menschen stellt sich als ein außerordentlich eindrucksvoller und effizienter Vorgang dar, der in vergleichsweise kurzer Zeit – ein paar hunderttausend oder Millionen Jahre – Sprache, strategisches Denken, kognitionsgestützte Empathie so weit entwickelt hat, daß eine eigenständige Kulturdynamik möglich wurde. Unsere Überlegungen zum Thema «Evolution und Innovation» haben darauf verwiesen, daß dem eine verborgene, noch nicht wirklich verstandene Beziehung zwischen der Logik des Systems «Genregulation» und der des Systems «Nervennetze» zugrunde liegen könnte. Man möchte schließlich begreifen, wie eine durchaus begrenzte Zahl von Veränderungen im Regelnetz der Gene zu sehr allgemeinen Fähigkeiten der Gehirne führen konnte, Fähigkeiten, die schließlich auch ein Verständnis von Naturgesetzen in mathematischer Form einschließen. Diese Effizienz der Evolution steht zwar in Einklang mit den Prinzipien evolutionärer Erkenntnistheorie, wird von ihr aber auch nicht wirklich erklärt. Wir haben, was das Zustandekommen und die Voraussetzungen menschlichen Erkenntnisvermögens angeht, wiederum die Wahl, auf immanente Deutungen zu setzen oder transzendente zu bevorzugen. Nehmen wir als Beispiel die Zahlen: Der Umgang mit ihnen ist eine Leistung des menschlichen Gehirns. Die Zahl ist aber auch – das zeigen die mathematischen Grundgesetze des Naturgeschehens – ein Ordnungsprinzip der Welt. Zahlen sind Abstraktionen unabhängig von gezählten Gegenständen. Schon Schulkinder können nicht nur Primzahlen von anderen Zahlen unterscheiden, sondern den Beweis verstehen, daß es unendlich viele Primzahlen gibt. Gehört die Zahl im Sinne Platons zu einer Welt der Ideen, die auch ohne uns Menschen existiert, oder ist sie eine Konstruktion des menschlichen Gehirns? Solche Alternativen begleiten schon seit zweieinhalbtausend Jahren die Geschichte der Philosophie, und kluge Köpfe werden zu dieser Frage weiterhin unterschiedliche Meinungen vertreten. Die Gegensätze in der Deutung lassen sich anscheinend weder empirisch noch formal auflösen, und meine Auffassung «Immanenz ist gut, Transzendenz ist besser» beruft sich deswegen auch eher auf intuitive Abwägungen verschiedener Interpretationsmöglichkeiten.

Dies gilt nicht zuletzt für die Einstellung zur anthropischen Frage: Warum sind die Gesetze der Physik, die Bedingungen der kosmischen Entwicklung so beschaffen, daß es im Universum Leben – zumal Leben mit Geist – gibt? Zwei Erklärungstypen habe ich hervorgehoben: die Annahme, der Kosmos sei eine «Welt per Design» – die physikalischen Grundgesetze seien durch eine Art Meta-Naturgesetz so strukturiert, die Anfangsbedingungen der kosmischen Entwicklung so gesetzt, daß in ihr Leben bis hin zum Menschen mit Erkenntnisvermögen entstehen und sich entfalten kann; und – alternativ – die These, es gebe eine ungeheure Zahl von Welten, für die verschiedene physikalische Grundgesetze gelten und unterschiedliche Anfangsbedingungen bestanden haben. Fast alle sind ohne Leben; nur gelegentlich entstand durch Zufall ein Kosmos mit Leben, und vielleicht ganz selten einmal ein Kosmos wie der unsere mit Leben bis zur Stufe der Erkenntnisfähigkeit.

Die beiden Erklärungstypen zur anthropischen Frage unterscheiden sich naturphilosophisch sowohl in ihren Prämissen als auch in ihren Konsequenzen. Die Design-Version des anthropischen Prinzips – «Es ist Meta-Naturgesetz, daß es im Kosmos Leben mit Geist gibt» – verweist auf Transzendenz, während die Viele-Welten-Theorie auf Prinzipien verzichten will, die wegen ihres metatheoretischen Charakters transzendente Deutungen ermöglichen. Sie will gar nicht erklären, warum die Welt so und nicht anders ist. Sie läuft vielmehr auf die These hinaus: «Es gibt, was es gibt, weil es – fast – nichts gibt, was es nicht gibt.» Wirklich immanent ist die Viele-Welten-Theorie aber doch nur in sehr eingeschränktem Sinne, da sie einen im Grunde exophysikalischen Standpunkt einnimmt, um von dort auf eine Menge an Universen hinabzuschauen, von deren Beschaffenheit, ja von deren Existenz wir grundsätzlich nichts wissen können. Wenn es naturphilosophisch keinen Sinn macht, hinter physikalisch unüberwindlichen Grenzen der Erkenntnis doch noch Realität anzunehmen – wenn eine solche Annahme im Falle der Physik sogar zu Widersprüchen führen kann, so macht es auch keinen Sinn, viele reale Welten neben unserem Universum vorauszusetzen, nur um zu erklären, daß es in unserer Welt Leben gibt. Die «Eine-Welt-per-Design»-These hingegen wird durch die endophysikalische, finitistische Gedankenlinie unterstützt, welche die Beschränkungen, die mit dem Blick von innen in einer endlichen Welt verbunden sind, als prinzipielle Erkenntnisgrenzen anerkennt. Zwar erscheint uns der *teleologische* Charakter – «Die Ordnung der Natur ist so beschaffen, daß in ihr Leben mit Geist möglich ist» – weniger befriedigend als eine *kausale* Ableitung aus übergeordneten Prinzipien, aber dabei stellt sich dann doch die Frage, welcher Art solche übergeordneten Prinzipien eigentlich sein könnten. Mir erscheint unter den möglichen Erklärungen die Welt-per-Design-These als die erkenntnistheoretisch stimmigste, weil sie auf prinzipiell unbeobachtbare Gegebenheiten, nämlich auf die Annahme unzähliger Universen neben unserem Kosmos, verzichtet.

Nicht wenige unter den Wissenschaftlern, die sich für die anthropische Frage interessieren, sehen dies ebenso, aber Mainstream-Denken ist es keineswegs. Diese Reserviertheit hat wohl auch damit zu tun, daß die Welt-per-Design-These theologischen Konzepten nahesteht und mit dem Ausgangspunkt jüdisch-christlich-islamischer Weltsicht relativ gut verträglich ist: mit der Auffassung, Gott habe die Welt geschaffen und in ihr den Menschen nach seinem Bilde.

Wir sind daran gewöhnt, daß theologische Erklärungen natürlicher Vorgänge den Fortschritt der Wissenschaft eher behindern. Die Idee, es müsse göttliche Einzeleinwirkungen in den Naturverlauf gegeben haben, etwa um die Bewegung der Planeten in Schwung zu bringen oder um die verschiedenen Lebewesen «herzustellen», hat der Wissenschaft nicht geholfen, der Theologie hingegen geschadet, wenn sie sich darauf berief. Erst recht geschadet hat ihr die Berufung auf einzelne Bibelstellen in naturwissenschaftlichem Kontext, mit der man zum Beispiel Galilei das Eintreten für das kopernikanische Weltbild verbieten wollte – und das, obwohl doch der große Aufschwung theologischen Denkens im späten Mittelalter eine solche Denkweise fast schon überwunden hatte. Unsere Zeit besitzt wenig Erinnerung daran, wieviel an Inspiration und Grundlegung das naturwissenschaftliche Denken historisch der «liberalen», kreativen, nicht sonderlich schriftgläubigen Theologie des Mittelalters verdankt; sie suchte Glauben und Wissen zu vereinen, indem sie rationale Erklärungen der Natur als gleichberechtigten und komplementären Zugang zur Wahrheit neben dem Buch der Offenbarung ansah. Das ging nicht ohne Kämpfe ab, aber schließlich konnte sich die neue Aufgeschlossenheit, für die Namen wie Eriugena, Albert der Große, Bacon und Nikolaus von Kues stehen, doch durchsetzen. Der historische Bruch zwischen Wissenschaft und Glauben begann im Grunde erst mit der Verurteilung des Galileo Galilei. Wissenschaftler lernten, daß es opportun sei, sich nicht auf das Umfeld umstrittener religiöser Fragen zu begeben. Neugegründete wissenschaftliche Akademien genossen die Förderung durch die Obrigkeit und die Gewährung beträchtlicher Freiheiten und Privilegien, aber verbunden war dies mit der Erwartung – sogar mit der Auflage –, sich nicht auf theologische und politische Fragen einzulassen; und derartige Enthaltsamkeit trug schließlich dazu bei, daß die Trennung von Glauben und Wissen mehr und mehr zu einem Kriterium für «gute» Wissenschaft wurde.

Das anthropische Prinzip eines Meta-Naturgesetzes, das die «Bewohnbarkeit» der Welt beinhaltet, verletzt, rein logisch gesehen, dieses Kriterium nicht – man kann es für angemessen halten und durchaus überzeugter Atheist sein und bleiben –, aber die theologische Deutung liegt doch intuitiv nahe, die Distanz zur Theologie wird kleiner, und dagegen gibt es die historisch bedingte Aversion. Ähnliche Gründe führen vermutlich auch zu der starken Vorliebe vieler Biologen für kontinuierlich akkumulierte und zu ihrer Abneigung gegen spezifische, richtungsentscheidende Genänderungen bei der Erklärung der Evolution – zumal der Evolution des Menschen –, obwohl doch die molekulare Genetik vermuten läßt, daß es beides gibt. Intuitiv erscheint die Kontinuitätsthese als eher theologiefern, während die Annahme von Diskontinuitäten mehr in der Nähe der Schöpfungstheologie gesehen wird; deswegen vielleicht die Befangenheit.

In Wirklichkeit ist intuitive Nähe zur Theologie kein Kriterium für wissenschaftliche Wahrheit, Theologieferne ist es aber auch nicht; gute Wissenschaft müßte in solchen Fragen unbefangen bleiben. Man stößt in diesem Zusammenhang auf emotionale Motive, die zu reflektieren und zu relativieren sich lohnt, wenn man nach dem Erklärungswert eines anthropischen Prinzips als Meta-Naturgesetz fragt. Eine positive Antwort ist nicht zwangsläufig richtig, aber doch erkenntnistheoretisch stimmig, und sie gehört zu den metaphysisch optimistischen Interpretationen der – philosophisch mehrdeutigen – wissenschaftlichen Fakten: So klein sich der Mensch im physikalischen Kosmos findet, so ist doch das Universum in gewissem Sinne zum Menschen gebildet; auch in dieser Hinsicht zeigt sich eine Beziehung zwischen dem menschlichen Geist und der Ordnung der Natur.

Biologische Randbedingungen und menschliche Werte

Wie sind menschliche Werte zu begründen? Durch religiöse Offenbarung, durch philosophisches Nachdenken, durch Anleihen bei der Wissenschaft, zumal der Biologie? Lange Zeit hatten «soziobiologische» Erklärungen menschlicher Normen und Verhaltensweisen unter liberal Gesinnten keine gute Presse; irgendwie sah man sie in der Nähe sozialdarwinistischer, wenn nicht gar rassistischer Anschauungen. Tatsächlich gab und gibt es Gründe für einen sehr kritischen Blick auf manche Postulate, die sich an die Biologie anlehnen – Gedanken einer auf Leistungssteigerung abzielenden «Verbesserung» menschlichen Erbguts, Verfügungen über andere im Hinblick auf Krankheitsrisiken, Bewertung von Menschen nach angeborenen Merkmalen (zu denen auch in beträchtlichem Maße die Intelligenz gehört) und so fort. Solche Auffassungen, die übrigens überwiegend von Soziologen, nicht von Biologen propagiert wurden, sind aber keine Konsequenz aus biologischen Sachverhalten, sondern ideologisch motivierte Meinungen, die allenfalls ein assoziatives Verhältnis zur Biologie aufweisen. Dem stehen gute Gründe in humanistischer Tradition gegenüber, biologische Erkenntnisse über den Menschen ernst zu nehmen: Wesentliche biologische Unterschiede zwischen Individuen, besonders hinsichtlich ihrer psychischen Anlagen, legen es nahe, daß die Gesellschaft ein Spektrum verschiedener sozialer Rollen bereithalten sollte, die dem einzelnen Wahlmöglichkeiten bieten. Die Erkenntnis, daß die genetische Ausstattung des Individuums auf unprognostizierbaren Mikrovorgängen an der Erbsubstanz DNS beruht, die kein Mensch beeinflussen kann, lehrt uns Bescheidenheit. Die Fakten, die uns Glücksmöglichkeiten, Chancen und Anerkennung in der Gesellschaft eröffnen, verdanken wir gerade in ihrem genetischen Anteil nicht uns selbst.

Trotz genetischer Unterschiede zwischen Individuen – größere Populationen dürften sich hinsichtlich angeborener mentaler Fähigkeiten und Dispositionen im statistischen Mittel kaum wesentlich unterscheiden. Dies gilt auch für verschiedene Kulturen: Biologische Faktoren bestimmen nicht die soziokulturelle Entwicklung selbst, sondern nur deren allgemeine Grund- und Randbedingungen. Diese zu erkennen ist aber doch sehr wesentlich: Es ist nicht zuletzt das biologische Erbe der Evolution des Menschen, welches das Spektrum möglicher sozialer Systeme und Regeln auffächert, aber eben auch einschränkt.

Dieses Erbe begünstigt primär Verhalten zugunsten eigener Interessen und derer des eigenen Nachwuchses, es enthält aber auch biologische Anlagen zu Solidarität mit Vertrauten und zu Kooperation auf Gegenseitigkeit. Darüber hinaus gibt es beim Menschen eine weitere Quelle altruistischen Verhaltens: die Empathie, und zwar eine auf Erkenntnisfähigkeit aufbauende Empathie, die auch Mitempfinden mit Zukunftserwartungen, Hoffnungen und Ängsten anderer einschließt. Altruismus ohne Reziprozität: Auch dies liegt noch im Rahmen evolutionstheoretischer Erklärungen. Ich habe die Vermutung begründet, daß die menschliche Empathiefähigkeit eine Art Nebenprodukt der Evolution des strategischen Denkens ist: Die Einfühlung in die Zukunftsperspektiven anderer verhilft dazu, deren zukünftiges Verhalten besser einzuschätzen, und dient damit auch dem jeweils eigenen Vorteil, erhöht so die jeweils eigene genetische «Fitness». Die gefühlsmäßige Anteilnahme an der Befindlichkeit und dem möglichen Schicksal anderer ist dann aber auch – in Grenzen – eine der Ursachen für Kooperativität und andere Formen von Altruismus. Als hirnphysiologische Entsprechung der Empathie haben wir die

Repräsentation der Zustände anderer und deren Verknüpfung mit dem eigenen Gefühlszentrum im Gehirn angesehen. Allerdings: Nur die Empathie*fähigkeit* und nicht ihre Ausprägung als jeweils einzelne einfühlsame Handlung ist biologisch angelegt. Sicher sind kulturelle Faktoren, die nur in menschlichen Gesellschaften wirken, an der Aktivierung, Weiterentwicklung und Differenzierung empathischer Motive sozialen Verhaltens entscheidend beteiligt.

Zu dem Problemkreis, der die größte Rolle in der philosophischen und religiösen Ethik spielt, hat die Biologie vergleichsweise wenig zu sagen: Es geht um die internalisierten Werte; Werte, die menschlichen Beziehungen in einer Gesellschaft oder gesellschaftlichen Gruppierung zugrunde liegen, ohne in der Regel reflektiert zu werden. Dabei sind nicht alle verinnerlichten Wertvorstellungen, die innerhalb einer Gruppe gelten, auch, von außen betrachtet, zustimmungsfähig – sie können durchaus aggressive und unduldsame Verhaltensweisen bewirken –, doch ohne sie wäre ein gutes gesellschaftliches Zusammenleben gänzlich unmöglich. Internalisierte Werte sind soziokulturell durch Erziehung, Vorbilder und Lebenserfahrung vermittelt und lassen sich nicht – jedenfalls nicht vollständig – auf Motive der Verwandtenhilfe oder von Leistung und Gegenleistung zurückführen. Der biologische Ursprung der Fähigkeit zur Internalisierung von Werten liegt, wie wir gesehen haben, vermutlich im Effekt der Pauschalierung. Wir können nicht in jeder Situation durch Abwägen aller Möglichkeiten den eigenen Vorteil anstreben und dabei auch alle negativen Langzeitfolgen eines kurzfristig egoistischen Verhaltens berücksichtigen, zum Beispiel Rückwirkungen von Emotionen anderer, die die eigenen Aussichten auf künftige

269

Kooperationen und Koalitionen reduzieren. Verinnerlichte Werte können solchen Langzeitwirkungen gerecht werden, ohne im Einzelfall komplizierte Abwägungen zu erfordern, aber weit über das hinausführen, was nach den Maßstäben der Theorie strategischer Spiele indirekt doch noch dem eigenen Interesse dient. Solcher Überschuß an Verhaltensmöglichkeiten steht nicht im Widerspruch zu evolutionsbiologischen Erklärungen der ursprünglichen Anlagen menschlicher Fähigkeiten und Eigenschaften, aber die Auswirkungen sind nicht mehr allein als Erhöhung der Chancen biologischer Reproduktion zu verstehen.

Die rein evolutionsbiologische Prämisse, es gehe immer und überall um die optimalen Reproduktionschancen der Individuen beziehungsweise ihrer Gene, ist für Menschen und menschliche Gesellschaften aus mehr als einem Grund nicht voll erfüllt. Kulturelle Veränderungen erfolgen viel schneller als jede genetische Evolution und lassen sich allein schon deswegen nicht unter das evolutionsbiologische Kriterium «optimale Reproduktionschancen der Individuen» subsumieren. Das individuelle und kollektive Sozialverhalten von Menschen ist zwar an evolutionsbiologisch einsichtige Grundbedingungen gebunden, aber verhaltensbestimmende Werte haben auch etwas mit der Metaebene des Denkens und der Deutung inhaltlichen Wissens zu tun, und sie werden von Eigenschaften des Bewußtseins mitbestimmt, die keiner vollständigen naturwissenschaftlichen Theorie zugänglich sind.

Dies führt zur Frage nach der Bewertung von Werten und damit in die metatheoretische Schleife der Selbstanwendung von Begriffen, die hier, wie auch in anderen naturphilosophischen Zusammenhängen, Mehrdeutigkeit anzeigt. Kann uns die Sozialwissenschaft aus dieser Mehrdeutigkeit heraushelfen? Vermutlich nicht; aber die Gründe für dieses «nein» zu erkennen hilft dann doch, das Wertproblem besser zu verstehen. Eine kritische Betrachtung bestimmter Ansätze sozialer Systemtheorie soll dies zeigen. Ihr Ausgangspunkt ist das Kriterium der Stabilität: Gesellschaftliche Systeme, die es «gibt», sind relativ stabil – sonst würden sie ja nicht über Generationen hinweg Bestand haben. Sinn- beziehungsweise Wertbestimmung wird nun, so der Systemtheoretiker Luhmann, als Teil des Systems angesehen: Es produziert seinen Sinn und damit auch seine Wertsetzungen selbst, und zwar so, daß sie, zusammen mit anderen Faktoren, das System stabilisieren. Einen über eine bestimmte Gesellschaft und ihre Stabilisierung hinausreichenden Sinn hat «Sinn» eigentlich nicht; vor allem läßt er sich nicht auf irgendein absolutes übergesellschaftliches «Gutes» zurückführen.

Nun kann man solche systemtheoretisch postulierten stabilisierenden Funktionen des innergesellschaftlich produzierten und reproduzierten Sinns vielfach feststellen. So vermag etwa eine Kultur einem weit verbreiteten Mönchtum in einer solchen Weise Sinn zu verleihen, daß immer wieder viele der ihr angehörenden Menschen Mönche werden, obwohl diese selbst in der Regel keine Nachkommen hervorbringen, wenig oder nichts zum Sozialprodukt beitragen und von den übrigen, die keine Mönche sind, alimentiert werden müssen. Ein solches System war über Jahrhunderte hinweg stabil; schließlich aber wurde es durch *Reflexion über den Sinn dieser Sinngebung* destabilisiert – Mönche und Nonnen verließen die Klöster, die dann in Jagdschlösser verwandelt wurden. Dieses Beispiel – eines unter vielen – zeigt, daß die Stabilität eines sozialen Systems durch Reflexion über den Sinn aufgebrochen werden kann. Ein anderes Beispiel: Die Aufteilung der Industrieländer in einen kapitalistischen und einen kommunistischen Block schien lange Zeit stabil, aber die Informationen, die von einem System in das andere diffundierten, haben schließlich die selbststabilisierenden Sehweisen in Zweifel gezogen. Für eine Weile bestand ein metastabiler Zustand; dann reichte der Schnitt in einen ungarischen Grenzzaun am 2. Mai 1989 aus, um den Kollaps eines der beiden Systeme einzuleiten. Man erkennt an diesem Fall, daß Systeme, die in Isolation lange Zeit Bestand haben, dennoch schon durch vergleichsweise geringe Wechselwirkung mit anderen Systemen völlig destabilisiert werden können.

Ausgedrückt in abstrakter Sprache zeigen diese Betrachtungen, daß menschliche Gesellschaften lange in einem Zustand verharren können, für den gilt: «Systeme produzieren ihren Sinn selbst; der Sinn des Sinns ist relativ, er liegt darin, die Stabilität des jeweils sinnproduzierenden Systems zu sichern.» Aber dies ist nicht das letzte Wort zur Relativität von Sinn und Wert: Menschen können eben auch *jeden* vorgegebenen Sinn durch Reflexion wieder in Frage stellen, zumal wenn ihnen Informationen über andere Systeme zur Verfügung stehen und sie zu systemübergreifenden Vergleichen anregen; dies wiederum kann zur Destabilisierung von Faktoren führen, die zuvor systeminterne Stabilität gewährleistet haben. Die Stabilität der Stabilität wird aufgehoben, indem der Sinn des vorgegebenen Sinns in Frage gestellt wird. Deshalb können systemtheoretische Betrachtungen die Frage nach dem Sinn weder eindeutig lösen noch als irrelevant entlarven; eine Bewertung von Werten ist auf einer höheren Ebene der Reflexion durchaus möglich,

272

auch wenn man dabei auf weniger gesicherte, mehr intuitive Schlüsse angewiesen bleibt.

Sowohl die Evolutionsbiologie als auch die Wissenschaft sozialer Systeme lassen letztlich die menschliche Frage nach der besseren Art zu leben ohne eindeutige Antwort. Sie können sie aus sich heraus weder lösen noch als Scheinproblem beseitigen. Es bleibt der Trost, daß wir in Wirklichkeit ganz gut wissen, was zu einem besseren Leben gehört; nicht zuletzt ein Mindestmaß an Friedensbereitschaft, Solidarität und Vertrauen.

Solidarität, Friedensbereitschaft, Vertrauen: Anthropologische Voraussetzungen, Spielräume und Grenzen

Logisch betrachtet, gibt es mehr als eine mögliche naturphilosophische Deutung der Wissenschaften und ihrer Ergebnisse, und als Auswahlkriterium für gute Naturphilosophie sollten wir ihren Beitrag zur Lebenskunst ansehen. Dies gilt nicht zuletzt auch für Grundfragen menschlichen Sozialverhaltens: Schwierige begriffliche Klärungen von der Art «Was ist wahrer Altruismus?» oder Versuche einer rein philosophischen Deduktion menschlicher Werte erscheinen dabei weniger bedeutsam als die Frage nach der Gestaltung sozialer Beziehungen, die mitbestimmen, ob es sich in einer Gesellschaft angenehm leben läßt oder nicht.

In dieser Hinsicht zeigen sich in Geschichte und Gegenwart sehr große Unterschiede zwischen verschiedenen Kulturen und Gesellschaftsordnungen. Für eine vergleichende Bewertung nach Kriterien der Lebenskunst ist zwar zu berücksichtigen, daß die Außensicht auf eine Kultur etwas anderes ist als die Sicht von innen, doch trotz dieser Schwierigkeit bestehen keine Zweifel darüber, daß verschiedene Epochen und Kulturen sehr ungleiche Lebensqualität bieten und geboten haben, daß zum Beispiel in den siebziger Jahren im Kambodscha Pol Pots extrem viel schlechtere Bedingungen herrschten als im nur fünfhundert Kilometer entfernten Malaysia. Dieses Beispiel zeigt allerdings auch die Bedeutung von Faktoren, die mit biologischen Voraussetzungen menschlichen Verhaltens nur sehr indirekt zu tun haben: nämlich die Möglichkeit von Machthabern, eine große Anzahl von Menschen zu Statisten oder Opfern in einem von Ideologen entworfenen Welttheater zu machen. In Gesellschaften hingegen, die uns hinsichtlich der Lebensqualität vergleichsweise sympathisch erscheinen, spielen Art und Grad der kulturspezifischen Expression von bestimmten, in den Voraussetzungen auch biologisch angelegten Verhaltensdispositionen – wie Gemeinsinn, Mitgefühl, Vertrauens- und Versöhnungsbereitschaft – eine wesentliche Rolle.

Biologische Grund- und Randbedingungen sozialen Verhaltens sind für die politische Gestaltung der Gegenwart besonders in drei Problemfeldern interessant: den Aufgaben, menschliche Solidarität, die naturwüchsig zunächst aus der Familie, der Horde, der vertrauten Gruppe heraus entstanden ist, in begrenztem Maße auch auf viele – wenn nicht alle – Menschen auszudehnen; gewaltsame durch friedliche Konfliktlösungen zu ersetzen; und Voraussetzungen für Vertrauen auch über den sozialen Nahbereich hinaus zu schaffen, um soziale Beziehungen sowohl angenehm als auch effizient zu gestalten. Wie weit ist dies möglich? Gewiß liegen solche Zielvorstellungen im Rahmen liberaler, sozialer, kosmopolitischer Ideen der bürgerlichen Gesellschaft in westlichen Industrieländern, aber es gab und gibt ja viele Gruppen in der Welt, die schon in dieser Hinsicht anders denken und handeln.

Unser Wissen von der Natur des Menschen kann jedoch die drei Wertsetzungen «weitreichende Solidarität», «friedliche Konfliktlösungen» und «Vertrauensbildung, Vertrauensschutz» durchaus stützen. Menschen sind sich hinsichtlich ihrer geistigen Fähigkeiten, ihres Kommunikations- und Kooperationsvermögens in den genetischen Anlagen sehr ähnlich, und wir haben allen Anlaß, auch biologisch begründete Ähnlichkeiten in der Erkenntnisfähigkeit und im Empfindungsvermögen vorauszusetzen. Daher sind Kulturvergleiche und Rückblicke in die Geschichte geeignet, Spielräume und Grundbedingungen sozialen Verhaltens unserer biologischen Spezies auszuloten. Was den Kulturen gemeinsam ist, weist auf genetisch angelegte Grundbedingungen hin; die Unterschiede hingegen stecken Möglichkeiten kultureller Entwicklung ab. Diese Gesichtspunkte können dazu beitragen, Chancen, Grad und Grenzen der Realisierung von Zusammenarbeit, Frieden und Vertrauen in der Gesellschaft abzuschätzen.

Da die moderne weltweite Kommunikation und Mobilität zu Vertrautheit unter Menschen beiträgt, dürfen wir in gewissem Maße erwarten, daß sie sich positiv auf unsere Kooperativität auswirkt. Andererseits gab und gibt es aber starke Abstufungen der Solidaritätsbereitschaft, von der Familie über besonders vertraute Gruppen zu regionalen und überregionalen Systemen. Familiensolidarität kann im Notfall zum Transfer eines großen Teils der verfügbaren Ressourcen führen. Innerhalb eines Staates – Beispiel: Deutschland nach der Wiedervereinigung – erreicht der konsensfähige Transfer die Größenordnung von fünf bis zehn Prozent. Im Weltmaßstab gibt es die von den Vereinten Nationen geforderte Wunschmarke eines Transfers von 0,7 Prozent des Sozialprodukts von reichen in arme Länder, ein Satz, der in Wirklichkeit nicht erreicht wurde. Quantitativ begrenzt ist auch die Transferbereitschaft im Netz multipler Loyalitäten, die sich nicht regional definieren – zum Beispiel liegt die Kirchensteuer in der Größenordnung von ein, zwei Prozent des Einkommens.

Verschiedene Länder unterscheiden sich stark hinsichtlich ihrer inneren sozioökonomischen Ungleichheiten. Der Anteil der oberen zwanzig Prozent der Bevölkerung am Gesamteinkommen verhält sich zu dem der unteren vierzig Prozent in manchen Ländern wie drei zu eins, in anderen aber wie sechs zu eins. Große Unterschiede gibt es dabei auch zwischen Ländern vergleichbaren mittleren Wohlstandes. Ein *bestimmtes* Maß kann also *nicht* naturgegeben sein. Läßt sich ein Maß begründen, das sozial vertretbar und tatsächlich annähernd erreichbar wäre? Ein interessanter Ansatz in dieser Frage ist Rawls' Theorie der Gerechtigkeit. Es geht ihm um die Vermeidung von Armut. Dieses Ziel ist nicht durch Gleichverteilung der Einkommen zu erreichen, denn damit würde man gesellschaftlichen Wohlstand insgesamt verhindern, da die Motivation für Beiträge zum Gemeinwesen bei den Individuen ansetzen muß. Erforderlich ist, so Rawls, ein bestimmtes Maß an Umverteilung, durch das Armut begrenzt oder vermieden werden kann.

Er begründet seine Theorie mit einem Gedankenexperiment: Auf welche Prinzipien ökonomischer Verteilungsgerechtigkeit würden sich Menschen unter Anfangsbedingungen wirtschaftlicher Gleichheit einigen, wenn sie ihre künftige Rolle in der Gesellschaft noch nicht kennten? Seine Antwort: Sie würden sich gewissermaßen gegen Armut versichern und sich das etwas kosten lassen für den Fall, daß sie später zu den Reicheren gehören. Sie würden die Einkommensverteilung so gestalten, daß dem ärmsten Sektor der Gesellschaft die bestmöglichen Lebensbedingungen garantiert wären, wobei Armut an absoluten Mindeststandards gemessen werden sollte und nicht relativ, im Vergleich zu den jeweils «Reichen». Natürlich hat dieser fiktive Urvertrag unter Gleichen keine historische Basis, und man kann alle Prämissen dieser Theorie der Gerechtigkeit im einzelnen kritisieren, aber das lebenspraktische Prinzip ist unabhängig von den Begründungen tragfähig: Armut sei zu vermeiden, und hierzu seien ökonomische Ungleichheiten zu begrenzen, aber nicht einzuebnen. Wie weit dieses Ziel tatsächlich erreicht wird, hängt natürlich weniger von der Überzeugungskraft theoretischer Gedankenkonstruktionen als vielmehr von Grad und Grenzen der Aktivierbarkeit von Gemeinsinn ab.

Ein noch größeres Problem als innergesellschaftliche Ungleichheit stellt die extreme Ungleichheit zwischen Industrie- und Entwicklungsländern dar. Die weltweite Bekämpfung der Massenarmut gehört zu den größten Herausforderungen unserer Zeit. Eine Erhöhung der Nord-Süd-Transferleistungen über 0,7 Prozent hinaus ist wünschenswert und erscheint machbar, würde aber lediglich einen kleineren Teil der Probleme lösen, und das auch nur dann, wenn Selbsthilfe stärker zum Tragen käme und Transferleistungen in erster Linie subsidiär auf Länder und Bevölkerungsgruppen konzentriert würden, die sich strukturell nicht selbst helfen können. Hingegen läßt sich das Niveau der Fernstenliebe nicht auf das der Nächstenliebe heben; eine Überforderung in dieser Hinsicht hätte eher die indirekte Folge, daß sich das Maß an Nächstenliebe in Richtung auf das der Fernstenliebe reduzieren würde. Insgesamt ist Entwicklung weder käuflich noch schenkbar. Sie erfordert nicht zuletzt ein Mindestmaß an Gemeinsinn, von «Assabya», innerhalb der Entwicklungsländer selbst, zumal in deren Führungsschicht.

Annähernde Gleichverteilung wurde historisch nie und nirgends erreicht, was die Vermutung nahelegt, daß dem letztlich biologisch angelegte Grund- und Randbedingungen menschlichen Verhaltens entgegenstehen. Lösungen für die globalen Probleme der Zukunft erfordern aber doch auch ein Mehr an Fernbereichssolidarität, «fern» sowohl im geographischen als auch innergesellschaftlichen Sinne. Dabei brauchen keineswegs bestehende Unterschiede zwischen weitreichender und Nahbereichssolidarität als unveränderlich angesehen zu werden; es ist aber auch nicht anzunehmen, sie ließen sich mit Argumenten der Vernunft oder einer Ideologie weitgehend einebnen: Kooperation und Solidarität sind aus der Kleingruppe hervorgegangen; sie konnten und können in größere Gesellschaften hineinwirken, aber doch nur in Grenzen und unter eingeschränkten Voraussetzungen.

Auch in Zusammenhang mit den globalen Bevölkerungs- und Umweltproblemen der Gegenwart und Zukunft sind naturphilosophisch reflektierte biologische Erkenntnisse von Interesse. Eine auf Dauer bestandsfähige Weltgesellschaft ohne strukturbedingte Massenarmut – eine «sustainable society» – erfordert den Übergang zu ökologisch konsistenten Arbeits- und Wirtschaftsformen: emissionsarme Industrien, bodenschonende Landwirtschaft, erneuerbare Energie besonders durch großflächiges «Ernten» von Solarenergie in sonnenreichen Trockenzonen. Langfristig kann aber keine Wirtschaftsform, so ökologisch konsistent sie auch angelegt sein mag, zu einer hohen Lebensqualität für die Menschheit führen, wenn nicht auch das starke Wachstum der Weltbevölkerung zu einem baldigen Ende kommt. Die politischen Auseinandersetzungen zu dieser Frage zeigen in ihrem historischen Ablauf einen bemerkenswerten Konflikt zwischen dem eher prähistorisch anmutenden, wenig reflektierten populationsbiologischen Motiv «Erzeuge viele Nachkommen», das die klassische Soziobiologie so stark betont, und den modernen soziokulturellen Sehweisen, die mehr auf kulturbedingte Lernvorgänge setzen, wobei diese aber letztlich ebenfalls auf biologisch angelegten Fähigkeiten basieren: den spezifisch menschlichen Fähigkeiten des strategischen Denkens, das mögliche längerfristige Szenarien hinsichtlich ihrer Wünschbarkeit vergleicht. Noch in den siebziger Jahren herrschte in vielen Entwicklungsländern die Meinung vor: «Je größer die Population, um so größer die politische Macht.» Erst allmählich setzte sich die Erkenntnis durch, die Reduktion von Massenarmut sei wichtiger als die Populationszahl, und zwar nicht nur für die Lebensqualität der Bevölkerung, sondern indirekt auch für die politischen Möglichkeiten der entsprechenden Gesellschaften.

Die Umsetzung solcher Einsicht in die Praxis ist allerdings nicht leicht. Zur Familienplanung muß wiederum das Individuum motiviert sein – übrigens logisch gesehen aus ähnlichen Gründen, aus denen in der biologischen Evolution «Fitness»-Vorteile den einzelnen zugute kommen müssen –, doch besteht, wenn diese Voraussetzung erfüllt ist, auch Aussicht auf Erfolg, wie das Beispiel einiger südostasiatischer Regionen zeigt. Solche Erfolge demonstrieren, wie sich lern- und wandlungsfähige Kulturen auch in bezug auf reproduktives Verhalten in relativ kurzen Zeiten verändern können, was noch vor kurzem von vielen Sozialwissenschaftlern bezweifelt wurde. Dennoch bleibt offen, wie weit für die Lösung der globalen Grundprobleme das notwendige Potential an Kooperativität und Einsicht tatsächlich rekrutierbar ist, vor allem auch, ob es rechtzeitig aktiviert werden kann, bevor als Folge der Bevölkerungszunahme Katastrophen größeren Ausmaßes eintreten.

Für das zweite der angeführten Problemfelder, die Suche nach friedlichen Konfliktlösungen, sind die positiven Beispiele von Bedeutung, auch wenn sie bisher noch eher die Ausnahme als die Regel darstellen: Bei aller Verbreitung von Gewalt gab und gibt es Gesellschaften, die über längere Zeit mit inneren und äußeren Konflikten ziemlich friedlich zurechtgekommen sind, zum Beispiel im vergangenen halben Jahrhundert Westeuropa mit Ausnahme dreier Regionen – dem Baskenland, Nordirland und Teilen des Balkans. Was sich irgendwo realisieren läßt, sollte vielerorts möglich sein; jedenfalls steht dem keine allgemein wirksame biologische Anlage des Menschen zu agressivem Verhalten entgegen. Die Einsicht in die Möglichkeit inneren und äußeren Friedens ist natürlich noch nicht die Lösung des Problems; aber sie zeigt uns, daß wir uns weder innerstaatlich noch zwischenstaatlich mit gewaltsamen Formen von Auseinandersetzungen abfinden müssen. Zweifellos hängen Aussichten auf Frieden von spezifischen historischen, sozialen und kulturellen Faktoren ab, aber auch diese sind von Menschen gemacht und können von Menschen verändert werden, zumal, wenn sie Gelegenheit haben, von anderen zu lernen, die im Hinblick auf Friedensfähigkeit unter schwierigen Bedingungen erfolgreich waren. Dabei führt die Suche nach absolut moralischen und gerechten Lösungen selten zum Ziel, da Konfliktparteien vielfach dazu neigen, verschiedene Kriterien der Gerechtigkeit und Moral zu propagieren. Erfolgversprechend in der Praxis ist häufig die Strategie der Deeskalation, verbunden mit einem gewissen Maß an Einfühlungs- und Versöhnungsbereitschaft.

Unter den Determinanten der Lebensqualität einer Gesellschaft spielt Vertrauen eine herausragende Rolle, Vertrauen über Verwandtschafts- und Freundschaftsverhältnisse hinaus. In dieser Beziehung unterscheiden sich Kulturen sehr stark voneinander, und es gibt große Differenzen sogar zwischen westlich geprägten, im ökonomischen Standard vergleichbaren Ländern. So erleben zum Beispiel Bewohner, die Vergleichsmöglichkeiten haben, die neuseeländische Gesellschaft als besonders vertrauensbereit. Das liegt natürlich – auch – an der relativ niedrigen Kriminalitätsrate und der verhältnismäßig großen Konsensbereitschaft in Neuseeland. Historiker wie Soziologen können dafür wiederum Erklärungen beibringen, doch sind Unterschiede in dieser Hinsicht keineswegs unveränderlich. Mentale Dispositionen zu Vertrauen hängen nicht nur von äußeren Faktoren ab, sondern wirken auf sich selbst zurück: Vertrauen schafft Vertrauen, Mißtrauen erzeugt Mißtrauen. Jedenfalls demonstrieren die mehr vertrauensorientierten Kulturen, daß ein großes Maß an Vertrauensschutz und Vertrauensbereitschaft innerhalb der biologischen Möglichkeiten menschlicher Verhaltensweisen liegt. Allerdings sind die Voraussetzungen für die Ausprägung von Vertrauen nur unzureichend bekannt; sie sind sicher komplex, und man darf vermuten, daß sie ihren Preis haben – die Gesellschaft muß auch in gewissem Maße formelle und informelle Sanktionen bei Vertrauensbruch bejahen und ausüben –, einen Preis allerdings, den das Ergebnis vielfach wert sein wird.

Evolutionsbiologisch gesehen kann die Bereitschaft zu Vertrauen in menschlichen Kleingruppen durchaus damit erklärt werden, daß Vertrauensbruch der Reputation schadet und dies wiederum die individuelle «Fitness» verringert; ein gewisses Maß an genetisch angelegter Vertrauensbereitschaft dürfte auch in größeren Sozialverbänden mit vorwiegend unpersönlichen Beziehungen wirken. Wie weit sie reicht, trägt wesentlich zur Lebensqualität in einer Gesellschaft bei. Der Alltag ist nur angenehm, wenn auch zwischen Unbekannten Vertrauensbruch eher die Ausnahme als die Regel ist; und soziale Systeme sind nur dann effizient, wenn sie auch in gewissem Maße auf Vertrauen aufbauen können. Dies gilt, so paradox es zunächst erscheinen mag, ganz besonders für die marktwirtschaftliche Wettbewerbsgesellschaft; obwohl sie sich durch ritualisierte Konkurrenz von Egoisten definiert, ist sie in beträchtlichem Maße auf Gemeinsinn am richtigen Ort und im richtigen Kontext angewiesen. «Der Markt bedarf einer normativen Untermauerung, um die informellen [*pre-contractual*] Grundlagen wie Vertrauen, Kooperation und Ehrlichkeit zu gewährleisten, die jede vertraglich geregelte Beziehung erfordert. Dies gilt für alle, die Transaktionen ohne die ständige Anwesenheit von Inspektoren, Kontrolleuren, Rechtsanwälten und Polizisten vornehmen: Wenn sie sich nicht auf legitime, das heißt normgerechte Methoden des Wettbewerbs beschränken, wird das System zusammenbrechen, weil die Transaktionskosten eines vollständig oder weitgehend polizeigemäß überwachten Systems prohibitiv sind. Dies gilt um so mehr für die Regulatoren, die jeder Markt braucht. Wenn sie, die eigentlich die Pflicht haben, Spielregeln festzulegen und für ihre Einhaltung zu sorgen, nur darauf aus sind, ihre eigenen Profite zu maximieren, steht es hoffnungslos um das System.» Diese Passage aus «The Moral Dimension» (deutsch «Die faire Gesellschaft») von Etzioni enthält wichtige Hinweise zur Erklärung von Erfolgen und Versagen der Marktwirtschaft in verschiedenen gesellschaftlichen Systemen.

Vertrauen gründet sich nicht zuletzt auf die Erwartung, im jeweiligen Partner mit einiger Wahrscheinlichkeit gemeinsame internalisierte Werte anzutreffen, die auch ohne Aufsicht und Kontrolle eingehalten werden, in erster Linie aus dem Motiv heraus, sich jeweils in Übereinstimmung mit sich selbst zu erleben. Eine interessante Liste solcher Werte sind die sozialen sechs unter den zehn Geboten der Bibel – Du sollst Deinen Vater und Deine Mutter ehren, nicht morden und nicht stehlen, kein falsches Zeugnis gegen Deinen Nächsten ablegen, nicht sein Haus und sein Weib noch irgend etwas, was sein ist, begehren. Dieser Kodex hat drei besonders bemerkenswerte Eigenschaften: Erstens ist er empathisch nachvollziehbar – wer möchte nicht selber gegen Mord, Raub und Verleumdung geschützt sein? Zweitens ist er kurz; und drittens vermeidet er Überforderungen: Ein allgemeines Verbot der Lüge, zum Beispiel, ist in ihm nicht ausgesprochen. Auch das Gebot der Nächstenliebe und die «goldene Regel» – Was du willst, daß andere dir tun, das tue ihnen auch – berufen sich ganz unmittelbar auf das Einfühlungsvermögen. Ganz anders Kants kategorischer Imperativ: Die Forderung, die Maxime des eigenen Handelns solle die Grundlage einer allgemeinen Gesetzgebung bilden können, ist nicht an das Gefühl, sondern an die Vernunft adressiert. Die tatsächliche Befolgung dieser und ähnlicher Regeln hält sich offensichtlich in Grenzen. Auch was das Ausmaß von Internalisierung angeht, ist moralische Überforderung sicher kontraproduktiv. Empathiegestützte Regeln sozialen Verhaltens werden wohl leichter zu verinnerlichten Werten als Appelle an die Vernunft, und Internalisierung wiederum trägt sehr zum «Metawert» Vertrauen bei, dem eine so große Bedeutung für die Lebensqualität menschlicher Gesellschaften zukommt.

Dünnes Eis – Lebensqualität und Gemeinsinn

Wenn wir verstehen möchten, wie weit und in welcher Hinsicht menschliche Werte in unserer biologischen Natur verankert sind, so lernen wir am meisten aus dem Spektrum der beobachteten und dokumentierten Verhaltensweisen, die in verschiedenen Kulturen und Gesellschaften der Vergangenheit und Gegenwart realisiert wurden. Was sich überhaupt irgendwo erwiesenermaßen verwirklichen läßt, sollte vielerorts möglich sein; jedenfalls stehen dem keine konstitutiven biologischen Eigenschaften des Menschen entgegen.

Was sich nirgends verwirklichen ließ, könnte aus Gründen ausgeschlossen sein, die mit unseren biologischen Verhaltensanlagen zu tun haben. Hierbei ist allerdings eine Einschränkung zu machen: In der Geschichte ist immer wieder Neuland betreten worden, was Umgangsregeln zwischen Menschen angeht. Antike Hochkulturen konnten sich eine entwickelte Gesellschaft ohne Sklaven kaum vorstellen. Im Mittelalter waren Städte ohne Mauern nicht denkbar. Es bedurfte einer langen Entwicklung, bis sich die Einsicht ausbreitete, daß eine Justiz ohne Todesstrafe möglich ist. Daran zeigt sich, daß auch zunächst utopisch erscheinende Forderungen, ausgerichtet auf Visionen, die über das Bestehende hinausreichen, erfüllbar sein können; aber doch wohl nur, wenn sie die Randbedingungen und Begrenzungen des Menschen – biologisch fundierte Begrenzungen eingeschlossen – nicht verletzen, wenn sie vor allem nicht durch ideologische Entwürfe zum Welttheater ohne Rücksicht auf die Folgen eingeführt, sondern in Kenntnis der Grenzen unserer Voraussicht in korrekturfähigen Schritten verwirklicht werden.

Fassen wir alle diese Überlegungen zusammen, kommen wir zu dem Ergebnis, daß uns eine kritische, aber auch unvoreingenommene Beachtung naturwissenschaftlicher Gesichtspunkte keineswegs zu einem materialistischen oder gar quasi-animalischen Menschenbild führt: Auch unter biologischen Aspekten gibt es neben egoistischen, auf eigenen Vorteil bedachten durchaus wertorientierte, auf das Wohl anderer zielende Determinanten menschlichen Verhaltens. Diese Ressource Gemeinsinn ist allerdings begrenzt. Wie weit und bei welchen Anlässen sie aktiviert wird, hängt von kulturellen, sozialen und Persönlichkeitsfaktoren ab. Ob eine bestimmte Gesellschaft als menschlich und angenehm erlebt wird – zumal unter Bedingungen, die Kulturvergleiche erlauben –, hängt wesentlich davon ab, in welchem Umfang sie Gemeinsinn zu aktivieren vermag. Dabei ist es keineswegs erforderlich, daß alle ständig am Gemeinwohl orientiert handeln; es macht aber einen sehr großen Unterschied aus, ob ein wesentlicher Teil der

Bevölkerung, zumal der «Professionals» und der «politischen Klasse», in ihren Handlungen ein gewisses Maß an Gemeinsinn zeigt oder nicht.

Solche Auffassungen, die auf Überlegungen zur biologischen Natur des Menschen einschließlich der in der Evolutionsbiologie des menschlichen Gehirns begründeten Besonderheiten aufbauen, berühren sich in mehr als einer Hinsicht mit bestimmten sozialwissenschaftlichen und ökonomischen Gedankenlinien der Gegenwart, wie sie zum Beispiel ein Teil der «Communitarians» vertritt, die im Gegensatz zum Mainstream ökonomischer Theoriebildung das Normative gegenüber dem auf individuellen Nutzen abzielenden Verhalten wieder stärker betonen. Sie widersprechen einem Menschenbild, das die Handlungen des einzelnen nur als Ausdruck rationaler Entscheidungen auffaßt, orientiert an dem Ziel größtmöglicher persönlicher Annehmlichkeit (*pleasure*). Es wird mehr und mehr erkannt, daß sich Menschen nicht wirklich so verhalten. Zahlreiche Untersuchungen weisen auf eine erhebliche – wenn auch natürlich begrenzte – Bereitschaft hin, auch Unbekannten ohne die Erwartung von Gegenleistungen zu helfen. Nur wenige sind extreme Altruisten oder Egoisten, opfern sich für andere völlig auf oder tun für Geld «alles». Wirkliches Verhalten umfaßt das ganze Spektrum von Mutter Teresa bis Al Capone. Die meisten suchen eigenen Vorteil und zeigen zugleich begrenzte, aber für die Gesellschaft essentielle Anteile an Gemeinsinn bei ihren Handlungen.

Leider behindern irrationale Argumente die Diskussion über diese gesellschaftlich so bedeutsamen Fragen. Gemeinsinn wird oft mit dem Begriff «Gemeinschaft» assoziiert, und dieser wiederum erweckt aus politisch verständlichen Gründen Skepsis. An Gemeinschaftsgefühle wurde in der Geschichte oft appelliert, um Gehorsam zu erzeugen und Gruppensolidarität in der aggressiven Auseinandersetzung mit anderen Gruppen zu stiften; gerade das ist aber mit «Gemeinsinn» in unserem Zusammenhang nicht gemeint. Es geht letztlich nicht um Kollektivismen, sondern um Lebenskunst von und für Individuen. Dafür ist ein gewisses Maß altruistischen Verhaltens erforderlich, eines Verhaltens allerdings, das für den einzelnen durchaus zur positiven Erfahrung werden kann, da der Mensch ein soziales Wesen ist und sein Erleben wesentlich von sozialen Beziehungen bestimmt wird.

In der Linie meiner Argumentation läge etwa eine sinngemäße Variante der Theorie der Gerechtigkeit von Rawls, die ich schon im Zusammenhang mit der Einkommensverteilung erwähnt habe: In welcher real existierenden Gesellschaft würden wir am liebsten leben, wenn wir die Wahl hätten, ohne die spezifischen Rollen und Situationen, die uns in ihr erwarten, vorher zu kennen? Unverzichtbare Grundbedingung wäre die Achtung individueller Freiheiten; wir würden aber unter Aspekten der Lebenskunst auch nicht auf ein Maß an Gemeinsinn im sozialen Umfeld verzichten, wohl wissend, daß dies kulturvermittelter Aktivierung bedarf. Die Gesellschaft unserer Wahl würde durch positive Anerkennung und andere emotionale Anreize, aber auch durch informelle Sanktionen und nicht zuletzt durch die Vermittlung von Werten – zum Beispiel im Hinblick auf Vertrauen zwischen Unbekannten – eine im doppelten Sinne des Wortes gute Art zu leben fördern, dabei aber Überforderungen vermeiden. Auf diese Weise dürften wir der menschlichen Natur am ehesten gerecht werden, gerade weil ein solches Programm Moralisten zuwenig und

Puristen der Selbstverwirklichung zuviel wäre. Gedankenkonstruktionen wie die eines fiktiven Ausgangskonsenses unter Gleichen sind zwar alles andere als realistisch. Ihr Ergebnis aber ist unabhängig davon durchaus einleuchtend: Für die meisten Menschen gehört sowohl Selbstbestimmung als auch Sorge für andere zu einem erfüllten Leben.

Gemeinsinn – so die Konsequenz dieser Überlegungen – leistet einen essentiellen Beitrag zum menschlichen Verhalten, der sich nicht auf «Erwartung von Gegenleistungen» reduzieren läßt. Dies steht in Übereinstimmung mit unserer biologisch-anthropologischen Auffassung von Empathie als biologisch angelegter und verständlicher, aber auch biologisch begrenzter Eigenschaft des Menschen. Zwar ist die vorherrschende Motivation eigennützig, doch können wir das in Kauf nehmen, sofern die begrenzte Ressource Gemeinsinn im Rahmen des Möglichen aktiviert wird. Überforderung ist kontraproduktiv. Zielsetzung und Umfang eines weisen Umgangs mit dieser begrenzten und fragilen Ressource machen wesentlich die Lebensqualität in einer Gesellschaft aus.

Anmerkungen
und Literaturhinweise

Naturwissenschaft – eine Erfolgsgeschichte?

Eindrucksvolle Höhlenmalereien – naturalistische Tierdarstellungen ebenso wie eine Fülle abstrakter Zeichen – aus der Frühzeit menschlicher Kunst vor dreißigtausend Jahren zeigt ein Buch über eine erst vor kurzem entdeckte Höhle: J. M. Chauvet, E. B. Deschamps, C. Hillaire, «Grotte Chauvet», Thorbecke, Sigmaringen 1995.

Einführungen in die altgriechische Philosophie geben: W. Kranz, «Die griechische Philosophie», dtv Wissenschaft, München 1971, und W. Capelle, «Die Vorsokratiker», Kröner, Stuttgart 1973. Das klassische Werk «Fragmente der Vorsokratiker» stammt von H. Diels, herausgegeben von W. Kranz, Weidmann, Zürich/Hildesheim 1985. Das für die Grundlegung der Biologie wichtigste Werk des Aristoteles, «De anima», erschien in der Übersetzung von O. Gigon unter dem Titel «Vom Himmel. Von der Seele. Von der Dichtkunst», Artemis, Zürich 1950; die Schrift «Von der Seele» enthält die Definition des Lebens und seiner Stufen.

Zur Einführung in die Philosophie des Mittelalters sei besonders auf K. Flasch, «Das philosophische Denken im Mittelalter», Reclam, Stuttgart 1987, hingewiesen.

Darstellungen der Philosophie des Eriugena geben H. Bett,

«Johannes Scotus Eriugena», Russell & Russell, New York 1964; W. Beierwaltes, «Eriugena», Klostermann, Frankfurt a. M. 1994. Eine deutsche Übersetzung seines Hauptwerkes «Über die Einteilung der Natur» stammt von L. Noack aus dem Jahr 1870, neu aufgelegt von W. Beierwaltes in der Philosophischen Bibliothek, Band 86/87, Meiner, Hamburg 1983. Eine moderne Edition liegt in englischer Übersetzung vor: J. P. Sheldon-Williams, «Eriugena, Periphyseon», Bellarmin, Montreal 1987. Zur Philosophie Al Kindis gibt es Einführungen von M. Fakhry, «A History of Islamic Philosophy», Longman, London 1983, S. 66–94, insbesondere S. 79, sowie von A. F. El-Ehwany in: M. M. Sharif (Hg.), «A History of Muslim Philosophy», Band 1, Harrassowitz, Wiesbaden 1963, S. 421–434.

Die für die Geschichte des wissenschaftlichen Denkens interessantesten Hauptwerke des Nikolaus von Kues sind in deutscher Übersetzung zugänglich, darunter E. Hoffmann, P. Wilpert, K. Bormann, «Mutmaßungen» (De conjecturis), 1971, und «Die belehrte Unwissenheit» (De docta ignorantia), Band 1, 2, 3, 1977 und 1979, erschienen in der Philosophischen Bibliothek, Meiner, Hamburg. Die Philosophie des Nikolaus von Kues und ihre Beziehung zum naturwissenschaftlichen Denken ist Thema des Mittelteils meines Buches «Die gedachte Natur», Piper, München 1991, und Rowohlt Taschenbuch, Reinbek 1998, im Kapitel «Zum Beispiel Nikolaus von Kues: Das Wissen vom Nichtwissen», S. 121–184; darin findet der Leser Literaturhinweise zu Cusanus. Dasselbe Buch enthält auch ausführlichere Darstellungen und Literaturhinweise zu einigen anderen Aspekten der Wissenschaftsgeschichte, so auch zur griechischen Naturphilosophie.

Das Zitat von Johann Rudolph Glauber ist der deutschen Fassung der «Opera Chymica» entnommen und steht im Kapitel über «Des Teutschlands Wolfahrt», Götze, Frankfurt a. M. 1658/59.

Die vielen Arbeiten über die wissenschaftsphilosophischen Implikationen der Quantenphysik können hier nicht besprochen werden; inhaltlich wie auch wissenschaftshistorisch bedeutsam bleibt die «Kopenhagener» Interpretation des Mitbegründers der neuen Physik und Entdeckers der Unbestimmtheitsrelation, W. Heisenberg, «Physik und Philosophie», Hirzel, Stuttgart 1990; siehe auch W. Heisenberg, «Der Teil und das Ganze», Piper, München 1996.

Es gibt keine Methode, um alle Methoden zu beurteilen – so die zentrale These von P. Feyerabend, «Wider den Methodenzwang», Suhrkamp, Frankfurt a. M. 1983.

Physikalisches Denken und die «Ganzheit des Lebens»: Widerspruch oder Synthese?

Eine gute, wenn auch detailreiche Einführung in die Molekular- und Zellbiologie bis hin zu den Grundlagen der Entwicklungs- und Neurobiologie gibt das immer wieder auf den neuesten Stand gebrachte Werk von B. Alberts et al., «Molekularbiologie der Zelle», VCH, Weinheim 1995 (3. Auflage).

G. A. Borellis Hauptwerk ist «De motu animalium», 1681.

Von dem Hauptwerk Georg Ernst Stahls, der «Theoria medica vera», gibt es eine auszugsweise deutsche Übersetzung von K. W. Ideler, Enslin, Berlin 1831. Unter neuen Arbeiten über

Stahl möchte ich hinweisen auf J. Geyer-Kordesch, «Die Medizin im Spannungsfeld zwischen Aufklärung und Pietismus: Der unbequeme Weg Georg Ernst Stahls und dessen kulturelle Bedeutung», in: V. Hinske (Hg.), «Zentren der Aufklärung, I: Halle, Aufklärung und Pietismus», Schneider, Heidelberg 1989, S. 255–274; A. Gierer, «Organisms – Mechanisms: Stahl, Wolff, and the case against reductionist exclusion», *Science in Context 9* (1997), S. 511–528.

Eine gute Darstellung des historischen Streits um die Neubildung des Organismus in jeder Generation, besonders im Hinblick auf Wolff und Blumenbach, gelang S. A. Roe in «Matter, Life and Generation: Eighteenth Century Embryology and the Haller-Wolff-Debate», Cambridge University Press, Cambridge 1981. C. F. Wolffs Originalarbeit «Theoria Generationis», Halle 1759, 1774, wurde von P. Samassa, Leipzig 1896, in deutscher Übersetzung herausgegeben. Zum Bildungstrieb: J. F. Blumenbach, «Über den Bildungstrieb und das Zeugungsgeschäfte», Dieterich, Göttingen 1781; auch bei Fischer, Stuttgart 1971 (hg. v. L. v. Karoly). P. McLaughlin, «Blumenbach und der Bildungstrieb», *Medizinisches Journal* 17 (1982), S. 357–372, diskutiert unter anderem die interessanten Varianten von Blumenbachs Konzept des Bildungstriebes in zwei Ausgaben des «Handbuches der Naturgeschichte».

Goethes Beitrag zur Wiederentdeckung von Wolff ist veröffentlicht in: J. W. v. Goethe, «Zur Morphologie», Cotta, Stuttgart und Tübingen 1817; abgedruckt in: Goethes Werke, II. Abteilung, 2. Ausgabe, 6. Band, Weimar 1891, S. 18 f.

Die experimentelle Entwicklungsbiologie nahm ihren Anfang mit Trembleys Entdeckung der Regeneration der Polypen: A. Trembley, «Mémoires pour servir à l'histoire d'un genre des polypes d'eau douce à bras en forme de cornes», Verbeek, Leiden 1744.

F. Schiller, «Über die ästhetische Erziehung des Menschen», enthält auf S. 52 f. der Ausgabe bei Reclam, Stuttgart 1994, die interessante Fußnote über die Bedeutung von Denken und Erfahrung für die naturwissenschaftliche Erkenntnis, ergänzt durch Bemerkungen über die Rolle der Gefühle und der Grundsätze der Vernunft bei menschlichem Handeln.

C. Darwins epochemachendes evolutionsbiologisches Werk hat den Titel «On the Origin of Species by Means of Natural Selection, or the Preservation of Favoured Races in the Struggle for Life», Murray, London 1859.

Die Jahrhundertentdeckung, die die Molekularbiologie einleitete, «DNS ist Erbsubstanz», gelang O. T. Avery, C. M. McLeod, M. McCarthy, «Studies on the chemical nature of the substance inducing transformation of pneumococcal types: Induction of transformation by a desoxyribonucleic acid fraction is dated from pneumococcies type III», *J. Exp. Med.* 79 (1944), S. 137–158.

Eine sehr persönliche Erinnerung an den Beginn der elf Jahre von 1952 bis 1963, in denen die wichtigsten Grunderkenntnisse der Molekularbiologie gewonnen wurden, beschreibt J. D. Watson in seinem Buch «Die Doppelhelix», neu herausgegeben im Rowohlt Taschenbuch Verlag, Reinbek 1997.

Denken und Wirklichkeit:
Ausmaß und Grenzen der Konvergenz

Die – sehr kurz gehaltenen – Abschnitte dieses Kapitels sind als Grundlagen für naturphilosophische Überlegungen gedacht, aber auch als Anregungen zur Lektüre ausführlicherer Sachbücher. A. Fölsing erzählt in «Galileo Galilei – Prozeß ohne Ende», Rowohlt Taschenbuch, Reinbek 1996, S. 248 ff., den Streit Galileis mit den Aristotelikern um die Frage, warum Eis auf Wasser schwimmt. Zur Vertiefung in die Grundlagen der Physik verweise ich auf einführende Lehrbücher.

Die zwei Aspekte, um die es mir hauptsächlich geht, nämlich die Aussagekraft der Naturgesetze für das, was wird, und für das, was es gibt, beruhen auf folgenden Merkmalen der Physik: Ihre Grundgleichungen vom Typ «Kraft gleich Masse mal Beschleunigung», also Beschleunigung – Veränderung der Geschwindigkeit mit der Zeit – gleich Kraft durch Masse, erlauben es, aus der Kenntnis der Orte und Geschwindigkeiten der Komponenten eines Systems und der in ihm wirkenden Kräfte zu einer gegebenen Zeit die entsprechenden Werte zu einer anderen Zeit zu berechnen. Die Quantenphysik ersetzt Orte und Geschwindigkeiten von Partikeln durch abstrakte Zustandsfunktionen, aus denen Wahrscheinlichkeiten für Daten wie Ort und Geschwindigkeit im Rahmen der Quantenunbestimmtheit abgeleitet werden können; in anderer Hinsicht hat sie aber die gleiche Grundstruktur wie die gewöhnliche Mechanik: Aus Daten über Zustände der Gegenwart lassen sich Wahrscheinlichkeiten für Zustände in der Zukunft berechnen, ohne daß es dazu besonderer Einfälle bedarf; man kann die Rechnung im Prinzip ohne weiteres einem Computer

294

anvertrauen. Ganz anders die Suche nach beständigen Zuständen der Materie: Diese zu bestimmen erfordert die Lösung von Gleichungssystemen, die die Wechselwirkung der Bestandteile des Systems beschreiben. Sind die Wechselwirkungen «linear», also sehr einfach, so kann man im Prinzip alle Lösungen finden, wenn man erst einmal einige hat. Für den realistischen Fall nichtlinearer Wechselwirkung gilt dies jedoch nicht mehr: Auch wenn man schon hundert Lösungen kennt, ist man bei der Frage, ob es weitere gibt und wie die dann aussehen, auch auf den Einfall des Wissenschaftlers angewiesen; der Computer liefert nicht zwangsläufig alle denkbaren Lösungen.

Eine eingängige populärwissenschaftliche Darstellung der unanschaulichen Aspekte der Quantenphysik gibt – in Romanform – R. Gilmore, «Alice im Quantenland», Vieweg, Braunschweig 1995.

Die Quantenunbestimmtheit, die eine prinzipielle Grenze naturwissenschaftlicher Erkenntnis beinhaltet, ist durch Heisenbergs Unschärferelation gegeben: Die Unbestimmtheit der Impulse eines Teilchens, multipliziert mit der Unbestimmtheit seines Ortes, ist gleich einer Naturkonstante, dem Planckschen Wirkungsquantum. Da Impuls gleich Masse mal Geschwindigkeit, ist die Unsicherheit bei großen Objekten – sagen wir bei Billardkugeln – beliebig klein, und man braucht sie nicht zu berücksichtigen; bei leichten Teilchen – wie den Bestandteilen der Atome – ist diese Unbestimmtheit hingegen groß. Unbestimmtheit entsteht auch beim Produkt Energie mal Zeit. Deshalb ist für dauerhafte Zustände der Materie, die sich mit der Zeit, wenn überhaupt, nur sehr langsam ändern, der Energiezustand außerordentlich genau festgelegt, und dies gilt auch für die Energiezustände von Atomen und Molekülen.

Obwohl die mathematischen Sätze über Grenzen der Entscheidbarkeit von Gödel und Turing zu den wissenschaftsphilosophisch interessantesten Entdeckungen des Jahrhunderts gehören, sind Darstellungen rar, die Nichtmathematikern zugänglich sind. Das liegt auch daran, daß der Gödelsche Beweis ausgesprochen schwierig ist und in seiner strengen Form nur von professionellen Mathematikern nachvollzogen werden kann – ein in sich merkwürdiger, auch wissenschaftstheoretisch interessanter Sachverhalt. Verwiesen sei auf W. Stegmüller, «Unvollständigkeit und Unentscheidbarkeit», Springer, Wien 1970, und auf E. Nagel und J. R. Newman «Der Gödelsche Beweis», Scientia Nova, Oldenbourg, München 1992. D. R. Hofstadter («Gödel, Escher, Bach», Klett-Cotta, Stuttgart 1985) diskutiert Implikationen der Entscheidungstheorie, allerdings wegen der genannten Schwierigkeit ohne den eigentlichen Gödelschen Beweis. Gödels Theorem läuft darauf hinaus, daß sich die Widerspruchsfreiheit eines logischen Systems, das «reich» genug ist, die Logik allgemeiner Aussagen sowie die Zahlentheorie einzuschließen, mit den jeweils eigenen Mitteln grundsätzlich weder beweisen noch widerlegen läßt. Zwar sind noch reichere Systeme denkbar, mit deren Hilfe man dann doch die Frage nach der Widerspruchsfreiheit des jeweils ärmeren Systems prüfen kann, aber damit verschiebt man das Problem nur, denn nun steht wiederum die Widerspruchsfreiheit des jeweils reicheren Systems in Frage. Wissenschaftsphilosophische Schlüsse aus diesen hintergründigen mathematischen Sätzen können allerdings nicht die ganze Stringenz mathematischer Beweise für sich in Anspruch nehmen; einsichtig sind sie aber doch. Da das menschliche Denken sicher «reich» genug ist, um mit der Logik und der Zahlentheorie

296

umzugehen – es war sogar reich genug, sie zu erfinden –, sollten die Schlüsse der Entscheidungstheorie sinngemäß auch für das menschliche Denken gelten: Es kann sich selbst nicht vollständig erfassen; es kann sich nicht unbedingt gegen Widersprüche absichern; es beruht auch auf intuitiven Voraussetzungen, die nicht uneingeschränkt zum Gegenstand menschlichen Denkens gemacht werden können.

Die Gründe für eine «finitistische» Erkenntnistheorie, welche die Begrenzung der Entscheidbarkeit von Problemen durch die Endlichkeit des Universums thematisiert, sind erörtert in: A. Gierer, «Der physikalische Grundlegungsversuch in der Biologie und das psychophysische Problem», *Ratio* 12, 1970, S. 40–54, und in «Die Physik, das Leben und die Seele», Piper, München 1985/1991, S. 53–57. Der Grundgedanke ist folgender: Es gibt ungefähr 10^{80} – eine 1 mit 80 Nullen – langlebige physikalische Partikel im Universum: Protonen, Neutronen, Elektronen, aus denen stabile materielle Strukturen gebildet werden können. In einem Teilchen der Masse m ist nach Einstein die Energie mc^2 enthalten. Die Unbestimmtheitsrelation der Quantenphysik besagt nun, wie schon bemerkt, daß Energieunbestimmtheit mal Zeitunbestimmtheit konstant ist, und zwar gleich dem Planckschen Wirkungsquantum. Daher gibt es für die genannten Partikel eine Mindestzeit, die man in keinem Prozeß unterschreiten darf, ohne die Stabilität des Partikels, die mit seinem Energiezustand mc^2 verknüpft ist, in Frage zu stellen. Man kann leicht berechnen, daß das Alter des Universums – etwa zwanzig Milliarden Jahre – einer Größenordnung von 10^{40} solcher «Elementarzeiten» entspricht. Deswegen könnte selbst ein gedachter Computer, der das ganze Universum umfaßt und seit seinem Bestehen ununterbrochen rechnet, prinzipiell nicht mehr als $10^{80} \times 10^{40} = 10^{120}$ Operationen ausführen. Diese Zahl ist zwar riesig, reicht aber doch nicht aus, um allgemeine Aussagen über alle Möglichkeiten zu bestätigen, die sich aus einer gegebenen Situation in der Zukunft entwickeln können, indem man alle denkbaren Fälle einzeln durchspielt, auch wenn deren Gesamtzahl im mathematischen Sinne endlich ist. Viele Fragen lassen sich durch geschickte mathematische Einfälle dann doch beantworten, aber dafür gibt es eben keine Garantie. Deswegen begrenzt die Endlichkeit der Welt im Prinzip die Entscheidbarkeit von Problemen.

Für die Einführung in die Molekularbiologie der Zellen und Zellsysteme ist das schon auf S. 291 genannte Buch von B. Alberts et al., «Molekularbiologie der Zelle», besonders geeignet.

Die Möglichkeit der Musterbildung durch Reaktion und Diffusion entdeckte A. Turing, «The chemical basis of morphogenesis», *Philosophical Transactions of the Royal Society* 237 (1952), S. 32–72.

Die Theorie der Strukturbildung im Wechselspiel von Aktivierung und Hemmung ist ursprünglich publiziert als: A. Gierer, H. Meinhardt, «A theory of biological pattern formation», *Kybernetik* 12 (1972), S. 30–39. Zusammenfassende Darstellungen der Prinzipien und Anwendungen auf eine ganze Reihe biologischer Systeme gibt H. Meinhardt, «Models of Biological Pattern Formation», Academic Press, London/New York 1982; «Wie Schnecken sich in Schale werfen», Springer, Berlin 1997. Ein kurzer, zusammenfassender Artikel über die physikalischen Prinzipien ist A. Gierer, «Die Physik der biologischen Gestaltbildung», *Naturwissenschaften* 68 (1981), S. 245–251. Mein oben genanntes Buch «Die Physik, das Leben und die Seele» enthält im Mittelteil ausführliche Kapitel über «biologische Gestaltbildung, Gestalterkennung, Gestalterklärung» auf den Seiten 121–180. Das Grundprinzip der Neubildung von Strukturen bei der Entwicklung von Organismen, um das es dabei geht, beruht auf einer Verbindung von lokaler kurzreichweitiger Autokatalyse – das heißt von sich selbst verstärkenden Reaktionen – mit langreichweitiger «lateraler» Hemmung, die sich von Zentren der Aktivierung in weitere Bereiche ausbreitet. Eine Komponente allein würde nicht zu räumlicher Strukturierung führen. Die Bedingungen sind mathematisch notwendig für die Neubildung von Strukturen mittels zweier Komponenten, aber auch verallgemeinerungsfähig für Systeme aus mehreren Komponenten. Dieser Typ von Prozessen erklärt in einfacher Weise die erstaunlichen Selbstregulierungsfähigkeiten entwicklungsbiologischer Systeme einschließlich der Regeneration und der Anpassung von Größen von Teilen an die Größe des Ganzen. Es darf schon sehr viel passieren, ohne daß das Endergebnis der Entwicklung, die Struktur des normalen Tiers, wesentlich beeinflußt wird.

Als Einführung in die Neurobiologie können die im folgenden Abschnitt genannten Sammelbände dienen.

Evolution – zum Menschen hin?

Sachbücher zu den Themen «Evolution» und «Gehirn» gibt es in großer Zahl. Im Spektrum Akademischer Verlag, Heidelberg, erschienen die Sammelbände «Evolution: Die Entwicklung von den ersten Spuren des Lebens bis zum Menschen»,

1988; «Evolution des Menschen», 1995; «Gehirn- und Nervensystem», 1988; «Gehirn und Bewußtsein», 1994.

Die «genetische Information» eines Organismus ist in der Sequenz der Bausteine der Erbsubstanz DNS enthalten. Allerdings gibt es in der DNS auch funktionslose Bereiche, die nicht zur Erbinformation beitragen. Eigentlich wäre der Informationsgehalt der DNS durch die kürzestmögliche Beschreibung der funktionsrelevanten Sequenzen gegeben. Nun besagt allerdings die mathematische Entscheidungstheorie, daß es kein allgemeines verläßliches Verfahren gibt, um für eine beliebige Sequenz mit verborgenen Regelmäßigkeiten die kürzestmögliche Beschreibung zu ermitteln. Dies würde auch für die Information in einer Sequenz von Nukleotiden des Genoms gelten, wenn wir von den Mechanismen ihrer Erzeugung nichts wüßten – wenn sie zum Beispiel heimlich von einem Mathematiker in raffinierter Weise mit Hilfe der Primzahltheorie konstruiert würden. Der Einwand trifft aber nicht auf die Regelmäßigkeiten zu, die im Laufe der Evolution tatsächlich in die Erbsubstanz DNS geraten sind, denn die Mechanismen, die solche Regelmäßigkeiten erzeugen, kennen wir – zum Beispiel als Verdopplung von Genabschnitten –, oder wir könnten sie jedenfalls durch weitere Forschung ermitteln. Wenn man die tatsächlich vorkommenden Mechanismen durch Symbole bezeichnet, lassen sie sich in eine Beschreibung der Bausteinsequenz der Erbsubstanz einführen, die dann kürzer ist, als es die vollständige Wiedergabe der ganzen Sequenz wäre. Der Informationsgehalt des Genoms kommt in dieser verkürzten Darstellung zum Ausdruck. Dies widerlegt einen häufigen Einwand gegen den Gebrauch des Informationsbegriffs in der Molekularbiologie; er ist weder metaphorisch noch willkürlich.

Um die Evolution des menschlichen Gehirns ermessen zu können, ist es hilfreich, sich die quantitativen Dimensionen klarzumachen. Das Genom des Menschen und der höheren Tiere besteht aus einigen Milliarden Nukleotiden und enthält etwa hunderttausend Gene, die jeweils ein Protein kodieren, außerdem funktionslose Sequenzen, vor allem aber auch viele Sequenzen, die mit der Regelung der Genwirkung zu tun haben, die also am An- und Abschalten von Genen beteiligt sind. Dies spielt besonders bei der Entwicklung des neuralen Netzes im Gehirn eine Rolle. Die Großhirnrinde des Menschen enthält etwa fünfzehn Milliarden Nervenzellen, ihre Fläche umfaßt etwa ein Sechstel Quadratmeter und ist in etwa achtzig Funktionsareale aufgeteilt. Faserverbindungen bestehen sowohl innerhalb der Funktionsbereiche als auch quer durch das Gehirn zwischen ihnen (siehe V. Braitenberg, A. Schüz: «Anatomy of the Cortex», Springer, Berlin 1991). Die Erbsubstanz DNS kodiert zwar bei weitem nicht jede der Tausende von Milliarden Verbindungen zwischen Nervenzellen, aber sie legt doch indirekt – über die Regelung der Genwirkung bei der Entwicklung des Nervensystems – die Struktur und Verknüpfungsmuster des neuralen Netzes in sehr beträchtlichem, früher oft unterschätztem Detail fest; dies bildet die Grundlage für nachfolgende aktivitätsabhängige Prozesse sowie für Lernvorgänge, die dann ihrerseits das neurale Netz und seine Funktionen beeinflussen.

Die innovationstheoretischen Überlegungen dieses Abschnitts sind ausführlicher dargestellt in A. Gierer, «Innovationstheorie und die Evolution menschlicher Fähigkeiten: Beispiel Empathie» in: *Nova Acta Leopoldina* 77, Nr. 304, 1998. Besonders in Zusammenhang mit der Evolution allgemeiner Fähigkeiten des menschlichen Gehirns wird dabei auf die Möglichkeit verwiesen, daß singuläre genetische Änderungen, die je Individuum sehr unwahrscheinlich sind, in großen Populationen im Laufe vieler Generationen aber durchaus vorkommen können, an der Begründung neuer Richtungen der Evolution beteiligt sind. Die Anfangswirkungen der Initiation können klein gewesen sein, die langfristigen für die Evolution aber groß. Der genannte Artikel geht besonders auf Analogien zu Innovationen in der Technik ein, die oft durch spezifische Initiation mit nachfolgenden stetigen Verbesserungen zustande kommen. Dabei bezieht er sich auch auf die mathematische Theorie technischer Innovationen von C. Marchetti, «The future», in: C. Caglioti und H. Haken (Hg.), «Synergetics and Dynamic Instabilities», North Holland Physics Publishing, Amsterdam 1988, S. 400–416.

Zur Spezialisierung von Rollen innerhalb menschlicher Gesellschaften, insbesondere des «Redners», «Heilers» und des «Kampfanführers», am Beispiel der Eipo in Neuguinea siehe W. Schiefenhövel, «Eipo», in: T. E. Hayes (Hg.), «Encyclopedia of World Cultures II: Oceana», G. K. Hall and Co., Boston 1991, S. 55–59; W. Schiefenhövel, «Aggression und Aggressionskontrolle am Beispiel der Eipo aus dem Hochland von West-Neuguinea», in: H. v. Stietencron und J. Rüpke (Hg.), «Töten im Krieg», Alber, Freiburg 1995, S. 339–362.

Die evolutionäre Erkenntnistheorie, welche die Erkenntnisfähigkeit als Ergebnis der Evolution nach Kriterien biologischer «Fitness» zu erklären sucht, wurde begründet und entwickelt von K. Lorenz, «Die Rückseite des Spiegels», Piper, München 1973, und G. Vollmer, «Evolutionäre Erkenntnistheorie», Hirzel, Stuttgart 1994. Sie wird unter verschiedenen

Aspekten diskutiert in: K. Lorenz, F. M. Wuketits (Hg.), «Die Evolution des Denkens», Piper, München 1983.

Das «anthropische Prinzip» der Erklärung der «Bewohnbarkeit» der Welt ist Gegenstand des Werkes «The Anthropic Cosmological Principle» von J. D. Barrow und F. J. Tipler, Clarendon Press, Oxford 1986. Eine kurze, instruktive Darstellung bietet B. Kanitscheider, «Physikalische Kosmologie und anthropisches Prinzip», *Naturwissenschaften* 72 (1985), S. 613–618. Man unterscheidet «starke» anthropische Prinzipien (Beispiel: Das Bewußtsein schafft sich die Welt, in der es physisch möglich ist) und sehr «schwache» Versionen (Wir leben, also gibt es ein Universum, in dem Leben möglich ist). Die Definitionen für «stark» und «schwach» variieren in der Literatur, daher habe ich sie nicht benutzt. Sicher ist die von mir favorisierte Version des anthropischen Prinzips – es ist Meta-Naturgesetz, daß Leben im Universum möglich ist – relativ «stärker» als die Viele-Welten-Theorie, die Leben in einem bestimmten Universum zum extrem seltenen Zufall erklärt.

Blick nach innen:
Die Suche nach der Seele im Netz der Neuronen

Das Eingangszitat von Aristoteles stammt aus «De anima» (siehe S. 289). Eine gute Einführung in die Geschichte des «Leib-Seele-Problems» gibt K. R. Popper in: K. R. Popper und J. C. Eccles, «Das Ich und sein Gehirn», Piper, München 1987, S. 128–209. Das Konzept, das Eccles im selben Buch zum Leib-Seele-Problem vertritt, ist eine typische Interaktionstheorie, die allerdings mit der vollständigen Gültigkeit der Physik im Gehirn nicht vereinbar ist.

Die These, das ganze Leib-Seele-Problem sei ein Scheinproblem falschen Denkens, wir würden Fremdseelisches, ja sogar den eigenen seelischen Zustand in Wirklichkeit nur körperlich erfahren, vertritt G. Ryle: «Der Begriff des Geistes», Reclam, Stuttgart 1969; in neuerer Zeit wurden die Scheinproblem-Thesen mit unterschiedlichen Argumenten begründet, so von P. S. Churchland, «Reduction and the neurobiological basis of consciousness», in A. J. Marcel und E. Bisiach (Hg.), «Consciousness and Contemporary Science», Clarendon Press, Oxford 1993, S. 273–304.

Eine instruktive Einführung in den Diskussionsstand des Gehirn-Geist-Problems gibt das Buch «Consciousness in Philosophy and Cognitive Neuroscience», herausgegeben von A. Revonsuo und M. Kamppinen, Lawrence Erlbaum, Hillsdale 1994, mit einer Zusammenfassung von Revonsuo, «In search of the science of consciousness», S. 249–284. Der Artikel «The problem of consciousness» von J. Searle im selben Buch, S. 93–104, kritisiert aus philosophisch-ontologischen Gründen, die mich allerdings nicht überzeugen, die Beiträge der Forschung über künstliche Intelligenz und den Erklärungswert von Computersimulationen auf diesem Gebiet. Den psychologischen Zugang, insbesondere zur Unterscheidung bewußter von unbewußten Vorgängen, erhellt in diesem Werk A. W. Young, «Neuropsychology of awareness», S. 173–204. Eine instruktive Sammlung von Artikeln zum Thema enthält auch der von W. Singer herausgegebene Band «Gehirn und Bewußtsein» (siehe S. 300). Sodann möchte ich besonders auf den deutschsprachigen Sammelband T. Metzinger (Hg.), «Bewußtsein», Ferdinand Schöningh, Paderborn 1996, verweisen, der vor allem auch philosophische Aspekte betont, mit einführenden Abschnitten des Herausgebers zu verschiedenen Themen des Bandes.

Ein interessanter Aspekt neuerer Forschung zur Unterscheidung bewußter und unbewußter Erfahrung liegt in den Ergebnissen von L. Weiskrantz, «Blindsight: A Case Study and Implications», Clarendon Press, Oxford 1990: Schädigungen von Sehfeldern der menschlichen Großhirnrinde verhindern bewußtes Sehen, aber Sehinformation findet doch – andere – Wege vom Auge ins Gehirn, so daß wir etwas wissen, ohne zu wissen, daß wir es wissen… Die Studie ist übrigens ein eindrucksvolles Beispiel dafür, daß unkonventionelle, aber richtige Ergebnisse sich mit der Akzeptanz im Wissenschaftsbetrieb schwertun und vom Autor ziemlich viel Ausdauer und Humor einfordern.

Ein wichtiges Feld bewußtseinsnaher Hirnforschung ist die Neurobiologie der Aufmerksamkeit. Diese und andere Aspekte der Beziehung zwischen Hirnaktivitäten, Erleben, Denken und Willensakten zeigt das Buch «Bilder des Geistes» von M. I. Posner und M. E. Raichle, Spektrum Akademischer Verlag, Heidelberg 1996. Zu den interessantesten theoretischen Analysen gehören die Arbeiten von F. Crick und C. Koch, «Towards a neurobiological theory of consciousness», *Seminars in Neuroscience* 2 (1990), S. 263–275; «The problem of consciousness», *Scientific American* 1992, S. 111–117 (deutsch: «Das Problem des Bewußtseins», *Spektrum der Wissenschaft* 11/1992, S. 144–152). Dabei wird die Verknüpfung verschiedener Aspekte einer Wahrnehmung im Sehsystem des Gehirns bei einem bewußten Vorgang analysiert. Eine wichtige Rolle spielt die Hypothese, daß es Zeittakte elektrischer Impulse sind, die – über das ganze Gehirn oder große Teile davon – zusammengehörige Informationen zu bewußten Wahrnehmungen verknüpfen (C. von der Malsburg, «Nervous structures with dynamical links», *Berichte der Bunsen-Gesellschaft für physikalische Chemie* 89, 1985, S. 703–710; W. Singer, «Funktionelle Organisation der Großhirnrinde», *Nova Acta Leopoldina* N. F. 72, 1996, 294, S. 61–78).

Crick und Koch sind wohl (zu) optimistisch, was die Lösbarkeit des Bewußtseinsproblems im Ganzen angeht. Eine Lösung müßte ja nicht nur die Integration von Sinneseindrükken für die bewußte Wahrnehmung – zum Beispiel eines Objekts – umfassen, sondern eben auch bewußtes Denken und Planen auf der Basis abstrakter Merkmale und unter Einfluß selbstbezogener Aspekte des menschlichen Geistes, und solche Prozesse lassen sich nicht ohne weiteres als Bindungsproblem formulieren, wie es im einfacheren Fall visueller Wahrnehmung noch angemessen sein mag. Dennoch gehören die Untersuchungen von Crick und Koch zu den wichtigsten neueren Studien zur neurobiologischen Grundlage von Bewußtseinsprozessen.

Anzumerken ist, daß ganz generell die Diskussion des Gehirn-Geist-Problems in verschiedenen Zirkeln erfolgt, die dann Tagungsbände oder Bücher publizieren, sich aber nur begrenzt wechselseitig als eine wissenschaftliche *community* wahrnehmen und verstehen. Neben den hier zitierten Zirkeln bestehen andere mit ähnlichem Meinungsspektrum auf wohl vergleichbar hohem Niveau.

Neben Lösungsversuchen zum Leib-Seele-Problem gibt es auch Analysen über prinzipielle Grenzen einer naturwissenschaftlichen Bewußtseinstheorie wie die von D. J. Chalmers, «The puzzle of conscious experience», *Scientific American* 1995, S. 62–68 (deutsch: «Das Rätsel des bewußten Erlebens», *Spektrum der Wissenschaft* 2/1996, S. 40–47). Meine eigene Theorie zur Begründung von prinzipiellen Grenzen der Dekodierbarkeit der Gehirn-Geist-Beziehung ist dargestellt in: A. Gierer, «Der physikalische Grundlegungsversuch in der Biologie und das psychophysische Problem», *Ratio* 12 (1970), S. 40–54; «Die Physik, das Leben und die Seele», Piper, München 1985/1991, S. 215–256. Die Überlegungen verweisen auf der Grundlage finitistischer Erkenntnistheorie auf mögliche Grenzen einer vollständigen naturwissenschaftlichen Theorie des Bewußtseins; und sie begründen, daß solche Grenzen nicht nur praktischer Art sind, sondern ähnliche philosophische «Tiefe» (beziehungsweise ontologische Bedeutung) haben könnten wie die Grenzen der Physik und Mathematik, die sich in den Unbestimmtheits- und Unentscheidbarkeitsgesetzen zeigen.

Die – nach meiner Ansicht zweifelhafte – Hoffnung auf eine ganz neue Physik des Bewußtseins, die auf der Quantenphysik aufbaut, weckt R. Penrose in «Schatten des Geistes», Spektrum Akademischer Verlag, Heidelberg 1995.

Neben neurobiologischen und psychologischen Zugängen zum Verständnis des menschlichen Bewußtseins gibt es einen dritten: Der Mensch erlebt sich in seiner Tat. Diesen wichtigen Aspekt hat A. Schopenhauer besonders in seiner Preisschrift über die Freiheit des Willens (1839) eindrucksvoll dargestellt, enthalten in «Die beiden Grundprobleme der Ethik: Über die Freiheit des menschlichen Willens. Über das Fundament der Moral» von 1840, Kleinere Schriften 2, Diogenes, Zürich 1993.

Evolution, Empathie und altruistisches Verhalten

Als Begründer der Soziobiologie gilt E. O. Wilson, «Sociobiology:The New Synthesis», Belknap Press, Cambridge/Mass. 1976. Die evolutionsbiologische Begründung von Altruismus unter Verwandten geben W. Hamilton, «The genetic evolution of social behavior», *J. Theor. Biol.* 7 (1964), S. 1–52, sowie J. Maynard-Smith, «Group selection and kin selection», *Nature* 201 (1964), S. 1145–1147. Die Spieltheorie zur Begründung reziproken Altruismus (Wie du mir, so ich dir) entwickelten R. L. Trivers, «The evolution of reciprocal altruism», *Quart. Rev. Biol.* 46 (1971), S. 35–57, sowie R. Axelrod und W. D. Hamilton, «The evolution of cooperation», *Science* 211 (1981), S. 1390–1396. Die Verallgemeinerung zu einer Theorie (menschlicher) Reputation stammt von R. D. Alexander, «The Biology of Moral Systems», Aldine de Gruyter, New York 1987. Sodann sei auf zwei populärwissenschaftliche Werke zum Themenkreis «Biologie, Theorie des Geistes und Altruismus» verwiesen: V. Sommer, «Lob der Lüge: Täuschung und Selbstbetrug bei Tier und Mensch», DTV, München 1994; R. Axelrod, «Die Evolution der Kooperation», Oldenbourg, München 1997.

Zur psychologischen Theorie der Empathie siehe zum Beispiel N. Eisenberg, «Empathy and sympathy», in: W. Damon (Hg.), «Child Development Today and Tomorrow», Jossey-Bass, San Francisco 1989, S. 137–157. Episoden, die auf eine «Theory of mind» in Primaten hinweisen, sammelten und deuteten A. Whiten und R. W. Byrne, «Tactical deception in primates», *Behaviour and Brain Sciences* 11 (1988), S. 233–273. Dem Artikel folgen Kommentare führender Forscher, die deutlich zeigen, daß es hinsichtlich der Interpretation sehr verschiedene Auffassungen gibt, die ihrerseits von naturphilosophischen Vorgaben der Autoren mehr abzuhängen scheinen als von inhaltlichen Ergebnissen ihrer wissenschaftlichen Arbeiten.

Den großen Unterschied zwischen kognitionsgestützter Empathie im Menschen und Anzeichen von Empathie in anderen Primaten – einschließlich der Schimpansen – betonen D. L. Cheney und R. M. Seyfarth, «Wie Affen die Welt sehen: Das Denken einer anderen Art», Hanser, München 1994. Sehr aufschlußreich in diesem Zusammenhang ist der Artikel von D. J. Povinelli und T. M. Preuss, «Theory of mind: Evolutionary history of a cognitive specialization», *TINS* 9 (1995), S. 418–424. Kooperation, Trösten und Versöhnen unter Schimpansen sind Themen der Bücher von F. de Waal, «Wilde Diplomaten», Hanser, München 1991; «Der gute Affe», Hanser, München 1997. Evolutionsbiologische Konzepte zur Erklärung der menschlichen Empathiefähigkeit als Nebenprodukt des strategischen Denkens sind in meiner schon erwähnten Arbeit erläutert: A. Gierer, «Innovationstheorie und die Evolution menschlicher Fähigkeiten: Beispiel Empathie», *Nova Acta Leopoldina* 77 (1998), Nr. 304.

Die Interaktion von genetischen und kulturellen Entwicklungen in menschlichen Gesellschaften, die zu einer Lockerung rein biologischer Bedingungen evolutionärer Stabilität zugunsten von Mechanismen führt, die der Gruppenselektion ähneln, haben R. Boyd und P. Richardson, «Group selection among alternative evolutionary stable strategies», *J. Theor. Biol.* 145 (1990), S. 331–342, aufgezeigt.

Die Epikur-Zitate sind entnommen aus: J. Mewaldt (Hg.), «Epikur, Philosophie der Freude», Kröner, Stuttgart 1973.

Das Hauptwerk Ibn Chalduns, die «Muqaddimah» (Einführung in die Geschichte), ist übersetzt von F. Rosenthal, Princeton University Press, Princeton 1967. Eine Analyse seines Werks geben A. Al-Azmeh, «Ibn Khaldun», The American University of Cairo Press, Kairo 1982, und M. Kamil Ayad, «Die Geschichte und Gesellschaftslehre Ibn Khalduns», *Forschungen zur Geschichts- und Gesellschaftslehre*, 2. Heft, Cotta, Stuttgart (1930). Das Treffen mit Timur-Leng hat Ibn Chaldun selbst spannend und farbig beschrieben: siehe W. F. Fischel, «Ibn Khaldun and Tamerlan», University of California Press, Berkeley 1952.

A. Schopenhauers Philosophie des Mitleids als Quelle altruistischen Verhaltens ist besonders in seinem «Kleinen Werk» über das «Fundament der Moral» (siehe S. 307) entworfen. Hieraus stammen auch die Zitate im Text.

Naturphilosophie als Querdenken:
Suche nach Weisheit unter der Wissensflut

Monods pessimistische Weltdeutung ist in seinem Buch «Zufall und Notwendigkeit», Piper, München 1996, enthalten.

Schellings naturphilosophischer Ansatz ist besonders kurz und schön dargestellt in: F. W. J. Schelling, «Vorlesungen über die Methode des akademischen Studiums», Cotta, Tübingen 1803: 11. Vorlesung, «Über die Naturwissenschaften im allgemeinen», S. 237–259.

Den Begriff «Endophysik» entnehme ich aus dem Buch von O. E. Rössler, «Endophysik: Die Welt des inneren Beobachters», Merve, Berlin 1992. Ich verwende hier das anregende

Grundkonzept, vor allem, um die finitistische Erkenntnistheorie zu erläutern und um die Beziehung logischer und
physikalisch begründeter Entscheidbarkeitsgrenzen zu zeigen;
Rösslers Sympathien für die Viele-Welten-Deutungen der
Quantenphysik teile ich hingegen nicht.

Biologie, Menschenbild und die knappe
Ressource Gemeinsinn

Die zitierte Theorie der Gerechtigkeit stammt von J. Rawls, «A
Theory of Justice», Harvard University Press, Cambridge/
Mass. 1971 (deutsch: «Eine Theorie der Gerechtigkeit», Suhr-
kamp, Frankfurt a. M. 1975). Die Formulierung, Entwicklung
sei nicht käuflich und nicht schenkbar, habe ich von E. Weiss,
FU Berlin, übernommen.

Sozialphilosophische Aspekte der Systemtheorie und eine
theoretische Analyse von «Sinn» innerhalb dieses Theoriege-
bäudes sind Gegenstand einiger Werke von N. Luhmann,
darunter «Soziale Systeme», Suhrkamp, Frankfurt a. M. 1996.
Außer Frage steht, daß Beharrungsvermögen von Kulturen auf
internen stabilisierenden Faktoren beruht; aber auch die
Fähigkeit von Kulturen zum Lernen von anderen und zum
Wandel ist, historisch gesehen, sehr eindrucksvoll. Dies zu unterschätzen begünstigt Fehlentwicklungen. Insbesondere haben Sozialwissenschaftler der globalen Entwicklung einen
schlechten Dienst erwiesen, indem sie allzulange behaupteten,
menschliches Reproduktionsverhalten beruhe auf so beharrli-
chen Traditionen, daß es nur extrem langsam zu verändern
wäre. Das hat notwendige Programme der Familienplanung

zur Begrenzung der Weltbevölkerung tendenziell verzögert; die Erfolge der Familienplanung in einigen Regionen der Welt zeigen nun aber deutlich, wie schnell kultureller Wandel in dieser Hinsicht möglich ist. Diese Lern- und Wandlungsfähigkeit betont auch P. Feyerabend in seinem Buch «Zeitverschwendung», Suhrkamp, Frankfurt a. M. 1997, in dem er seine sehr kulturrelativistischen Thesen des Werkes «Wider den Methodenzwang» (siehe S. 291) modifiziert und schreibt: «Wenn ich mir ansehe, wieviel Kulturen voneinander gelernt haben und wie unbefangen sie das gesammelte Material übernommen haben, dann komme ich zu dem Schluß, daß bestimmte kulturelle Eigenschaften nichts anderes sind als die wandelbaren Ausdrucksformen von einer einzigen menschlichen Natur.»

Meine Argumente dafür, daß Gemeinsinn zu aktivieren ist, indem man Menschen fordert, aber nicht überfordert, erscheinen mir konsistent mit einem Spektrum philosophischer Überlegungen zur Ethik, die zum Beispiel in E. Tugendhat, «Dialog in Leticia», Suhrkamp, Frankfurt a. M. 1997, zum Ausdruck kommen. Er spricht sich dafür aus, moralische Urteile auf einen Kernbereich menschlicher Beziehungen zu beschränken und das, was die Gesellschaft darüber hinaus verlangt, zwar unter Umständen durch Sanktionen zu erzwingen, sich dabei aber nicht auf moralische Argumente zu stützen. Die Diskussion im letzten Abschnitt der Schrift läßt allerdings auch Schwierigkeiten einer solchen Abgrenzung und ihrer theoretischen Begründung erkennen. Das Zitat von Etzioni ist seinem Werk zur Begründung «kommunitaristischer» Ideen entnommen: A. Etzioni, «The Moral Dimension», The Free Press, New York 1988, S. 250 (deutsch: «Die faire Gesellschaft», Fischer Taschenbuch, Frankfurt a. M. 1996).

Register

313

Register

Register

316

Register